戦前期三井物産の機械取引

麻島昭一

日本経済評論社

目次

序章 …………… 1
  1 問題意識 1
  2 課題 3
  3 「考課状」の有無による時期区分 4
  4 分析方法 5

第一章 明治・大正前半期の機械取引 …………… 13
  第一節 三井物産における機械取引の開始 13
    1 機械類取扱開始 13
    2 明治二〇年代の機械取扱高 14
  第二節 機械部の成立とその職制 17
    1 機械部設置までの経過 17
    2 機械部の組織変更 23

3　機械部門の人員配置　26

　第三節　取扱機械の内容
　　　(1)　明治前期　26
　　　(2)　大正前半期　30

　第三節　取扱機械の内容　34
　　　1　第一期（明治三〇〜三五年）　36
　　　　(1)　事業報告書の説明　38
　　　　(2)　機械取引の収益性　42
　　　　(3)　代理店契約　43
　　　2　第二期（明治三六〜大正三年上期）　46
　　　3　第三期（大正三年七月〜六年）　59

　第四節　若干の問題　76
　　　1　機械取引の統轄と取引方法──首部制度と共通計算制度──　76
　　　2　代理店契約の獲得　85
　　　3　反対商の動向および物産との比較　89
　　　4　兵器取引への姿勢　93

　小括　98

第二章　大正後半期における機械取引 ………………… 101

　第一節　大正後半期の機械取引推移　101

目次 iii

1　機械部の役割と職制　101
2　物産全体における機械取引の比重　107
3　機械取引の推移　111
  (1)　売約高の推移　111
  (2)　若干の問題　116
  (3)　店部別推移　121
  (4)　機械部の損益　123

第二節　大口売約先の考察　124
1　大口売約先の全体における比重　124
2　ランキングの考察　126
  (1)　全体でのランキング　126
  (2)　業種別ランキング　127
3　契約内容　138
  (1)　超大口先の事例　138
  (2)　財閥・コンツェルン系の事例　148

第三節　反対商および金融　154
1　反対商との競合　154
  (1)　競合の具体的事例　154
  (2)　反対商の続出　155

2　機械部の金融　167

小　括　169

第三章　昭和戦前期の機械取引

第一節　昭和戦前期における機械取引推移　173

1　機械部の役割と職制　173
2　物産全体における機械取引の比重　179
3　機械取引の推移　185
（1）売約高の推移　185
（2）店部別推移　195
（3）機械部の損益　206

第二節　売約先の考察　212

1　売約先の全体における比重　212
2　ランキングの考察　215
（1）全体でのランキング　215
（2）業種別ランキング　219
3　契約内容　240
（1）超大口先の事例　240
（2）財閥・コンツェルン系の事例　256

目次

(3) 反対商との競合 261

小括 264

終　章 ……………………………… 267

あとがき 289

付　録 293

表目次 304

序章

1 問題意識

　三井物産の機械取引の実態は、系統的にはこれまで明らかにされていない。確かに総合商社研究の中で三井物産が登場したり、三井物産そのものについての研究業績も若干はある(1)。日本資本主義の発展と密接に関連してきた総合商社、特にその代表的存在である三井物産の行動が研究対象となるのは、いわば当然である。そして多様な商品を多額に取り扱ってきた三井物産の分析上、主要な商品取引に立ち入った考察も必要と思われるが、実際には意外に商品別の研究成果は貧困である。同社が取り扱った諸商品は、供給した産業・企業の活動に不可欠であったろうし、同社の販売に依存した製造業者の活動にも三井物産は重要な役割を果たしていたといえよう。しかし主要商品に限定しても、営業実態が明らかでないとすると、三井物産研究の内実は意外にも表面的研究に止まっていると批判されざるを得ない。本書が目的とする同社機械取引の実態分析は、主要商品取引の考察の一環というべきものであり、以下で触れるように他の主要商品と比較してもとりわけ重要な意義を持つと考える。

　これまでの総合商社研究でも三井物産研究でも、機械商品に限定した考察は寡聞にして知らない。むしろ機械に限らず商品別の実態解明自体が未着手というべきであろう。もちろん三井物産関係の資料には機械取引の断片的な記述はあるが、全体像、あるいは時系列に取引の内容が記述されたものはない。しかし機械取引は三井物産の営業の中で重要であるのか、供給先企業の設備投資に直結し、その時々に何が求められていたかは、当該期の日本資本主義の

必要を反映していたと考えられる。三井物産の供給した機械は、多くの場合、企業内で生産手段として使用され、通常、耐用年数は長期に及ぶから、機械取引は棉花、石炭、金物、木材などの原料取引とは異なった様相を持っている。すなわち、原料供給ならば毎期一定量が確保されなければ生産は継続できないから、商社にとっても恒常的な取引をもたらすであろう。しかし生産財としての機械は、いったん企業に投入されれば、耐用期間内は更新需要はなく、設備の拡張か、既存設備の陳腐化以外には新規需要は起こり得ない。したがって同一企業が同一機械を毎期継続的に発注することは考えにくく、機械取扱商社が売上規模を維持・拡大するには、絶えず機械の新規需要を掘り起こす必要があろう。通常、資本主義の景気循環において、拡張局面では各社一斉の設備投資によって機械取引も急膨張するが、沈滞局面では注文零に落ち込む可能性は強い。三井物産の機械取引推移は、一面ではまさにその事情を証明しているし、他面では新規需要の開拓次第では、売上を維持したり、増大させたことも証明している。

三井物産の機械取引分析を志向した場合、既存の研究成果がない以上、現段階で依拠しうるものは『三井事業史』『稿本三井物産一〇〇年史』（以下『一〇〇年史』と略す）『三井物産株式会社沿革史稿本』（以下『沿革史』と略す）等であるが、前者は題名の通り三井全体を対象としている以上、物産を詳細に取り上げているわけでなく、後二者としても機械取引に限定しているわけではないので、機械についての考察が浅く短いのは当然であろう。そして各部門の営業概況の記述はあるが、一体いかなる企業と、いかなる商品で取引したのかとなるとほとんど知ることができない。したがって先行成果を利用しつつも、新たに三井物産の内部資料を探索し、取引実態の解明作業を行う必要がある。

この解決には次の事情が絡んでいる。すなわち、平成一一（一九九九）年七月、ワシントン所在の国立アメリカ公文書館で資料調査をした際、ごく一部ではあるが、三井物産の具体的な取引記録を発見することができた。同館所蔵の三井物産関係資料については、すでに若干の紹介があるが、未利用の資料の中で、具体的取引を知る手懸かりを発見できたわけである。それらは物産在米支店の手持資料が、太平洋戦争開始ともに接収され、若干のものがアメリカ

側で利用された後、同館所蔵に移されたものである。物産の場合、残存資料には日本語資料がかなりあって、そのまま研究資料として使えるものを多量に含んでいる。現在の三井物産あるいは三井文庫が同種類のものを所蔵している可能性を否定できないが、仮にあったとしても物産の非公開方針に阻まれて、外部の研究者ではみることができない。今回皮肉にも日本を遠く離れた同館所蔵の形で物産資料をみることができたわけで、本書はその資料の中から本店機械部が作成した「考課状」を掘り起こし、利用することにした。すなわち、筆者が望んでいた「いかなる企業と、いかなる商品で取引したのか」がかなり判明する貴重な記録であったからである。この資料を基盤とすることによって、機械部の得意先を分析し、物産の営業活動の重要な一分野であった機械取引の実態を解明する展望が開けたからである。そこで筆者は同社の「機械部考課状」や「事業報告書」に含まれる機械の部分、幾度も開催されている支店長会議等の議事録に現れた機械についての発言内容などを、丹念につなぎ合わせて考察すれば、物産機械取引の全体像に近づくことができると判断した。

もちろん一商社の取引の考察だけで、日本資本主義全体の機械需要動向を断定できないが、商社活動に占める三井物産の卓越した地位を併考すれば、かなりの近似値が得られる可能性がある。したがって物産の機械取引の実証的考察は、全体像に迫る有力な手段となり得よう。本来ならば日本資本主義の各局面における産業別の投資行動と機械需要の関連を分析することが必要であるが、本書はそこまで立ち入る余裕はなく、なにはともあれ三井物産の事例分析において、具体的な取引先、取引内容を検証し、機械需要者に商社としてどう対応したかを解明する。別言すれば物産の機械取引の実態解明を通じて産業企業側の投資動向を示唆するに止まる。

2 課 題

本書の課題は、明治・大正・昭和戦前期における三井物産の機械取引の実態解明にある。実態の解明といっても未

開拓の分野なので、これまで先行研究はなく、まずもって本書は対象時期に関するファクトファインディングの性格を持たざるを得ず、課題は次のように細分化される。

第一に、機械取引の計数的把握に努めること。従来、部分的にはあっても時系列的把握は見当たらず、本書が初めて時系列的把握に挑戦することになる。その結果、取扱高・売約高推移を規定した背景まで踏み込むことになろう。

第二に、機械の取引の具体的内容を把握すること。この点も従来不明のままであり、本書では取り扱った機械の種類別・商品別、そして得意先を可能な限り解明する。

第三に、機械取引を支える組織、人員、諸規定を把握すること。この点も従来はごく一部しか説明されてなく、時系列的な追及によって取引拡大にどう対応していたかが解明されよう。

さらに機械取引にはいくつもの重要な論点が考えられ、物産がいかなる方針で対処していたかが問われねばならない。本書は次の四点に絞って論ずることにする。すなわち、(イ)物産特有の支店統轄問題、(ロ)重要な戦略としての代理店契約獲得、(ハ)競争者(物産では反対商と呼ぶ)の動向と物産の営業態度、(ニ)通常の営業とはやや異なる兵器取引への姿勢。

3 「考課状」の有無による時期区分

本書の対象時期では、均質に全体を貫く機械資料は存在しないので、時期によって分析方法を変えざるを得なかった。すなわち、「機械部考課状」は大正七(一九一八)年上期から一五年上期までと、昭和七(一九三二)年下期から一五年下期まで、途中一部が欠如しながら連続して存在する。

「機械部考課状」の有無によって分析内容は大きく変化するので、便宜上、大正七年上期から同一五年までは「機

械部考課状」を主として使用して「大正後半期」として独立させ、これを第二章とした。この章は第一次世界大戦中から戦後の反動恐慌を経て、経済の沈滞に悩む大正末期までがその期間であり、日本資本主義が大きな変動に見舞われていた時期であるが、物産の機械取引は沈滞から俄に活況を呈し、毎期記録を更新する時期を含んでいる。次いで昭和七年下期から同一五年までの「機械部考課状」を基礎に、欠落部分を「事業報告書」で補充することによって「昭和戦前期」を独立させ、これを第三章とした。この章は昭和初期の金融恐慌、五年からの世界恐慌を経たのち、準戦時体制から戦時体制へ向かって取引が大膨張する時期である。特に陸海軍、満鉄、日本製鉄など重化学工業向けの取引が著しく拡大した。そして「機械部考課状」が全く欠如している明治・大正前半期は、第一章として構成したが、この章は明治一五年の物産機械取引の開始から長い懐妊期間を経て、第一次大戦によって俄然活発化した時期までである。それぞれの期間に物産の機械取引はいかなる消長をみせるのか、取引先、取引商品の変化を考察することになる。

4　分析方法

〔各章の利用資料と分析内容〕

第一章では専ら「事業報告書」に依存し、支店長諮問会等の議事録から機械取引の具体的事実を知るに止まる。明治期の「事業報告書」では、機械について僅かな記述しかなく、大正期になって若干の説明を入手することができた。したがってこの章では、依拠資料から忠実に多く引用することにより、今後の研究の素材を提供する役目も負っている。

第二章では大正七年上期から同一五年までを対象としているが、その八年半（一七期）の「機械部考課状」のうち、大正七年下期、八年上期、一〇年上期、一一年下期、一二年上期、一四年下期の五期分が欠如している。実は三井文

庫所蔵の三井物産関係の資料には、同社の「事業報告書」があり、そこにも機械部関係の記述が含まれている（以下、その記述部分を単に「報告書」と呼ぶ）。それとの照合の結果、次の点が判明した。

第一に、三井文庫所蔵分には、大正七年上期、八年下期～一〇年上期の六期が欠如しており、完全に揃ってはいない。したがって仮に「報告書」の欠如部分は、「報告書」によって若干補充することができる。要するに両者の資料をつなげば、大正七年上期から一五年下期まで、一〇年上期以外は揃うわけである。とすれば九年間（一八期）のうち、一期分だけ不足であるから十分な考察がまず可能ということになろう。

第二に、「機械部考課状」と「事業報告書」とを照合すると、内容的に類似しているものの、かなりの違いがある。すなわち、両者の記述自体が異なり、「事業報告書」では大正七年から一〇年まで具体的な大口得意先名が省略されているため、折角「事業報告書」で「機械部考課状」の欠落を埋めようとしても果たせなかった。また、両者に収録されている計表内容が異なり、「機械部考課状」の欠落部分を「事業報告書」で補充することができなかった。

以上のことから、仮に三井文庫所蔵の「事業報告書」に依拠して、機械関係取引の実証分析を志しても、時系列の分析は不可能であり、ワシントンでの「機械部考課状」の発掘を基礎に、「事業報告書」で補充することによって初めて時系列分析が可能となったわけである。その意味で「機械部考課状」の利用は重要な意味を持つといえよう。もちろん「機械部考課状」だけに依存しても基本的傾向は把握可能と思われるが、「事業報告書」により若干の補充が可能となったことは幸いである。

「機械部考課状」では、その期の機械に関する営業概況が説明されたあと、三表（売約高、取扱高、決算未済高）の枠組みの下、商品種類別に増減要因が説明され、その過程で大口売約先が列記されている。

第二章では、まず三表の枠組みに依存して、機械取引の推移・変動要因を考察する。次に店部別の取引構造を承知した上で、さらに大口売約先の具体的考察に進む。各期の大口売約先もさることながら、考察対象時期全体（大口売約先として登場する企業等の大口売約先が判明するのは大正七年上期から大正一五年下期までの九年間であるが、ごく一部が欠けている）での売約先の名寄せ集計から、大口ランキング（全体、業種別）を計算し、機械取引の営業基盤を考察する。

次に第三章では、三井物産の機械取引は大膨張するので、その内容を解明するためには「機械部考課状」の利用が望ましかったが、国立アメリカ公文書館所蔵分からはその一部しか発見できず、やむなく欠如部分については「事業報告書」でカバーせざるを得なかった。

第三章の昭和戦前期でも「機械部考課状」の不足分は「事業報告書」で補充せざるを得ない。第二章と同様に、まず機械取引の推移を取扱品目別に考察して時期的な特徴を検出し、かつ全体的流れを把握した上で、いかなる得意先といかなる商品売約を行っていたのか業種別に分析する。分析方法は第二章と同様であるが、第三章の時期の「機械部考課状」には売約商品の納入業者が記載されているので、機械部がいかなる製造業者といかなる需要者を結びつけたのかまで考察することとした。第二章の「機械部考課状」には製造業者の記載がなかったが、機械部が製造元と直接でなく代理店を通じての入手もあり得るので、売約商品の「製造業者」と表現したかったが、この点は新たな分析視角となり、前進であると思う。以下では「製造業者」と表現したかったが、機械部が製造元と直接でなく代理店を通じての入手もあり得るので、売約商品の「納入業者」と表示した。

なお、「機械部考課状」「事業報告書」とも、企業名、商品名で略記（時には誤記）があったり、時期が異なると略記も異なるなどの不統一もあるが、原則として記載のままとした。ただし、筆者の気づいた限りで補充・修正したり、詳しすぎる売約内容を逆に略記した箇所もある。

〔第三章における「機械部考課状」と「事業報告書」の内容的異同〕

第一点は機械取引の計数に関してである。第二章で説明したように両者が記載する売約高・取扱高・未決済高については、商品区分は一致しているが、計数が商品別に微妙に食い違ったり、合計さえ異なることもあった。いつから一致するようになったか同一計表を両者が掲載するようになったと思われるので検証できないが、「事業報告書」の大正一五年下期から昭和七年上期までの計数、ならびに昭和一五年下期から一八年下期までの計数を、「機械部考課状」の昭和七年下期から一五年上期までの計数に接合しても大きな支障はないと判断される。

第二点は売約先の問題である。第二章において昭和七年下期以降の「機械部考課状」記載の売約先は一件一〇万円以上を原則とし、一部が五万円以上であった。しかし第三章における昭和七年下期以降の「機械部考課状」では原則として五万円以上であり、第二章の考課状記載より広汎になっている。第三章の時期の売約高は、前章の時期よりも膨張している上に、昭和一四年上期から一〇万五万円以上になっていることが重なって、売約先数・件数が一段と増加している。ただし昭和一四年上期から一〇万円以上に限定されている。以上の原則が通覧して見出されるわけであるが、厳密にいえば商品区分別にみると、売約額が多い時期には五万円でなく一〇万円にしている場合があり、全商品が一律に五万円で統一されているわけでもない。その点では曖昧ないし便宜的といえる。

他方、「事業報告書」では昭和二年上期以降五年下期までは原則として一〇万円以上、六年上期以降一一年上期までは原則として五万円以上、それ以降は一〇万円以上と変化している。しかも売約額が多い時期には一〇万円以上、時には二〇万円以上のこともある。

要するに、「機械部考課状」「事業報告書」いずれも終始一貫した基準で売約先を記載しているわけでない。「当期主ナル売約先左ノ如シ」と表現されているだけで、選択基準が明示されているわけでない。その時々で「主ナル」が便宜的に変化することになる。第三章では基準の不統一を承知の上で、知り得た売約先・取引内容を網羅する方針である。なぜならば三井物産の機械取引先を少しでも多く知ることによって、不可知の部分を小さくし、全体像に接近したいからである。後述の売約先分析には一〇万円以上だけでなく、五万円以下の売約先が登場するのはそのためである。

また、「主ナル売約先」として記載された各件は一応契約別と推測され、同一時期に同一先の契約が列記されることになる。

さらに第三点を挙げれば、売約の納入業者についてである。前述のごとく第三章の時期の「機械部考課状」には商品の「納入業者」の記載があり、第二章で依存した「機械部考課状」にはそれがなく、もちろん「事業報告書」にもない。したがって第三章では「納入業者」の分析を追加することができたのである。

［本書の使用資料のまとめ］

以上のような事情から本書では、利用し得る資料を接合して、可能な限りの材料を引き出すことに努めているので、次のような入り組んだ使用状況となっている。

大正六年下期……………………「事業報告書」
同七年上期～同一五年上期………「機械部考課状」
同七年下期、八年上期、一〇年上期、一一年下期、一二年上期、一四年下期………「事業報告書」

大正一五年下期～昭和七年上期　　　　　　　　　　　　　　　「事業報告書」

同　七年下期、九年下期　　　　　　　　　　　　　　　　　　「機械部考課状」

同　八年上期、下期、九年上期、一〇年上期　　　　　　　　　「機械部考課状」

同　一〇年下期～一四年上期　　　　　　　　　　　　　　　　「機械部考課状」

同　一四年下期～一八年下期　　　　　　　　　　　　　　　　「事業報告書」

なお、本書を構成する各章の初出は次の通りであるが、それぞれ加筆訂正を施している。

第一章　「三井物産の機械取引の出発」『専修経営学論集』第七一号、二〇〇〇年一〇月

第二章　「大正後半期の三井物産の機械取引」『専修経済学論集』第三四巻三号、二〇〇〇年三月

第三章　「昭和戦前期における三井物産機械取引の変容」『同右』第三五巻一号、二〇〇〇年七月

（1）総合商社論の口火は中川敬一郎「日本の工業化過程における『組織化された企業者活動』」『経営史学』第二巻第三号、一九六七年、に始まり、宮本又次・栂井義雄・三島康雄『総合商社の経営史』（東洋経済新報社、一九七六年）をはじめ、かなりの研究書が刊行されているが、その中で三井物産が取り上げられているのは前掲書しかない。

（2）三井物産を対象としたものには、栂井義雄『三井物産会社の経営史的研究』東洋経済新報社、一九七四年、森川英正『財閥の経営史的研究』（東洋経済新報社、一九八〇年、の第五章）をはじめ、かなりの論文がある。すなわち山口和雄、山崎広明、鈴木邦夫、春日豊、山村睦夫、坂本雅子等の諸論文である（詳細は麻島昭一「三井物産の保険部門」大島久幸「三井物産の運輸部門」（前田和利執筆）を参照）。近年は麻島昭一「三井物産の保険部門」大島久幸「三井物産の運輸部門」（前田和利執筆）を参照）。近年は『経営史学』（東京大学出版会、一九八五年）の「商社・マーケティング」（前田和利執筆）を参照）。しかし機械取引を取り扱った研究は未見である。

なお、三井物産そのものではないが、沢井実『日本鉄道車輌工業史』（日本経済評論社、一九九八年）は、鉄道部品の供給、日本車輌製品の取扱にかなり触れている。主として三井文庫所蔵の三井物産資料依存では本書と重複している箇所もある。「明治四〇年代から第一次大戦までの鉄道車輌、用品輸入業務の実態」を三井物産で検討した

り(同書三一～二頁)、物産機械部の関税改正に対する評価の紹介(六一頁)もあるが、特に物産と日本車輛の深い関係については同書を参照されたい(同書五三、一二二～三、一三四、一五七、一八二、一八八、一九五、二三二、二八六頁など)。

(3) 横浜市史編集室編『横浜市史Ⅱ 資料編六 北米における総合商社』(一九九七年)は「米国各店打合会議録」「ニューヨーク支店考課状」などを収録し、同館の所蔵資料について詳しく解説している。

(4) 機械部の成立は明治四〇年であるから、それ以前に「機械部考課状」が存在するはずがなく、成立後いつから「考課状」が作成されたか不明である。

(5) 「考課状」では、「売約高」「取扱高」「決算未済高」の三表が恒常的に含まれているが、「報告書」では「機械売約高品類別並商売別表」「機械販売決済高品類別並商売別表」「機械売約残次期繰越高品類別並商売別表」「機械社外売約高三期比較表」「機械社外売約決済高三期比較表」「機械社外売約次期繰越高三期比較表」が恒常的に含まれている。しかも考課状の「売約高」と報告書の「機械売約高品類別並商売別表」を比較すると、同じ期の売約高でもなぜか両者の数字は異なる。以上のように両者は、掲載の表も内容も異なり、異質の計表というべきであろう。

(6) 「契約別」と表現したが、厳密にいえば「造船材料一四口」「豊田自動織機製精紡機三口」のような表示もあり、「一契約」「一件」「一口」をどう区別すべきか判断に苦しむ。同一時期に異種商品を売約した場合、別契約として処理することは理解できるが、同一商品でも並記されている場合があるのはやはり契約が別だからであろう。

第一章　明治・大正前半期の機械取引

第一節　三井物産における機械取引の開始

1　機械類取扱開始

　三井物産の機械取扱における初期の状況は正確には明らかでない。「創業以来、三井物産会社は各省庁や陸海軍などの需要に応じて、西欧諸国からの機械類の輸入を行っていた」(1)というが、周知なのは明治一五（一八八二）年設立の大阪紡績から英国プラット社製精紡機の輸入を依頼されたことであり、それ以後わが国におけるプラット社製品取扱に独占的地位を築いたことである。

　三井物産の機械取引は紡績機械取扱から始まり、その分野で威力を発揮したから、もう少し詳しく経緯を説明しておこう。大阪紡績創立の中心となった技師山辺丈夫は、滞英中の研究によってプラットブラザーズ社製精紡機の導入を決めていたという。「（同社の）紡績機械はミュール精紡機一六台（一万五〇〇錘）およびその付属機械一式であったが、それらはいずれも物産の手によって、当時、最もすぐれた紡績機メーカーといわれたイギリスのプラット社から紡績機械を、ハーグリーブス社から原動機を輸入した。これがプラット社と三井物産との関係ができた最初で

ある」と。物産はこのことが契機となって、明治一九（一八八六）年プラット社と代理店契約を結んだが（同三一年に代理店契約は更新された）、大阪紡績の成功を受けて、「鐘淵紡績、東京紡績、天満紡績、平野紡績など新設工場の多くは、三井物産の手によってプラット社製品を輸入した。明治二五年一月から翌年一月にかけて約定済みとなった各紡績会社増錘注文の八一パーセントが三井物産の扱うプラット社製品によって占められていた」といわれる。もちろんプラット社製品に競争相手がなかったわけではないが、「プラット社の人気が高かった理由の第一はその製品が秀れていたことにあるが、頑固一徹ともいえるプラット社の堅実な商法も、顧客の信用を獲得する大きな要因となっていたようである」ともいわれる。いずれにせよ物産がプラット社から専売権を獲得し、それを基盤に同社製品を多くの紡績会社に供給したことは、物産の棉花商売の拡大にも役立ち、機械商売を発展軌道に乗せることになったと評価しなければならない。

2 明治二〇年代の機械取扱高

しかし物産の機械取引といっても明治二一年以後は、紡績機械が中心で、それ以外の機械は大した金額ではなかった。当時から英国プラット社を筆頭に、諸社の代理店あるいは一手販売権入手の立場から紡績以外にも拡大をはかり、二七年頃には棉花、米、石炭とともに物産の重要取扱品に数えられるまでになっていた。次は本店のみの機械取扱高であるが、『沿革史』によれば明治二一（一八八八）年に急増し、二四年からは紡績業の不況から激減したことを示している。もちろん大阪支店は紡績業との関係が深いので、多額な取引があったと想像される。

明治一八年　　四六、三九五円　　明治二三年　　五四九、二八九円（大阪支店六九五、三六三）

一九　　　　三〇、三二六　　　　　二四　　　　二六九、六四一

第一章　明治・大正前半期の機械取引

『三井事業史』によれば、明治二四年と思われる機械取扱高は次の通りであった。

「東京本店　全商品　一二、六二九、一二六四円　うち器械及金物類各種　三三八、一九八円

大阪支店　全商品　一、八七五、二六二円　うち器械類　六九五、三六三円

二〇　　一二四、五四五

二一　　三六三、五九〇

二二　　四〇九、九五八

二三

二四

二五　　一〇八、二二五

二六　　二八三、九七八

本店并ニ大阪支店ハ当会社ノ専売特約先タル英国プラット社製造ノ紡績器械類、マザープラット社製電灯器械ランプ類、孟買器械油等ノ商売アルモノナリ」

取扱商品のうち、機械類は東京で全商品の一三三%、大阪で三七%であって、まだ大きな比重ではなかった。

また、鉄道用品については次のような経緯であった。すなわち、「鉄道レールノ如キハ鉄道企業勃興時代トシテ需要多カッタ筈ナレドモ当社ハ未ダ之ニ関スル知識モ経験モナカッタノデ此方面ニハ関係甚ダ薄カッタ。尤モ廿二年頃カラ築港其他土木工事ニ要スル軽軌条デ仏国 Deauville 社製ヲ少シ許リ取扱ッタ。又廿六年ニ関西鉄道会社用レールニ入札シタガ落札シナカッタ。本筋ニ此取扱ヲナスニハ専門ノ知識ヲ要スル為メ技術者ヲ雇入レ、明治廿七年十一月本店ニ鉄道用品及機械掛ヲ設ケテカラ漸ク本格的取扱ニ乗リ出シタ」とある。因みにレールは当初金物として取り扱われ、のち鉄道用品として扱われる。

（1）『三井事業史』本篇第二巻、五八三頁。なお、「沿革史」によれば「機械ハ、創業以来政府直接買付品ノ輸送、其他買付依頼品等ヲ少シバカリ取扱ッタ丈デ、取リ上ゲテ云フ程ノモノデモナカッタ」といわれ、明治一二～二〇年の依頼先として次のが挙げられている（第四編第五章重要商品取扱ノ沿革）。

一、勧商局買入酒蒸溜機・三田育種場麻紡績機・竹中邦香依頼印刷機並活字（仏国注文）・開成校器械・宮内省調度課化学機械・三池炭鉱ポンプ・印刷局納煉釜・造幣局・横須賀造船所・川崎造船所・砲兵工廠・瓦斯会社納諸機械等

また同二二年の依頼先として次が挙げられている。

一、陸軍・海軍・印刷局・農商務省・三重紡績・鐘淵紡績・東京紡績・尾張紡績・宮城紡績・岡山紡績・長崎紡績・人造肥料会社・東京製綱・熟皮社・商況社其他各所納諸機械

(2)『一〇〇年史 上』一五〇頁。なお前掲『三井事業史』五八三頁には「三井物産は、大阪紡績の委嘱をうけてロンドン支店を通じて一万五〇〇〇錘の紡機を輸入した」とあるのは一万五〇〇〇錘の誤りであろう。

(3)前掲『三井事業史』五八三〜四頁。

(4)同上、五八四頁。なお、プラット社製品の優秀性だけでなく、物産は機械顧問を雇ったり、プラット社の技師を註文先に派遣して助言させるなり、紡績業者にサービスして信頼され、「我国取扱業者中当社ニ比肩スルモノナク、爾来紡績機械取扱業者トシテノ当社ノ名ハプラット社ノ名ト共ニ永ク斯界ニ記憶セラル、ニ至ッタ」（『沿革史』第四編第五章重要商品取扱ノ沿革）と誇っている。物産はプラット社、ルカス商会はドブソン社、イリス商会はサミュエルブルックス＆ドキシー社と組んで受注合戦を繰り広げたが、物産は八五％を獲得したといわれ（『沿革史』同右）、また明治二五（一八九二）年一月から二六年一月にかけての各社の増錘注文約定では、物産八一％、ルカス一六％、イリス三％の割合であったという（『一〇〇年史 上』一五一頁）。

(5)プラット社との代理店契約によって、他の紡績会社からの受注にも断然有利な地位を占めたわけで、のちにも物産は第一次大戦中および戦後にプラット社製紡績機械を国内で約二〇〇万錘、中国で約三〇万錘供給したというから、その巨額さに驚かされる。

なお、紡績機械の取引方法や代金決済については一五一〜二頁に説明があるが、物産は買い手に対し有利な条件であったことが読みとれる。

(6)『沿革史』（注(4)）と同じ）。

(7)「物産会社営業実況報告書並意見書」（明治二四年一〇月）『三井事業史』資料篇三、二一〇〜二頁。

(8)『沿革史』（注(4)）と同じ）。

第二節　機械部の成立とその職制

1　機械部設置までの経過

　物産の機械取引が開始されたのは、前述のように大阪紡績へのプラット社製精紡機等の納入であるが、それ以後の紡績業への紡績機械納入は営業の一環であっても、特に機械取引の組織を編成してのことではない。組織としては次のような経緯であったといわれる。

　明治二四（一八九一）年の「三井物産会社本支店将来営業科目」の中に、機械関係が記されているのは、次の各店のみであった。

　　本　　社　　紡績并各種ノ器械類委託販売
　　大阪支店　　同右
　　倫敦支店　　諸器械類及地金類委託買付

すなわち、国内では本店、大阪支店のみが機械取引を予定され、しかも「紡績」が冒頭に「各種ノ器械」とは区別されて掲げられているのが印象的である。ロンドン支店は買付窓口の役割を担っていた。しかしこの三店に機械関係の掛まで設置されていたかは明らかでない。

　明治二八年九月には本店内に鉄道用品掛が設置された記録があり、最初は器械掛でなく鉄道用品掛であったことが注目される。翌二九年三月器械課と改称されたが、事務分掌は明らかでない。因みに同年の「事務要領報告」によれば、機械関係の取扱いは次の三店だけであり、多数の取扱商品の中に「紡績及鉄道其他各種器械」「紡績、鉄道等ノ

器械類」「各鉄道レール用具、器械類」の表現がみられ、ここでは紡績と鉄道が別記されていた。

東京本店　本店ハ各店ノ業務ヲ総括スルハ勿論、又自ラ経営スル所ハ紡績及鉄道其他各種器械類並ニ棉花、洋反物、雑貨等ノ輸入ト棉糸及印刷局紙、絹物其他雑貨ノ輸出ヲ取扱ヒ、諸官衙用品納付、石炭セメント其他一般商品ノ依托売買ニ従事シ、且内外商品ノ一手販売ヲ引受ケ居ルナリ

大阪支店ノ業務ハ重モニ紡績、鉄道等ノ器械類及棉花、洋反物、雑貨等ノ輸入ト石炭其他棉糸等ノ依托売買ニ従事スルニ在リ

龍動支店ハ輸出米業務、本邦注文ノ各鉄道レール用具、器械類、洋反物其他ノ約定物品及注文品買入ニ従事シ、傍ラ三池石炭ノ約定海上保険会社ノ代理店業務ヲ監督ス

そして早くも翌三〇（一八九七）年三月には器械課は廃止されて、器械掛、鉄道掛に分けられた。さらに三一年六月、本店が本部と営業部に分割されると、営業部の機械掛となり、その事務分掌は次のように規定された。

「機械掛ハ左ノ事務ヲ取扱フ

一、紡績、織物、電気、鉱山用其他ノ諸機械及付属品取扱ノコト

二、鉄類、鉄管、鉛管等取扱ノコト

三、鉄道用品取扱ノコト

四、陸海軍用軍器機械取扱ノコト」

ここでは従来の機械・鉄道用品のほかに、いわゆる金物と「陸海軍用軍器機械」が明示されたことが注目される。明治三五（一九〇二）年一二月には機械掛と鉄道掛に分化され、翌三六年五月には営業部内に首部制度が施行されると、「機械並鉄道用品首部」が設けられた。その規程は次のようであった。

「機械並鉄道用品取扱首部規程

一、機械並鉄道用品取扱首部ニ首部長参事及主記ヲ置ク
二、首部長ハ本店営業部長ヲ以テ之ニ当ツ但別ニ首部長ヲ任命スルコトアルベシ
三、首部長ハ機械並ニ鉄道用品共通計算取扱規則ニ依リ首部ノ事務ヲ統轄ス但首部長差支アルトキハ営業部機械掛主任又ハ鉄道掛主任ヲシテ当該掛ニ関係スル首部長ノ事務ヲ代理セシムルコトヲ得
四、（参事）
五、（主記）——省略

　しかし同年七月には営業部内に金物掛設置とともに、それも加えて「機械鉄道用品並金物類取扱首部」と改称している。それまでの「鋼鉄、銑鉄、並鉄管類」の取扱は新設の金物掛に移管された。三六年八月の本店各掛服務規程の改正で、それまでの機械鉄道掛は機械掛と鉄道掛に分割され、それぞれ次のように分掌が定められた。

機械掛
一、紡績、織布、蒸気、電気、鉱山用其他ノ諸機械並ニ付属品ノ取扱
二、陸海軍用軍器并ニ船艦ノ取扱

鉄道掛
一、軌条、機関車、貨車、客車、橋梁材其他鉄道用品ノ取扱

　機械掛で「船艦」が明示されたこと、鉄道掛で取扱商品が具体的に列挙され、車両・軌条だけでなく橋梁材まで明

示されたことが注目されよう。

因みに同年一一月に大阪支店の服務規程が改正され、その機械掛は前記首部における機械・鉄道両掛と類似の内容となり、大阪支店も東京と並ぶ広汎な機械取引が予定されていたわけで、大阪支店の重要性が示されていよう。すなわち、新規定は次のごとくである。

一、紡績、織物、蒸気、電気、鉱山、造船用其他ノ諸機械及付属品ノ売買
二、鉄道用品ノ売買
三、陸海軍其他諸官衙公署用機械及材料類ノ売買(9)

さて明治四〇(一九〇七)年七月に「機械部」が営業部から分離独立して誕生した。その背景として「三井物産は、日露戦争後の国内産業のブームに際して、続々と増設する紡績会社の機械類の受注を一手に引受け、機械輸入はにわかに繁忙をきわめた。そればかりでなくロンドン・ニューヨーク両支店は、製粉・製糖・人造肥料・麦酒・セメントなどの工業用および動力用の機械類、さらに採鉱・製鉄用の設備や機械にいたるまで、信用確実な注文先からの発注を受けて」(10)いた。こうした状況下に機械部の新設をみ、機械・電気・鉄道用品関係の取引をすべて統轄することになったのであるが、実は物産が機械取引に積極的に取り組む姿勢をアッピールしたかったのである。具体的には岩原理事の次のような説明がある。

「一般世間ヨリ見レハ物産会社ハ萬屋ニテ機械専門ニアラストノ噂ヲ耳ニスルコトアリ、是等ヲ英米ノ製造家カ聞伝ヘ同様ノ考ヲ起シ、三井ト手ヲ採ルヨリハ此商売ニ専門ナル高田ノ如キト手ヲ握ル方販売上ニ於テ有利ナルヘシトノ考ヲ有スルカ如キコトモ多々アリシモノ、如シ、……独立ノ機械部ナルモノヲ置キ、機械類ヲ専門ニ取扱ヒ物産会社ノ中ニ純然タル高田商会アリ、大倉組アリト云フカ如キ組織ニ改メシナリ」(11)

そして「機械部服務規程」(12)によれば、「機械並鉄道用品商売ノ発送統一ヲ期スル為メ本店内ニ機械部ヲ置ク」(第一

条）と規定され、「機械部長ハ機械並鉄道用品共通計算取扱規則ニ於ケル首部長ノ事務ヲ取扱フ」（第三条）とされた。組織としては、部長の下に参事が置かれ、六掛制をとり各掛には主任が置かれた。六掛の分掌は次の通りであった。

支店掛（第六条）機械並鉄道用品共通計算規則ニ依リ取扱フヘキ商品ニ付仕入店又ハ販売店ヨリ申出ツル事

機械掛（第七条）電気掛ノ所掌ニ属セサル各種機械並付属品ノ取扱

電気掛（第八条）電気機械並付属品ノ取扱

鉄道掛（第九条）一鉄道用品ノ取扱　二建築、橋梁及造船用鋼鉄材ノ取扱

通信掛（第一一条）一機械部ノ通信　二機械部業務要領日報其他ノ諸報告及統計ノ蒐集編成

勘定掛（第一二条）一機械部ノ勘定ヲ掌ル事　二代金請求書及貸借勘定書調製ノ事

営業部隊としては機械、電気、鉄道の三掛に分けられたが、電気掛の新設はようやく電気機械取扱の増大ないしそれへの積極姿勢を示すものであろう。また支店、通信、勘定の三掛が独立したことは、機械取引の統轄上の業務も重視されたことを意味しよう。

そして参事の分掌は次のごとくであった（第一〇条）。

「一、カタログ其他ノ必要書類ヲ蒐集シテ取調ヲ尽シ部長当該掛又ハ当該店ノ参稽ニ供シ新規ノ発明又ハ改良ヲ発見シタルトキハ部長ニ上申スル事

二、部長ノ命ニ依リ販売地又ハ仕入地ニ出張シ視察ニ従事シ又ハ当該店ノ販売若クハ仕入ニ助勢スル事

三、当該掛ノ請求ニヨリ其商務ヲ補助スル事

四、技術上ニ関スル事務」

以上の経緯をみると、組織としては鉄道用品掛が最初に登場し、器械課と改称してみたり、機械と鉄道用品に分けてみたり、とにかく機械と鉄道用品が並立していたことが知られる。そして短期間にめまぐるしく組織が変更され、

ようやく鉄道用品を含みながら「機械掛」に落ち着いたのが明治三一年であった。そして同三六年から首部扱いとなったことは、機械取引（鉄道用品を含む）が、物産の営業上、重要商品の地位を獲得したことを意味する。しかし首部長は営業部長が兼任していて、実務は機械掛主任、鉄道掛主任が取り仕切っていた公算が大きく、明治四〇年の機械部設置こそが、専任の機械部長を擁し、六掛制を持つ独立部門の内実を備えたとみられよう。以後、機械部は機械取引の統括部として、傘下に機械部支部と支店機械掛を持って活動するが、機械部門の基本的組織は戦前を通じて変わることはなかった。因みに機械部に支部制度が採用されたのは、大正五（一九一六）年一月、大阪、上海、倫敦、紐育の四支部からである。

（1）『三井事業史』資料篇三、一二八～三一頁。
（2）本店の各掛を一斉に「課」または「方」と変更した中に「器械課」が含まれていた（「明治二九年中諸達」の達第四号）。
（3）『三井事業史』本篇第二巻、五八七～八頁。
（4）明治三〇年三月の組織改正では、「課」または「方」が一斉に「掛」に戻るが、その理由は明らかでない。器械課については「自今器械課ノ名称相廃シ現在分担ノ事務ニ従ヒ器械掛、鉄道掛ト夫々改称スベシ」とあるが、「現在分担ノ事務」が所謂機械と鉄道用品であったことを示している（「明治三〇年度諸達」の達号外）。
（5）「明治三一年度達」。
（6）同右の達第三〇号（服務規程）。
（7）「支店長諮問会議事録」（明治三七年八月）二七〇頁。
（8）明治三一年度の達第三一号（服務規程における機械関係の改正）。
（9）同右の達号外（大阪支店服務規程の改正）。それまでの内容が未確認なので、どの部分が改正されたかは不明。
（10）『一〇〇年史 上』二四九頁。
（11）「支店長諮問会議事録」（明治四〇年）三四五～六頁。

2 機械部の組織変更

その後機械部は、明治四四(一九一一)年七月制定の「特殊商品取扱規則」に基づき、同四五年四月に「機械部規程」を改正し、機構の拡充をはかった。すなわち、六掛制を七掛制に改め、各掛の分掌規程を詳細化したのである。機械掛を三分割したが、その分掌は次のごとくである。

総務掛 (第二条)

一、部竝各代務店間ノ連絡及統一 二、製造家ノ代理店ノ引受謝絶若クハ契約条項ノ変更 三、海軍各鎮守府所在出張所ノ業務ノ監督 四、海軍工廠需品庫、練習艦隊及海外派遣艦隊ノ所要石炭其他海軍艦政本部直接購買品ノ供給契約

機械掛第一部 (第三条)

一、紡織機械 二、原動機 三、汽罐

機械掛第二部 (第四条)

一、瓦斯機械 二、製造工業機械 三、鉱業機械 四、水道機械 五、機械工具 六、船舶 七、其他ノ掛ニテ取扱ハサル雑機械器具 八、鉱油、船底塗料

機械第三部 (第五条)

電気掛 (第六条)

一、兵器及兵器材料 二、甲鉄 三、軍用器具 四、自働車及付属品

以上の中で、兵器軍用品を中心とする機械掛第三部を独立させていることが注目される。また、紡織機械と原動機・汽罐が機械掛第一部に纏められているのは、紡織会社の設備投資が両者セットであることが多いからであろうか。さらに、参事の職務も拡大・詳細化し、機械部内で情報収集・伝達、営業の開拓・援助、技術上の貢献など遊軍として機能することが期待されている。その規定は次のようである（第八条）。

一、内外工業界ノ状況ニ注意シ商務ノ拡張改良ヲ計ルコト
二、広ク機械部取扱品ニ関スル需用ノ趨勢ヲ察シテ商売ノ開拓ヲ計ルコト
三、機械部各掛又ハ代務店ノ商務ヲ助成スルコト
四、機械部取扱品ニ関スル諸般ノ調査
五、各掛トノ聯絡ヲ保チ「カタログ」ノ蒐集整理及分配ヲ行ヒ且広告ニ関スル用務ヲ取扱フ事
六、各掛ノ需ニ応シテ製図及設計ヲ掌ルコト

そしてこの時点での支店・出張所の機械掛等の職務内容を整理したのが表1-1である。機械掛が設けられているのは、大阪、名古屋、門司、台北、上海、倫敦、紐育の七支店と京城出張所であり、神戸、漢口は機械金物掛、大連出張所は満鉄との関係から機械鉄道掛であった。鉄道掛を置くのは輸入窓口の倫敦・紐育両店だけであるが、職務内

通信掛（第九条）

一、通信並庶務　二、諸報告ノ調製並統計資料ノ蒐集編製

鉄道掛（第七条）

一、汽関車　二、客車貨車其他鉄道用車両　三、軌条及付属品　四、建築及橋梁材料　五、管類　六、造船材料並他ニ記載ナキ雑材料　七、刃鋼

一、電気機械　二、電線及電纜　三、電働通信機具　四、水車

第一章　明治・大正前半期の機械取引　25

表1-1　支店等の機械掛職務内容

支店等	掛名	職務内容
大阪支店	機械掛	一、紡績，織物，蒸気，電気，鉱山，造船用其他ノ諸機械及付属品ノ売買 二、鉄道用品ノ売買 三、陸海軍其他諸官衙公署用機械及材料類ノ売買
名古屋支店	機械掛	機械並同上付属品及金物ノ売買ヲ掌ル事
神戸支店	機械金物掛	蒸気，電気，造船用其他ノ諸機械，同上付属品，金物及鉱石ノ売買
門司支店	機械掛	一、電気機械及用品，水力機械ノ売買 二、紡績機械及用品，汽機汽罐ノ売買 三、鉱山機械及用品，製作工業機械，瓦斯機械，機械付属品鉱油類ノ売買 四、鉄道用品橋梁及建築鋼鉄材ノ売買
台北支店	機械掛	機械，鉄道用品並金物類ノ売買
京城出張所	機械掛	機械，鉄道用品，電気用品ノ商売
大連出張所	機械鉄道掛	一、諸機械並付属品ノ販売 二、軌条，機関車，貨車，客車，橋梁材其他鉄道用品ノ販売 三、金物類ノ販売
天津支店	軍器掛	一、軍器ニ関スル商売 二、清国諸官省御用品ニ関スル商売
上海支店	機械掛	機械並鉄道材料品
漢口支店	機械金物掛	一、軍需品，鉄道，電気其他一切ノ機械類ノ商売 二、諸官省ニ対スル御用商売 三、（金物関係省略）
倫敦支店	機械掛 鉄道掛	一、蒸気，電気，紡織，其他一般諸機械並付属品 二、陸海軍用軍器並船艦 軌条，機関車，客貨車，橋梁材其他鉄道用品並鋼鉄材料

〔備考〕三井物産「現行達令類集」（明治45年）より作成。上記以外の支店出張所には機械掛がない。

容を点検すると、大阪、門司、台北、京城、上海の諸店にも鉄道用品が含まれている。単に「機械」としか表示されていない店もあるが、他方、大阪、神戸、門司、倫敦のように機械の種類まで表示しているものもあり、紡織機械だけでなく、電気機械や鉱山機械まで登場するようになった。そして天津支店には機械部ではないが、中国相手の兵器売り込み専門の軍器掛が設けられていたことが注目される。大阪支店機械掛にも「陸海軍其他諸官衙公署用機械及材料類ノ売買」があって、機械部・大阪支店の兵器需要に応える体制であった。倫敦支店機械掛にも「陸海軍用軍器並船艦」があって、機械部・大阪支店の兵器需要に応える体制であった。

この後、機械部規程は改正されたと推測されるが、途中経過は目下のところ確認し得ない。ただ、「三井物産株式会社職員録」によれば、大正四年七月の第六版では上記の掛制のままであり、同六年四月の第九版では掛名が変化しており、この間に規程改正があったと思われる。

(1) 「現行達令類集」明治四五年。
(2) 三井文庫所蔵分でも、第七、八版の「職員録」が欠けており、改正後の「機械部規程」が大正八年に飛んでいるので、残念ながら改正時点と改正内容を特定できない。上記二時点の掛名の変化は、後述の人員配置において記述する。

3　機械部門の人員配置

(1) 明治期

明治期の機械担当者の人員規模を把握することは困難である。たとえば、明治三四（一九〇一）年一月「三井物産合名会社職員録」をみても、当時五三八人が搭載されていたが、所属掛が記載されていないため、主任クラスの三人、すなわち本店営業部機械掛主任渡辺秀次郎、大阪支店機械掛主任小畠信吉、台北支店機械掛・通信掛・保険掛主任川村兎吉しか判明しない。

第一章　明治・大正前半期の機械取引

機械鉄道用品並金物類取扱首部になってからの機械関係の人員は次のようであった。すなわち、明治三八年二月時点の「職員録」によれば表1-2の左欄のように、首部の機械関係者は二四・五人、大阪・倫敦・紐育三支店のそれは八・五人、合計三三名の規模であった（端数は兼任の場合、〇・五人で計算したため）。その中で、首部長は営業部長磯村豊太郎が兼務し、渡辺秀次郎が筆頭参事として機械掛主任小畠信吉、鉄道掛主任加地利夫とともに運営していたと思われる。参事三人の中に外国人アーサー・ドラブルの名があるが、おそらく技術指導の役割であろう。大阪支店の南条金雄は機械掛主任と保険掛主任を兼務し、機械掛員が五人いて体裁をなしているが、紐育・倫敦支店では掛があっても主任一人であった（現地人使用であろうが）。因みに渡辺秀次郎参事は鉄道機械の専門家であり、渡辺庚午郎参事は電気機械のそれであった。

そして機械部が営業部から独立したあと、すなわち四一（一九〇八）年三月時点でみると、部長の名がみえず（誰かが兼務か）、参事の渡辺秀次郎、渡辺庚午郎はそのままで、アーサー・ドラブルは上海支店機械掛に転じた。掛主任は五人に増え、紐育の岩崎武治、倫敦の山本小四郎の両主任が五人を数え最多である。その事情には「明治四三年二月三九年以来参事ガ取扱ッテ来タ海軍関係ノ商務ト横須賀、舞鶴、呉、佐世保四出張員トヲ全部機械部ノ管轄ニ所属セシメ当社機械商売ノ統一ヲ図ッタ」(2)と説明がある。また甲谷（カルカッタ）、盤谷（バンコック）、シドニーの出張員も同首部の傘下に含まれていた。首部の人員規模は五六人と倍増し、支店等でも四二人で、五倍の膨張ぶりである。大阪支店では南条主任は変わらず、掛員が一六人へ三倍増となり、名古屋・門司・台北・上海の四支店に機械関係の掛が設置され、倫敦、紐育両店の掛員を増やし、人的にも大拡充であった。首部機械掛主任小畠は山本に代わって倫敦鉄道掛主任に転出している。

さらに四二年一二月時点をみると、基本的には不変であるが、嘱託の松尾鶴太郎が部長代理となり、参事は渡辺秀

の人員（明治期）

	42年12月			掛員		44年5月		掛員
機械部	部長代理	松尾鶴太郎			機械部	部長心得	松尾鶴太郎	
	参事	渡辺秀次郎		2人		部長代理	加地利夫	2人
	機械掛第1部主任	加地利夫		7人		参事	渡辺秀次郎	
	同　第2部主任	岩崎武治		10人		参事兼兵器掛主任	山田朔郎	1人
	電気掛主任	加地利夫		5人		参事	石川六郎	1人
	鉄道掛主任	山本小四郎		4人		機械掛第1部主任	石内紀道	5人
	通信掛主任	宮本東三郎		3人		同　第2部主任	岩崎武治	9人
	横須賀出張所			3人		電気掛主任	古西為之助	5人
	舞鶴出張所			2人		鉄道掛主任	山本小四郎	6人
	呉出張所			6人		通信掛主任	宮本東三郎	1人
	佐世保出張所			2人		三池在勤		1人
	甲谷出張員			1人				
	盤谷出張員			1人				
	シドニー出張所			2人				
	三池在勤			1人				
	小計			55		小計		41
大阪支店	機械掛主任	吉高　広		12人	大阪支店	機械掛主任	吉高　広	13人
名古屋支店	機械掛主任	藤原林平		2人	名古屋支店	機械掛主任	藤原林平	2人
門司支店	機械掛主任	一色虎児		2人	門司支店	機械金物掛主任	松山　茂	5人
台北支店	機械掛主任(兼)	朝比奈正一		0.5	台北支店	機械掛主任	足立　正	1人
京城出張所	機械掛主任	吉村順助		1人	京城出張所	機械掛主任	吉村順助	1.5人
大連出張所	機械鉄道掛			2人	大連出張所	機械鉄道掛		2人
上海支店	軍器官咽掛主任(兼)	武田隆夫		1人	上海支店	機械掛		2人
紐育支店	兼鉄道掛主任	岩下清朝		2人	紐育支店	兼機械掛主任	一色虎児	3人
	機械掛主任	松山　茂		3人		鉄道電気掛主任	太田　太	2人
倫敦支店	兼機械掛主任	小畠信吉		1人	倫敦支店	機械掛主任	岡本弘馬	1人
	海軍掛			1人		鉄道掛主任	白井玉生	
漢堡出張所	機械金物掛主任	逸見金太郎			漢堡出張所	機械金物掛主任	逸見金太郎	1人
					小樽支店	室蘭出張員機械雑品掛		1人
	小計			37.5		小計		44
	人員計			92.5		人員計		85
	総員			1212		総員		
	店別使用人			1100		店別使用人		

日，「三井物産株式会社店別使用人録」同42年12月1日，「三井物産株式会社社員録」同44年5月23

表1-2　機械関係

明治38年2月				41年3月			
本店営業部	兼首部長	磯村豊太郎	掛員	機械部	参事	渡辺秀次郎	掛員
機械鉄道用品	参事主任	渡辺秀次郎				渡辺庚午郎	2人
金物取扱首部	参事	アーサー・ドラブル			支店掛主任	岩崎武治	4人
	参事	渡辺庚午郎			機械掛主任	加地利夫	11人
	主記主任	小畠信吉			電気掛主任	加地利夫	4人
	主記	宮本東三郎			鉄道掛主任	山本小四郎	6人
		真藤荘二郎			通信掛主任	宮本東三郎	4人
		西本　貫	2人		横須賀出張員		3人
	機械掛主任	小畠信吉	10人		舞鶴出張員		2人
	鉄道掛主任	加地利夫	3人		呉出張員		5人
					佐世保出張員		2人
					甲谷出張員		4人
					盤谷出張員		2人
					シドニー出張員		1人
	小計		24.5		小計		56
大阪支店	機械掛兼保険掛主任	南条金雄	5人	大阪支店	機械掛兼保険掛主任	南条金雄	16人
				名古屋支店	機械掛主任	藤原林平	2人
				門司支店	機械掛主任	一色虎児	2人
				台北支店	機械掛		1人
				京城出張所	機械掛主任	伊藤忠次郎	1人
				大連出張所	機械鉄道掛		3人
				上海支店	機械掛		1人
					軍器掛主任(兼)	武田隆夫	1人
紐育支店	鉄道掛主任	岩下清朝		紐育支店	鉄道掛主任	岩下清朝	3人
	機械掛主任	岩崎武治			機械掛主任	松山　茂	2人
倫敦支店	機械掛兼鉄道掛主任	山本小四郎		倫敦支店	鉄道掛主任	小畠信吉	
					機械掛主任	白井玉生	1人
					機械掛主任	大塚千代造	
	小計		8.5		小計		42
	人員計		33		人員計		98
	総員		682		総員		1324
	店別使用人				店別使用人		1205

〔備考〕「三井物産合名会社店別職員録」明治38年2月20日、「同　店別使用人録」同41年3月13日より計算の上作成。

次郎だけ、首部諸掛の編成替えがあって機械の増員、鉄道の減員、海軍関係の出張員が出張所に昇格などの諸点がみられる。支店等では大阪支店の減員、漢堡（ハンブルク）出張所に機械金物掛が設置されている。ドイツからの輸入が倫敦支店扱から独立したわけである。機械部の人員規模は五五人でほぼ不変であるが、支店等は三七・五人へと僅かながら縮小である。

最後に、四四年五月時点（表1-2の右欄）をみると、松尾が部長心得となり、加地が部長代理、参事が渡辺以下三人となっている。兵器掛が新設され、山田参事が主任を兼務しているが、兵器取扱いの積極化を意味するのであろうか。海軍関係や外国での出張員を機械部から独立扱いとしたので、表面的には機械部の人員規模は四一人へと縮小したが、実質は微増である。支店等でも門司支店が増強され、小樽支店室蘭出張員が新設されたが、支店合計で四四人となり多少の増加となっている。

約六年間の動きではあるが、機械関係の人員は支店での機械掛等の設置を反映して四一年までに大増強されて、以後横這いとなっている。取扱支店等の増加ばかりか、海軍関係や印度・タイなどへの出張員派遣のような拡大もあった。また人事異動で海外店と内地との交流もみられる反面、渡辺秀次郎、加地利夫、宮本東三郎、山本小四郎、岩下清朝、岩崎武治の六人は、ポストの移動はあっても役職者として機械部門から離れなかった。

(2) 大正前半期

次に大正期であるが、大正二（一九一三）年八月時点と、本章の終末に近い六（一九一七）年四月時点を対比させたのが表1-3である。同表によれば、前者では専任者一二三人と兼任者が一四人であり（以下同様の表示）、そのうち機械部が八〇人と四人で過半数を占め（五八％）、大阪支店の機械掛が一六人、他の支店出張所を合わせ二七人と五人という規模であった。機械部は機械の三掛、電気、鉄道を合わせて現業五掛を持ち、部長心得、部長代理、参事四人の役席者がおり、大きな部となっている。支店等では大阪支店に次いで門司支店が六人であり、紐育支店八人は

31　第一章　明治・大正前半期の機械取引

表1-3　機械関係の人員（大正前半期）

部・支店名	大正2年8月			同6年4月		
	役席・掛名	人員（役席・主任）	員（掛員）	役席・掛名	人員（役席・主任）	員（掛員）
機械部	部長心得	加地利夫		部長	中丸一平	
	参事	渡辺秀次郎		部長代理	山本小四郎	
	部長代理	岩下清朝		同	山田朔郎	
	参事	石川六郎				
	機械掛第1部主任	石内紀道	9	紡織掛主任	石内紀道	7
	機械掛第2部主任	岩崎武治	15(1)	電気掛主任	石川六郎	20
	参事兼機械掛第3部主任	山田朔郎	9	鉱山掛主任	辛島淺彦	6
	電気掛主任	古西為之助	14	機械掛主任	逸見金太郎	16
	鉄道掛主任	山本小四郎	8	鉄道掛主任	太田 太	7
	勘定掛主任	田中多三郎	5	勘定掛主任	木村岳之助	9
	通信掛主任	宮本東三郎	1(1)	受渡掛主任	木下照太郎	7
				庶務掛主任	宮本東三郎	5(1)
				兼総務掛主任	山田朔郎	4
	タイプライター		6	タイプライター		3
	三池駐在		1	秘書		(1)
	参事付		1	未詳		1
	小計	11(2)	69(2)	小計	10(3)	85(2)
大阪支店(支部)	機械掛主任	吉高 広	15	兼支部長	武村貞一郎	
				機械掛主任	岡本弘馬	15(1)
				電気掛主任	岡本弘馬	6
				材料掛主任	伊藤豊治	1
				嘱託		2
				小計	3(1)	24(1)
小樽〃	機械金物掛主任	原繁蔵	(1)	機械掛主任	国安卯一	5
名古屋〃	機械掛主任	藤原林平	3	機械掛主任	稲垣秀定	4
神戸〃	機械金物掛主任	河村与六	2	機械掛主任	館野竹之助	2
門司〃(支部)	機械掛主任	守田鉄之助	5	兼支部長	小林正直	6
台北〃	機械，輸出雑品掛主任	朝比奈正一	2	機械掛主任	鈴田政六	1
大連〃	支店長代理兼機械鉄道掛主任	川部孫四郎	1	機械掛主任	阿部次郎	6
上海〃(支部)	機械掛		1(1)	兼支部長	藤村義朗	6
漢口〃	石炭,木材,金物機械主任	田中権一郎	3			
倫敦〃(支部)	機械掛主任	岡本弘馬	2(1)	兼支部長	南条金雄	9
	鉄道掛主任	白井玉生				
紐育〃(支部)	機械掛主任	一色虎児	3	兼支部長	瀬古孝之助	14
	鉄道掛主任	手島知健	1			
	電気		2			
	小計	2	6			
長崎支店				機械掛		3
台南出張所(支部)	機械,雑貨,肥料掛主任	金井潤三	1			
京城〃(支部)	機械掛主任	吉村順助	(1)	機械掛主任	五十嵐留彦	2
奉天〃	所長兼軍器軍需品掛主任	江藤豊治	(1)			
漢堡〃	金物機械掛主任	浅田美之助	1			
	合計	21(7)	111(7)	合計	19(8)	174(3)

〔備考〕「三井物産株式会社職員録」第2，9版より計算の上作成。

輸入窓口として倫敦支店四人より多く、他の支店等では二、三人のところが多い。しかも金物を兼ねている掛も三店ある。奉天出張所では機械掛ではないが、軍器軍需品掛があり、兵器の取扱いが含まれていると思われるので、表1-3に加えてある。

後者六年四月時点では、人員規模は一九三名、兼任一一名に膨張したが、人員配置の基本は不変である。すなわち、機械部は九五人と五人を擁し、全体の四九％、兼任を含めて大阪支部が二九人と倍増、輸入窓口である紐育支部（一五人）、倫敦支部（一〇人）も倍増、他の支店等も若干の強化となっている。しかし機械部が依然として約半数を占め、機械一～三部が紡織、鉱山、機械に編成替えされ、電気二一人、機械一七人に多くが配置されていた。大阪、門司、大阪支部も機械掛が機械、電気、材料の三掛に分割され、紡織を含む機械掛に多くの人員を配置している。大阪、門司、上海、倫敦、紐育には支部制度が敷かれたが、支部長はすべて当該支店長の兼務であった。大阪支部を除く四支部には掛制がなく、全員が機械営業に従事していたといえよう。なお、参事制度は大正六年には廃止されている。

この間、大正三年春に後述の金剛事件（ビッカース事件）があり、その結果、海軍鎮守府所在の出張所は廃止され、ビッカース社との代理店契約も解消したのである。出張所員一六人のうち、所長二人は営業部長代理に転出、六人は罷役、六人は不明であり、倫敦支店長代理、機械部門には誰も来なかった。

物産全体の人員は大正二（一九一三）年八月時点で一六六五人、六年四月時点では二四四三人に膨張しているが（一・四三倍）、その中に含まれる機械部門の人員は一三九人から一九九人に増加しているものの（一・四三倍）、比重は八・四七倍）、その中に含まれる機械部門の人員は明治末期からの営業マンが上昇して機械部の中枢を占め、加地、渡辺、岩下、岩崎、山本、宮本などは明治三八（一九〇五）年から在籍している古株である。もちろん主任クラスに新規登場者が現れ、しかも六年までに大幅に入れ替わっている。六年には加地、渡辺、岩下、岩崎などが機械部から去り、部長中九一平

はこれまで機械取引には現れなかった人物である。それをベテラン山本小四郎、山田朔郎、石川六郎、宮本東三郎等が支える体制である。二時点では大きく人的構成が変化したというべきであろう。たとえば明治三九年の「支店長諮問会」では磯村が次のように指摘している。

「三菱ニ機械商売ノ出来セシハ近来ニテ、又古河ノ如キハ上海送リノ銅ノ関係ヨリシテ機械ノ如キモ大分売込ミタリ、併シ何分一般ニ買入先ノ者ヨリ我社ノ機械掛ハ素人ナレハ引合ノ上ニ不都合ヲ見ルコトアリ、

「機械掛中ニ鉱山機械、紡績機械、『マシンツール』ト云フカ如ク専門ノ部ヲ置キ之ニ専門ニ従事(事)スル者二人位ツ、置カントセシモ容易ニ其人ヲ得ラレス、併シ鉱山会社、芝浦製作所ノ如キヨリ人ヲ貰ヒ受ケ之ヲ実行セント考ヘタリシモ、日露戦争ノ為メ其計画モ破壊セラレタリ」(二六八頁)

そして物産の内情は、「実ハ我社ニテハ最初ニ、三名ノ者ニテ機械商売ニ従事シ、而カモ紡績機械以外ノ取扱ヲ為サ、リシカ、漸ク三年前ヨリ他ノ機械類ヲモ取扱フ迄ニ進ミタリ、併シ之ニ当ル者カ機械以外ノ掛ニ移ルコトノミヲ希望セリ」「兎ニ角此商売ハ設備整ヒタリトテ仕入店ノ力ニ依ルモノナレハ仕入店ニ於テ安直ニ仕入レ、事ニ専力ヲ用ユル外ナシ」(同頁)。にもかかわらず「仕入店ニテハ甚タ事情ニ疎ク或ハ罰金ヲ徴セラル、モ意トモセス、物品ヲ積出セハ夫レニテ責任終レリト為スモノ、如クナリ」と批判し、他方仕入店側からも「鉄道入札ノ如キ毫モ予報ナク甚タ取扱上不都合ヲ見ルコトアリ、又代理店ヲ取レト頻リニ申越スヲ以テ之ヲ手ニ入レ、モ其物ノ販売ナキ有様タニ、大ニ販売店ニ於テ夫等ノ点ニ力ヲ用ユヘシトノ苦情アリ」(二六八～九頁) と紹介している。

岩原も「内地ニ於テ機械掛ノ売子ヲ各地ヘ派遣スル事ノ如キハ第一着手セサルヘカラス」と認識し、その人材はナレハ、大ニ販売店ニ於テ夫等ノ点ニ力ヲ用ユヘシトノ苦情アリ「客先ノ利便ニ供シ得ル丈ケノ者ナレハ満足スル訳ニテ、一通リ機械ノ事ヲ聞キ之ヲ解スル丈ノ脳力アレハ可ナリ、却テ商人ノ側ヨリ技術上ニ亙ル干渉等ヲ為スコトハ好マサルヘケレハ左程立派ナル者ヲ要セサルナリ」と解説してい

結局、人員不足・適材不足はなかなか解決されず、人員不足の中で支店機械掛は多忙を極め、独立採算→業績向上が求められれば、いろいろ手抜きをせざるを得ないという状況と推測される。

(1) 外国人を招聘した例はほかにもある。すなわち「独逸人ノ『ノルスケ』ト云ヘル技師ヲ聘シタルカ、我々ハ是迄英米ノ機械ニ付テハ頭モ入レタレト独逸ニ至リテハ未タ充分取調モ付キ居ラ」ないので、「英米并独逸ノ機械類ニ付テ拡張ヲ為シタキ方針ナリ」（『支店長諮問会議事録』明治四一年、一九三頁）と。因みに、職員録ではノルスケは臨時雇であった。

(2) 『沿革史』第四編第三部第五章重要商品取扱状態。

(3) 松尾については岩原理事が次のように触れている。「機械部ニ於テハ松尾工学博士ヲ聘シテ我々カ表面ヨリ入込ミ難キ客先即チ海軍部内ハ勿論諸官署諸会社等ニ自由ニ往来シ最モ有力ナル地位ヲ占ムル者トノ交際親密ナル為今日迄少カラス便利ヲ得又将来モ同氏ノ為ニ我々カ得ル利益多大ナルヘシ」（『支店長諮問会議事録（明治四一年八月）』一九三頁）と。

(4) 中丸機械部長は参事廃止について次のように述べ、後悔している。
「機械部ニハ従来参事ナルモノアリシカ、先般之ヲ廃止シ総務掛ヲ置キタリ、其理由ハ昨年ノ本会議ニ於テ広ク参事ナルモノヲ置クヘキ問題起リ、其結果機械部ニ参事ヲ置クハ抵触スルヲ以テ第二ニ之ヲ廃止シタル次第ナルカ、此問題七立消エトナリシカ、実ハ斯クト知ラハ機械部トシテハ矢張リ参事ヲ廃セサル方都合宜カリシナリ」（『第五回支店長会議事録』大正六年、四〇九頁）と。

(5) 兼任は半人として計算。月給者では一〇四四人から一八七三人へと一・七九倍の大膨張である。

(6) 以下「支店長諮問会議事録」（明治三九年七月）によるが、引用は同議事録の頁数を示す。

第三節　取扱機械の内容

三井物産の営業計数は、商品の売約高、取扱高（販売高）、売約未済残高で示される。第二、三章では、営業活動

を端的に示すものとして売約高を中心に据え、考察を展開するが、明治・大正前半期の事業報告書では売約高でなく、取扱高によって営業活動が説明されている。したがって本章では、やむを得ず取扱高で考察せざるを得ない。また、残された事業報告書にはいくつかの時期に欠落の期があり、さらに、早い時期のそれは内容が簡単で、同一密度での分析を妨げている。営業計数自体も連続的に把握することが困難であって、かなりの推定作業を必要とした。機械取引を物産全体の中で位置づけるには、全商品の取引状況も知る必要があるが、営業計数は種類別（輸出・輸入・内国売買の四種）に整理されているので、その区分に従うことになる。物産の営業は、上期と下期では、発注者の年度予算執行時期の関係もあって異なることも多い。したがって考察においても、年度よりも上下期別が望ましく、事業報告書に依拠することによって、可能な限り上下期別の計数を把握することに努めた。

不完全ながら営業計数が判明する明治三〇（一八九七）年以降大正六（一九一七）年までを通観すると、約二〇年間に及ぶのでいくつかの時期に区分することが便宜であろう。すなわち、第一期は明治三六年に機械首部制度が設けられるまで、第二期は同四〇年に機械部が営業部から独立し拡大する過程を含み、大正三年第一次大戦が勃発するまで、第三期は大戦中の機械取引の発展を含み、第二章で考察する大正七年の前までである。以下、この区分に従って機械取引の推移を考察する。

（1）時期によって種々の用語があるが、意味は同様と見られる。すなわち、売約高は「約定高」ともいわれ、販売高は「販売結了高」「販売決算済高」あるいは「決済高」、のちには取扱高とも表示されており、売約未済高は「次期繰越売約高」「決算未済高」とも使われるが、いずれも意味するところは同様とみられるので、本書では売約高、取扱高、売約未済残高で統一しておく。

（2）欠落部分はのちの決算期から前期分、前々期を把握したり、前期増減等から当該期を逆算したり、年度計と下期が判明していれば上期を差し引き計算したり、可能な限りの推算を試みた。空欄は推算の余地がなかった期である。

(3) 明治期の事業報告書では、次の上段の表現をとっているが、大正期のそれでは下段の表現となっている。本章では下段の表現に統一しておく。

日本品ヲ外国ニテ売渡タル高＝輸出
外国品ヲ日本ニテ売渡タル高＝輸入
日本品ヲ日本ニテ売渡タル高＝内国売買
外国品ヲ外国ニテ売渡タル高＝外国売買

1 第一期（明治三〇～三五年）

まず、この期間の機械取引推移は表1-4の通りである。前述のように営業部内では機械掛、鉄道掛、そして一部支店が活躍するが、それらの取扱（販売）高は器械、鉄道用品として計上されている（この時期では「器械」の語が使われているが、「機械」と同義である）。同表によれば、機械・鉄道用品とも輸入ばかりであって、機械では三三（一九〇〇）年下期以降内国売買が、三五年上期以降輸出が計上されているが、僅かな金額であり、鉄道用品では輸入以外は皆無であった。すなわち、第一期では外国製品の輸入業務がほとんであった。

表1-4にみる通り、明治三〇年以降全商品の取扱高は増加基調であるのに、機械・鉄道用品合計は減少傾向であり、三三年を底に僅かに増加するものの、三三年から再び減少の道をたどっている。この六年間を通じ、機械の合計は二三二〇万円、鉄道用品は二三六一万円で、後者が僅かに多いものの、ほぼ拮抗している。別言すればのちの時期と比較すれば、この時期の鉄道用品は重きをなしていたのである。

そして決算期によってどちらが多いかめまぐるしく交代している。三〇年度は機械、三一年度は鉄道用品、三二年度は拮抗、三三年度は鉄道用品、三四年度は機械、三五年度は鉄道用品のごとくで、半期別に異なる様相をみせてい

表1-4　機械・鉄道用品取扱高推移（その1）（明治30～35年）

（単位：円）

		明30上	30下	31上	31下	32上	32下	33上	33下	34上	34下	35上	35下	累計
機械	輸出											16,792	2,455	
	輸入	4,321,302	3,778,329	1,356,589	2,117,484	966,058	1,616,258	1,136,726	1,036,170	2,033,868	2,104,238	1,023,178	717,309	22,199,143
	内国売買								65,560	70,370		84,405	75,962	
	外国売買													
	計	4,321,302	3,778,329	1,356,589	2,117,484	966,058	1,616,258	1,136,726	1,101,730	2,104,238	1,780,324	1,124,379	795,726	22,199,143
鉄道用材	輸出													
	輸入	1,364,321	3,146,064	2,260,359	3,052,048	1,842,487	542,814	1,502,253	4,353,261	2,114,193	920,870	783,456	1,728,295	23,610,421
	内国売買													
	外国売買													
	計	1,364,321	3,146,064	2,260,359	3,052,048	1,842,487	542,814	1,502,253	4,353,261	2,114,193	920,870	783,456	1,728,295	23,610,421
器械・鉄道 小計	輸出											16,792	2,455	
	輸入 (a)	5,685,623	6,924,393	3,616,948	5,169,532	2,808,545	2,159,072	2,638,979	5,389,431	4,148,061	4,218,431	2,701,194	1,907,835	2,524,021	45,809,564
	a/c	39.4%	36.2%	19.9%	25.1%	16.2%	12.8%	11.5%	24.1%	21.4%	11.2%	7.3%	8.8%	10.4%	
	内国売買								65,560	70,370		84,405	75,962	
	外国売買													
	計 (b)	5,685,623	6,924,393	3,616,948	5,169,532	2,808,545	2,159,072	2,638,979	5,454,991	4,218,431	2,701,194	1,806,634	2,445,604	45,809,564
	b/d	26.2%	21.8%	12.5%	15.3%	8.4%	5.9%	5.8%	12.8%	11.2%	7.3%	4.7%	5.7%	10.5%
全商品	輸入 (c)	14,413,727	19,126,186	18,162,791	20,625,077	17,298,952	16,817,245	22,849,885	22,397,884	19,365,559	17,852,820	20,457,315	23,619,135	232,986,576
	内国売買	3,776,144	5,527,371	5,050,005	4,559,843	3,775,426	6,267,954	9,299,962	9,556,143	7,428,915	6,823,579	6,032,545	8,313,087	
	外国売買	33,984	144,688	82,362	678,816	247,718	484,206	986,892	1,085,627	1,146,048	729,464	2,266,268	221,761	
	計 (d)	21,664,883	31,788,907	28,831,242	33,731,686	33,561,471	36,769,080	45,759,245	42,510,538	37,536,601	36,761,896	40,883,384	44,651,426	434,450,359
	c/d	66.5%	60.2%	63.0%	61.1%	51.5%	45.7%	49.9%	52.7%	51.6%	48.6%	50.0%	52.9%	53.6%

〔備考〕各期の「事業報告書」より計算の上作成。

る。すなわち、機械・鉄道用品の輸入は変動が大きく、両者の需給は必ずしも同調していなかった。全商品に対する機械・鉄道用品の比重は、三〇年上期の二六％から低下して、三二年頃で六％、三五年で五％前後へと低下した。全商品では輸入の比重は三〇年上期六七％から五〇％前後へと低下し、反面、輸出の増加、内国売買の拡大がみられるのに、機械・鉄道用品では輸出も国内売買も僅かであって輸入だけといっても過言でなく、物産全体の発展傾向からは乖離していたのである。輸入だけに限定すれば、全商品輸入に対する機械・鉄道用品の比重は、三九％を頂点として下降はするが、最低時で辛うじて一〇％前後に止まっている。輸入ならば物産全体において若干の重要性を保持していたといえよう。

この頃の機械・鉄道用品について「概覧」は次のように説明している。

「機械ニ於テハ、倫敦ノ『プラットブラザース』ノ代理店ヲ掌ラシタル為紡績機械ハ殆ト独占ニ帰シタレドモ、其他ノ機械ハ必スシモ然ラズ、紡績機械売込ノ因ヨリ機械付属品供給ノ途開ケ、近年機械自身ノ形勢微々タル間ニ於テ付属品ノ需要ハ間断ナシ」

「鉄道用品ト機関車、軌条、橋桁其他鉄道付属品ノ総称ナリ、英米両国ノ製造家ヨリ之レヲ輸入ス、目下内地ニ於テ此商売ニ優勢ナルハ大倉組ナリ、凡ソ機械鉄道用品ノ商売ニ於テ大倉組ハ機関車、高田商会ハ鉱山器械、而シテ物産ハ紡績器械ヲ長所トシ、磯野、日本貿易其他亦多少ノ長所ヲ有ス、要スルニ此商売ハ大倉組ヲ凌駕スルニ非レバ成功ト言フニ足ラズ、仮令大倉組ヲ凌駕スルモ其儲ハ多額ナルモ期シ難キニ似タリ」

ここでは大倉組が物産の強敵として意識され、採算の悪さが自覚されている。確かに明治三〇年までの機械取引の大部分は、プラット社の紡績機械であったが、紡績業の設備投資が一段落するにつれ、急速に減退していったのである。

(1) 事業報告書の説明

この間の機械・鉄道用品の具体的状況を「事業報告書」はいかに説明していたか。「事業報告書」自体が欠けていたり、あっても記述が簡単なものであったり、必ずしも十分なものではないが、判明した限りでは次のようであった。

まず明治三〇（一八九七）年は取引高下降の直前であるが、機械で三つの事情があった。すなわち、紡績業での新設が一段落して受注が減少したのが基本的変化であるが、加えて英国におけるストライキで紡績機械工場も休業となり、物産では三〇年中に二〇万円の入着があるところ、約定不履行が発生し、需要家との間でトラブルを生じた。

第二に、内地金融の逼迫によって新設会社に機械代金の支払いに窮するケースが発生した。「要之当年ノ器械業ハ唯既往ノ約定ヲ整理スルニ止マリシト云フモ可ナリ然レドモ本邦ハ既ニ器械的製造ノ時運ニ達シタレハ斯業ノ将来ハ甚多望ナリ故ニ我社ハ此頓挫ヲ意トセス益斯業ニ対スル準備ヲ尽シ以テ大ニ之ニ従事センコトヲ期ス」と意欲は失っていない。

他方、鉄道用材では「前々期以来ノ尽力ニヨリ漸次増加ノ傾向アリト雖器械ト同ジク経済事情ノ波動ヲ免ルルコト能ハズ……当期新注文東京分凡八〇万円、大坂分一一万余円ニ止マリシハ経済上ノ変動ヲ慮リ新設ノ小鉄道ニ対スル注文引受ヲ努メテ之ヲ避ケ専ラ政府其他二三ノ大鉄道ヨリノ注文ノミヲ引受ケタルニヨリ多額ノ約定ヲ結ブニ至ラザリシ也且ツ本品ハ従来多ク英国製ヲ需要セシモ米国製ノ方廉価ナルヲ以テ我社ハレール橋桁ハカーネギー社、橋桁ハペンコイド社、機関車ハスケネクタデー社ニ取引ヲ重ヌルコトヲ努メ今ヤ此ナル製造所ハ殆ンド我社ノ常取引先トナリ大ナル便利ヲ得ルニ至レリ今後米国注文ノ増加ト共ニ斯業ニ特別ノ技能アル者ヲ紐育支店ニ増置シ益拡張ヲ図ラント欲ス」という状況であった。

翌三一年の鉄道用品は、前年度より販売高増となったが、「鉄道ハ一時非常ニ盛ナリシガ昨年来経済界ノ不振ト政府ガ縮小方針ヲ執リシトニ由リ冷熱其処ヲ変ジ我社ノ重ナル華客タル日本鉄道及鉄道局ノ如キモ購買高非常ニ減ジタレバ我社ガ三一年度ニ取扱ヒシハ重ニ旧約定ノ引渡ニ止マレリ」という事情であった。機械の大幅な減少も「其原因

ハ紡績会社新設ノ全ク途絶ヘタルヲ重ナルモノトス而シテ三十一年度ニ於ケル新注文ハ甚ダ僅少ニシテ取扱高ノ多ク
ハ旧約定ノ引渡ニ止マレリ」とある。

明治三二年上期においても「三一年ニ於ケル商工業不振ノ余響ヲ蒙リ当期ニ於テ殆ンド減少ノ極ニ達シタルモノ、如シ蓋シ
類ノ如キ未ダ需要ヲ生スルニ至ラズ」といい、鉄道用品では「当期ニ於テ殆ンド減少ノ極ニ達シタルモノ、如シ蓋シ
支那其他ニ於ケル鉄道事業勃興ノ為メ米国及英国ノ製造家ハ手一杯ノ注文ヲ握リシヲ以テ其他ノ注文ハ容易ニ之ヲ引
受ケズ加フルニ材料暴騰シ斯業ノ祖国タル英国ノ一部ヲ米国ニ托スルノ勢ヲ呈シタルノミナラズ本邦内
地ハ起業心萎微シ鉄道工事ノ如キモ中止スルモノ少カラズ是レ当期取扱高ノ少キ理由ナリ」と説明している。

明治三二年では「内地経済界ノ不振ハ機械類ノ需要ニ大ナル妨害ヲ与ヘタリ……機械類商務ハ三十二年下半期ニ於
テ殆ンド沈衰ノ極ニ達シタルガ如シ……是全ク本邦経済界大勢ニ原因シ、真ニ止ムヲ得ザル所ナルモ衰中白ラ盛ヲ
含メルモノナキニアラズ則チ大阪、東京其他ニ於テ漸ク織布事業ニ注目シ美良最新ノ織器ヲ得ントスルノ傾向ヲ生ジ
亦増錘及ビ新旧入替等ノ計画少ナカラザル以テ経済界ノ順調ニ復スルト共ニ新注文ヲ見ルニ至ルベシ」

他方、鉄道用品の減少も「機械類ト同一ノ状況ニシテ……当年下半期ニ入リ約五百五拾万円ノ約定成立シタルモ是
皆官設鉄道ヲ主トシ九州山陽両会社ノ注文ニ止マリ一般鉄道ノ新注文ヲ見ルニ至ラザリキ」という状況であった。

しかし「明治三二年から翌年にかけて、北海道および台湾で鉄道の建設が大規模に行なわれたので、鉄道用品の取
引は一時的に急増し、明治三三年には、五八五万六〇〇〇円に達し、この時代の取扱高のピークを記録した」。その後
は鉄道院（省）からの受注をはじめ、内地・台湾および朝鮮の鉄道あるいは『満鉄』用の資材や部品を受注した」。
別な面から機械・鉄道用品取引を考察してみよう。表1−5は三〇〜三二年の三年間ではあるが、倫敦・紐育両支
店の積出高、国内各店の取扱高を示したものである。三〇年上下期における倫敦の積出高は機械・鉄道用品とも多額
で、紐育でも三〇年上期の鉄道用品、下期の機械で多額であった。両店が輸入の窓口であり、倫敦の機械にはプラッ

表1-5 機械・鉄道用品の支店別等（明治30～32年）

(単位：円)

			30／上	30／下	31／上	31／下	32／上	32／下
機械類	積出高	倫敦支店	3,986,270	2,689,000	1,312,990	1,457,690	713,120	415,817
		紐育支店	119,500	3,400,920	58,400	176,530	105,523	149,110
		計	4,105,770	6,089,920	1,371,390	1,614,220	818,643	564,927
	取扱高	東京営業部	1,265,652	1,683,329	507,398	395,000	341,895	448,920
		大阪支店	3,055,650	2,095,000	828,044	1,369,786	480,661	919,416
		名古屋支店					346,894	237,514
		長崎支店				10,019	41,963	10,408
		神戸支店			21,147	269,527		
		計	4,321,302	3,778,329	1,356,589	2,064,313	822,556	1,916,258
	機械内訳	紡織器類			551,667		222,842	156,160
		原動器類			113,937		148,990	56,637
		製造用諸機械			188,053		26,060	28,651
		消火器			23,830		28,410	23,494
		諸器具類			175,493		61,690	162,075
		雑品			143,821		334,564	189,140
		計			1,196,801		822,556	616,157
鉄道用品	積出高	倫敦支店	2,580,360	2,020,000	1,371,700	1,593,870	1,119,549	379,836
		紐育支店	2,084,000	905,000	1,226,750	1,726,662	166,516	251,636
		計	4,664,560	2,925,000	2,598,450	3,320,532	1,280,065	631,472
	取扱高	東京営業部	1,241,951	2,924,424	2,193,479	3,011,658	1,842,487	498,526
		大阪支店	122,370	221,640	66,880	40,590		36,038
		神戸支店						8,250
		計	1,364,321	3,146,064	2,260,359	3,052,248	1,842,487	542,814

〔備考〕各期の「事業報告書」より計算の上作成。

ト社の紡績機械等が含まれ、紐育の鉄道用品にはカーネギーのレール、アメリカンロコモチブの機関車等が含まれていたはずである。しかし両店とも三一、三二年と推移するにつれ、積出高は激減し、不振を嘆くことになる。倫敦より紐育の方が落込みが大きい。輸入品の販売は、機械では大阪支店が大きく、鉄道用品では東京営業部が圧倒的に多い。三二年の名古屋支店、三一年下期の神戸支店がやや目立つが、東京・大阪に集中していたのである。いうまでもなく大阪支店は紡績業者と深く関係し、東京営業部は鉄道院をはじめ鉄道関係の需要を持つからである。

また、機械の種類についてはごく一部しか判明しないが、表1-6にみる通り、紡績機類とそれに付随す

表1-6　機械・鉄道用品取扱高（明治36～40年）

（単位：千円）

年度	機械		鉄道用品		計		全商品	
明36	1,877	2.0%	3,579	3.7%	5,456	5.7%	96,215	100
37	2,959	2.3%	3,261	2.6%	6,220	4.9%	127,621	100
38	7,389	4.1%	4,908	2.7%	12,297	6.8%	180,895	100
39	4,698	2.3%	4,536	2.3%	9,234	4.6%	199,502	100
40	9,080	3.9%	11,062	4.7%	20,142	8.6%	235,164	100
41	21,899	9.0%	21,530	8.9%	43,429	17.9%	242,771	100
42	14,523	6.5%	3,689	1.6%	18,212	8.1%	223,742	100
43	14,984	5.4%	4,536	1.6%	19,520	7.0%	277,324	100
44	15,822	5.0%	7,752	2.4%	23,574	7.4%	317,102	100
45	17,236	4.8%	6,968	1.9%	24,204	6.7%	359,336	100
大2	22,941	5.7%	7,517	1.9%	30,458	7.6%	402,041	100
3	19,790	4.4%	8,127	1.8%	27,917	6.2%	452,387	100

〔備考〕明治36年は「事業報告書」、同37～40年は「100年史 上」223～3頁より計算の上作成。

る原動機類が確かに多いものの、他の商品もないわけではない。この時期でも紡績機を中心としつつ、若干の広がりがすでにあったことを意味する。

明治三三、三四年度の「事業報告書」では不振のためか記述がなく、三五年度も「鉄道用品及機械類ハ官私事業ノ繰延ヘ并ニ内地諸工業不振ノ影響ヲ受ケ大ニ取扱高ノ減少セルハ時勢ノ然ラシムル所已ムヲ得サルナリ」と言葉少なに説明しているだけである。

第一期における事業報告書では、売約先（ないし販売先）について具体名の記載はきわめて乏しい。強いて取り出せば、官庁として海軍省、鉄道局の名が登場し、鉄道用品の取引先として日本鉄道、九州鉄道、山陽鉄道、南満州鉄道、朝鮮・台湾の鉄道局だけであった。大口に限ってもっとあるはずであろうから、この時期についてはほとんど不明といわざるを得まい。

(2)　機械取引の収益性

ところで当時の機械取引の収益性はどうであったか。『一〇〇年史 上』は三池紡績との契約例によって次のように説明している。

第一章　明治・大正前半期の機械取引

「紡績機の取引は時価委託購入であったので、物産としては価格変動の危険負担をまぬがれることができ、さらに為替も利付為替(ポンド為替)であったため、為替相場の変動による危険を紡績会社に転嫁することができた。そのうえ物産は、……終始プラット社の代理店として紡績機の輸入においてほぼ独占的地位を占めていた。したがって、紡績機の取引は物産に安定した相当高い収益をもたらしたものといえよう」(14)

なお、物産の当該の取扱手数料は、総取扱高の二・五％であったという(一五二頁)。具体的に当時の利益状況をみると、機械類と鉄道用品について次の資料がある。(15)

(単位円)

	明三三/上	三三/下	三四/上	三四/下	三五/上	三五/下	三六/上
機械類	五八,一五八	六八,二六八	八五,〇一九	三八,一七八	二七,一六七	五四,六六九	七七,七〇六
鉄道用品	五二,七五一	五七,〇三三	六四,六一七	三六,二〇九	五六,八二八	二一,二二四	一八,〇九六
計	一一〇,九〇九	一二五,三〇一	一四九,六三六	七四,三八七	八三,九九五	七五,八八三	九五,八〇二

〔備考〕「三井物産合名会社概覧」『三井事業史』資料篇三、四七二頁より計算の上作成。

この頃は、一〇万円以上の利益商品は石炭、棉花、米の三種、八万円以上が生糸、機械、砂糖の三種であった。鉄道用品はそれには及ばず、一万円以上の六種に含まれていた。しかし右記でみると、機械・鉄道用品とも三四年上期までは利益金が増大したが、三四年恐慌下に急減し、機械はその後回復するが、鉄道用品は低迷を続けている。石炭は終始黒字基調であるが、生糸、棉花、米は赤字の時もあり、機械、鉄道用品は砂糖とともに利益は減少しても、黒字基調は変わらず、物産の業績に貢献し続けていた。

(3)　代理店契約

この時期の代理店契約で注目すべきは、第一に豊田との関係である。すなわち、「当社ガ率先シテ織布機械ノ改良ニ着眼シ豊田式織機ノ完成ニ助力シ、名古屋井桁商会ト明治三十二年十一月以降ノ豊田式織機並ニ其付属品ノ一手販売契約ヲ締結シタコトデアル」(16)。第二は芝浦製作所との関係である。周知のように芝浦は明治二六年から三井の工業部で管理されていたが、三一年から三井鉱山に移管された。芝浦は「三井物産を通じて海軍からの受注を受けて艦船用の機械類を、さかんに製作」(17)し、その製品の一手販売権を物産が掌握した。当時、わが国の機械工業は未発達な段階にあったから、国産機械類の輸出や国内取引は僅かであり、物産の芝浦援助・育成は評価されるべきであった。第三に鉄道用品では「明治三十二年ニ米国カーネギー社ト鉄材ノ日本支那及ビ朝鮮・支那ニ於ケル一手販売契約ヲ締結シ、翌三十三年ニハ米国ウエスチングハウスブレーキ会社製ブレーキノ我国並ニ支那ニ於ケル代理店ヲ引受ケタ」(18)。

　因みに物産と英ビッカース社との関係にも触れて置かねばならないが、次のような事情という。

　「益田孝専務理事は、三井鉱山用はじめ鉱山用の機械類の輸入を着想し、ロンドン店を通じての輸入をしばしば試みたが、当時の三井物産には、この方面の技術に通ずる人材がなく成功しなかった。それに反しやはり益田の発想で明治三十一、二年ころ海軍省へイギリスのビッカース社製軍艦の採用を打診したところ、同社製の軍艦を海軍が購入することとなった。かくて三笠はじめ主要艦船は、同社の更新方針と一致し、ビッカース社製の軍艦を海軍が購入することとなった。かくて三笠はじめ主要艦船は、同社の代理店たる三井物産を通じて海軍に納入されることになり、のち第二章でみる大正後半期における多額の海軍売約高はこの時期の海軍からの受注額は明らかにし得ないが、のち第二章でみる大正後半期における多額の海軍売約高はこの時期から始まったものである。

（1）　本表は「事業報告書」より計算して作成しているが、『三井事業史』資料篇三では、「三井物産合名会社概覧」として機械

第一章　明治・大正前半期の機械取引

類・鉄道材料の年間販売高が次のように掲げられているが（四三五頁）、誤りが含まれている。すなわち「事業報告書」と照合すると、三二、三三年度の機械類の数字は穀物類の数字であって、鉄道用品に掲げられているのが実は器械類の数字である。また、三四年度の鉄道材料の数字も誤りであろう。

（単位円）　　三〇年度　　三一　　三二　　三三　　三四　　三五

誤
器械類　　八、〇九九、六三一　　三、五七四、〇七三　　四、七七〇、五九三　　一、八六二、七九七　　三、〇三五、〇六三　　一、九二〇、一〇五
鉄道材料　四、五一〇、三八五　　五、三一二、六〇七　　二、五六七、三一六　　一、五九一、九八五　　二、八六六、八七五

正
器械類　　八、〇九九、六三一　　三、四七四、〇七三　　二、五六七、三一六　　一、五九一、九八五　　二、八六六、八七五
鉄道材料　四、五一〇、三八五　　五、三一二、六〇七　　二、三八五、三〇一　　五、八五五、五六三　　三、八八四、五六三

(2) 『三井物産合名会社概覧』『三井事業史』資料篇三、四七八頁。
(3) 同右、四七九頁。
(4) この点については『一〇〇年史 上』は次のように説明している。
「日清戦争後には、三井物産が一手に取扱っていたプラットの紡績機械の受注が、国内の紡績業の勃興にともない急増し、明治二九、三〇年には五〇〇万円から六〇〇万円を取扱い、当時単一商品の輸入としては巨額に達した。しかし、その後は国内の綿糸紡績業の拡張が一段落し、さらに織物業も豊田式はじめ国内製織機械業の発展にともない、紡織関係機械の輸入は国内全体としても激減した。ロンドン支店の紡織機械の取扱高もそれ以上に低落し、明治三三年以降日露戦争期にいたる数年間の機械取引は、プラット製品で活況を呈した一時からみれば、まったく凋落した」（一二四八頁）。
(5)(6)「事業報告書」（明治三〇年度）。
(7) 同右（同三一年度）。
(8) 同右（同三二年上期）。
(9)(10) 同右（同三三年度）。
(11) 『一〇〇年史 上』一二五〇頁。なお、内地に関しては三二年一一月には「主トシテ鉄道用品商内ノ目的ヲ以テ札幌出張員ノ開設」があったが、「北海道ニ於ケル鉄道敷設事業ハ翌三四年二至リ一段落トナッタタメ同年五月二八札幌出張員モ廃止シタ」という（『沿革史』第四編第二部第六章重要商品取扱状態）。

(12) 参考までに『沿革史』(同上) の記述によれば次の通りである。

「機械ノ当社輸入品ハ、大体明治三十年迄ハ紡績機械ヲ主トシタガ、其以後ニ於テハ一般工業用原動機(瓦斯機、石油機、汽罐、調革機等)、製造用諸機械(製粉機其他)、電気機械(発電機、電車、電話、電線等)、工具類(陸海軍御用品其他)、船舶機械(蒸気船、捕鯨船等)、鉱山用機械、土木建築材料(鉄管、鉛管、木管、亜鉛板、鉄棒等)、雑品(時計、ミシン、自動消火器等)デアッタ。

右機械ノ大部分ハ、明治三十年迄ハ英国製品ヲ主トシ、独逸及仏蘭西製品ガコレニ次デ居タガ、ソレ以後ハ米国製造品ガ著シク増加シタ」。

(13) 『事業報告書』(明治三五年)。
(14) 『一〇〇年史』上、一五二頁。
(15) 前掲『三井物産合名会社概覧』『三井事業史』資料篇三、四七二頁。
(16) 『沿革史』(注(11)と同じ)。
(17) 『一〇〇年史』上、二四九頁。
(18) 『沿革史』(注(11)と同じ) はこれら米国企業との一手販売契約を次のように評価している。

「代理店引受ニ支那及ビ朝鮮ヲ包含セシメタル一事ハ、一面当時朝鮮ニ於テ鉄道事業ガ起リツ、アッタ為メセイルアルガ、更ニ注目セラル、ベキコトハ、日清戦後東洋ニ於ケル我国ノ地位向上ヲ物語ルモノデアリ、同時ニ又、コレ等ノ地域ニ対シテ当社実力ノ進展ヲ示スモノト云フコトガ出来ル。尤モ支那ニ対シテハ枕木以外ニハ大シタ取扱ハナカッタガ、朝鮮ニ対シテハ明治三十四年末頃ヨリ同三十六年ニ跨リ京釜鉄道ト軌条、橋桁其他鉄道用品ノ大口約定ヲ締結シテ居ル」
(19) 『一〇〇年史』上、二四八〜九頁。

2 第二期 (明治三六〜大正三年上期)

この時期の半期別取扱高は完全には判明せず、差し当たり年間取扱高で趨勢を見ておこう。すなわち、表1−6は明治三六 (一九〇三) 〜大正三 (一九一四) 年における機械・鉄道用品 (以下、機械等と略す) と全商品の取扱高を

第一章　明治・大正前半期の機械取引　47

対比させたものである。表1-7は判明する限り半期ごとに分解したものであるが、併せて参照されたい。

この期間の全商品取扱高は連年増加を続け、九六二二万円の規模は四億五二三九万円まで五倍弱の拡大を遂げている。これに対して機械等のそれは五四六万円から二七九二万円へ五倍強の増加であるが、決して順調な増加とはいえず、大きな波がある。経済的環境からいえば、四〇年は日露戦後ブームの反動から不況の年であり、四四年頃から回復するが、機械取扱高はその波と一致しない（売約高の推移が知りたいところであるが）。すなわち、三八年に対前年比倍増し、三九年は落ち込んだあと、四〇年は対前年比で倍増して四三四三万円を数え、この期間の最大額を記録している。そして四二年は対前年比四割にまで落ち込み、四一年も同じく倍増して四三四三万円を数え、同年の三〇四六万円をピークに再び減少へと転じている。全商品の推移とは明らかに乖離した動きであって、機械等の独自の性格ないし事情を物語っている。

それ以外の年では、明治三六～三九年で五％前後、四〇～大正三年で六～八％であって、時期が下がると比重を増していること、別言すれば機械等の重要性が大きくなったことを意味している。さらに機械等の内訳をみれば、明治四一年までは機械と鉄道用品の両者は拮抗し、同年は両者異常ともいうべき多額であり、四二年は揃って激減するが、鉄道の落ち込み方が激しい。しかし以後両者とも漸増に向かうが、鉄道用品は毎年機械の四分の一ないし三分の一に過ぎず、機械部における鉄道用品の重要性低下、機械中心の性格が定着したのである。

ただ、「明治四十年以来ノ我国財界ノ不況デ一般企業ハ多大ノ打撃ヲ蒙リ、約定機械類ノ解約ガ続出、同業者ハ非常ナ苦境ニ立ッタガ、当社ノ契約先ハ何レモ有力デアッタ為メ、斯ル不況位デ俄カニ其経営ヲ改メルモノモ無ク、当社本品ノ約定荷受渡モ別段支障ヲ受ケナカッタ」[1]と誇ってもいる。

それでは「事業報告書」によりやや具体的に各年の状況をみよう。

明治三六年での機械取扱高は、新規事業が起こらぬため一八八万円に止まり不振であった。鉄道用品でも事情は同

表 1-7　機械・鉄道用品取扱高推移（その2）（明治36～大正3年）

		明36/上	36/下	37/上	37/下	40/下	41/上	41/下	42/上	42/下
機械及付属品	輸　出	2,424	2,424	799	390,468		118,336	9,288		36,827
	輸　入	934,085	829,035	722,984	948,502		9,794,454	3,798,854		4,612,080
	内国売買	37,995	73,279	81,762	177,796		396,476			299,703
	外国売買		2,251		3,147		871,846			277,473
	計	972,080	904,738	805,545	1,519,913	5,918,097	11,181,112		9,179,402	5,343,755
鉄道用品	輸　出									
	輸　入									
	内国売買	2,007,282	1,569,745	1,300,435	1,961,313	4,880,707	10,717,957	7,316,055	2,621,697	1,066,654
	外国売買									
	計	2,007,282	1,571,996	1,300,435	1,961,313	4,880,707	10,717,957	7,316,055	2,621,697	1,066,654
機械・鉄道小計(a)	輸　出	2,424	2,424	799	390,468		118,336	9,288		36,827
	輸　入	2,941,367	2,398,780	2,023,419	2,908,815	10,406,298	13,593,508	5,208,261		4,612,080
	内国売買	37,995	75,530	81,762	177,796		396,476	7,316,055	400,121	536,181
	外国売買		2,251		3,147		871,846	396,476	303,228	3,525
	計	2,979,362	2,476,734	2,105,980	3,481,226	10,798,804	21,124,255	8,187,901	677,594	6,410,409
全商品(b)	輸　出	16,334,970	16,709,129	19,224,728	24,539,522	42,207,999	39,359,023	34,249,990	43,010,356	42,230,644
	輸　入	24,329,782	23,625,494	23,051,541	25,233,215	47,897,971	62,401,755	40,004,765	45,781,524	30,500,797
	内国売買	5,828,076	7,384,183	9,662,197	15,838,655	15,262,519	15,368,753	15,486,716	15,994,810	17,285,206
	外国売買	616,409	1,386,671	581,027	2,488,861	11,462,282	20,524,142	17,753,169	12,893,729	16,045,599
	計	47,109,237	49,105,477	52,519,493	68,101,253	116,830,771	137,653,673	107,494,640	117,680,419	106,062,246
a/b	輸　出	0.0%	0.0%	0.0%	1.6%		0.4%			0.5%
	輸　入	12.1%	10.2%	6.7%	11.5%		34.0%			17.1%
	内国売買	0.7%	1.0%	0.8%	1.1%		2.6%			1.8%
	外国売買	0.0%	0.0%	0.0%	0.1%		46.1%			4.2%
	計	6.3%	5.0%	3.5%	5.1%	9.2%	15.3%	20.8%	10.0%	6.0%

〔備考〕各期の「事業報告書」より計算の上作成。欠如期は前期比較、前年同期比較分から逆算している。

	43/上	43/下	44/上	44/下	45/上	大元/下	2/上	2/下	3/上	3/下
	76,458	54,961	43,988	54,498	114,430	539,387	67,736	78,818	67,692	63,160
	6,901,531	5,014,760	5,908,216	8,071,634	5,646,357	9,262,430	9,601,067	11,336,961	8,906,708	8,581,076
	358,142	344,673	487,569	406,359	362,092	417,534	743,698	511,459	600,517	428,793
	433,202	1,800,649	457,082	392,842	489,971	403,971	418,441	182,394	625,390	516,524
	7,769,333	7,215,043	6,896,855	8,925,333	6,612,850	10,623,322	10,830,942	12,109,632	10,200,307	9,589,553
	53,184	108,060	29,166	22,171	12,838				10,863	4,254
	1,993,195	941,385	1,981,626	3,031,268	2,191,345	2,607,227	3,257,609	3,718,545	4,032,257	3,525,361
	37,311	1,422	84,029	63,660	97,619		235,410		14,983	52,205
	623,984	776,834	1,454,032	1,086,356	941,672	1,116,894	242,589	63,012	171,495	315,269
	2,707,674	1,827,701	3,548,853	4,203,455	3,243,474	3,724,121	3,735,608	3,781,557	4,229,598	3,897,089
	129,642	163,021	73,154	76,669	127,268	539,387	67,736	78,818	78,555	67,414
	8,894,726	5,956,145	7,889,842	11,102,902	7,837,702	11,869,657	12,858,676	15,055,506	12,938,965	12,106,437
	395,453	346,095	571,598	470,019	459,711	417,534	979,108	511,459	615,500	480,998
	1,057,186	2,577,483	1,911,114	1,479,198	1,431,643	1,520,865	661,030	245,406	796,885	831,793
	10,477,007	9,042,744	10,445,708	13,128,788	9,856,324	14,347,443	14,566,550	15,891,189	14,429,905	13,486,642
	51,272,270	51,298,480	56,884,764	54,758,936	60,649,242	63,807,657	71,396,984	81,692,248	80,894,423	87,727,834
	49,363,189	37,707,609	59,368,573	53,966,922	61,373,976	57,500,159	75,912,288	58,869,097	70,923,794	82,077,459
	19,485,933	25,851,078	24,859,435	31,783,848	26,895,377	33,354,443	26,251,929	33,125,416	33,014,805	34,523,585
	21,047,675	21,297,513	15,049,799	20,429,317	28,092,628	27,562,661	27,304,453	27,488,199	30,977,227	32,248,009
	141,169,067	136,154,680	156,162,571	160,939,023	177,011,223	182,224,920	200,865,654	201,174,960	215,810,249	236,576,887
	0.3%	0.3%	0.1%	0.1%	0.2%	0.8%	0.1%	0.1%	0.1%	0.1%
	18.0%	15.8%	13.3%	20.6%	12.8%	20.6%	16.9%	25.6%	15.8%	17.1%
	2.0%	1.3%	2.3%	1.5%	1.7%	1.3%	3.7%	1.5%	1.8%	1.5%
	5.0%	12.1%	12.7%	7.2%	5.1%	5.5%	2.4%	0.9%	2.5%	2.7%
	7.4%	6.6%	6.7%	8.2%	5.6%	7.9%	7.3%	7.9%	6.1%	6.2%

様であったが、前年より増加して三五八万円と機械より多く、「下半期ニ入リ米国ニ於ケル鉄価ノ下落ハ大ニ本商売ヲ助ケ軌条ノ如キハ少ナカラサル契約締結セラレタリ」と好転を伝えている。翌三七年では機械が増加して二九六万円となるが、「本邦電気事業ノ発展ニ伴ヒ新規『スチーム、タービン』ノ評判宜ク当社代理店タル『ゼネラル、エレクトリック』社製『カーチス』式『スチーム、タービン』其他電気諸機械ノ注文引受多額ニ上リ又一般機械ノ需要モ少カラザリシヲ以テ其成蹟良好ナリシ」という事情があった。反面、鉄道用品は減少して三三六万円となるが、「鉄道用品ハ元来金額巨大ナルニモ拘ラス利益比較的ニ薄キ商品ナルカ時局ノ為メ金融運送困難等ノ事情ニ由リ益々不利益トナリタルヲ以テ我社ハ可成注文引受ヲ避クルノ方針ヲ取レリ」とあり、消極方針を採った結果が反映している。

ところが三八～四〇年の事業報告書が欠落しているため、この間の具体的事情は残念ながら不明である。明治三九年下半期と四〇年上半期の機械・鉄道取扱高合計は三九〇〇万円であったが、そのうち南満州鉄道だけで一四〇〇万円に及んだという。

ただ、鉄道用品には明治四〇年一〇月に完了した鉄道国有化が大きな影響を与えたことは間違いない。たとえば次のような説明がある。

「日露戦争およびその後の時期には、〔鉄道院〔省〕からの受注をはじめ、内地・台湾および朝鮮の鉄道あるいは『満鉄』用の資材や部品を受注したうえに──引用者〕軍用レール・車両あるいは公共団体用の電車、橋梁その他の需要が少なくなかった。しかし、明治四一、二年以降は、鉄道国有化以後の過渡期にあたり、かつ政府としても鉄道用品については、国産品を優先使用する方針を採用したので、三井物産による外国製鉄道用品の輸入は著しく減少した。それでも機械部においては、鉄道用品の取扱い方針はこれを維持することとし、主要な取引先である鉄道院や『満鉄』への入札による取引には毎回相当量の受注をつづけている」。

また、別資料では鉄道用品需要を説明した中で、鉄道院の国産品優先策だけでなく、外資輸入と機械輸入がセットにされる傾向を指摘している。

「当社鉄道用品売込先ノ主タルモノハ鉄道院並ニ内地各私設鉄道、台湾、朝鮮、満州各鉄道ヲ始メ、支那ニ於テハ各国借款関係ノ無イ新設鉄道等デ、臨時ニハ日露戦争ニ於ケル軍用軌条、機関車其他各企業会社ノ私設鉄道、各公共団体ノ電車、橋梁其他建設材料ノ取扱ガ相当アッタ。然シ、明治四十一、二年頃ニハ本品ノ主要得意先タル鉄道院ニ於テハ鉄道国有断行直後ノ過渡期ニ当リ充分成績ガ上ラズ、事業ノ繰延又ハ中止ヲ敢行シ、且国産品ヲ利用スル等緊縮方針ヲ続ケテ居タノデ、外国品ノ需要ハ激減シタ。加之我財界不振ノ為外資利用方針ヲ取リ、ソレニヨリ輸入サレタ外国品モ其外資斡旋ヲシタ外商ニ壟断セシムル傾向ガアッテ、本邦輸出入業者ハ甚ダシク苦シメラレタ。斯クノ如キ情勢トナッテハ、同業者モ自衛上種々売込策ヲ弄シ、競争ハ益々激化シテ一層商売困難ニ陥ッタ。当時満鉄改修工事ヲ断行シタガ、明治四十年ニハ其幹線改修用材料手当モ一段落トナリ、本邦ガ反動的不況ニ襲ハレタ為メ、支線改修材料ノ購入ハ延期トナリ、同四十一、二年頃ニハ纏マッタ注文ガ殆ンド無カッタ。支那ニ於テハ明治四十年頃、粤漢、福建、浙江、江西等各鉄道、漢陽製鉄所等ノ注文ヲ獲得シタガ、外国ノ借款関係アルモノハ総テ其国ノ商人ガ注文ヲ独占スル事トナリ、本邦商人ノ取扱範囲ハ極メテ小規模ノ支那人計画鉄道又ハ我国ノ借款関係ノアル鉄道ニ限ラレテ居タ。斯ル困難ナ時代デハアッタガ、当社ノ本品商売ハ同業社中常ニ上位ヲ保持シ、其主要得意先タル鉄道院、南満鉄道等ノ入札ニハ毎回三割乃至六割ニ及ブ注文ヲ獲得シテ居タ。」

さて「事業報告書」はどう説明しているか。明治四一（一九〇八）年下期の鉄道用品について、次のように詳細である。

「本季間ノ取扱高ハ……当社取扱商品中第三位ヲ占ム商工業沈衰ノ時ニ当リ尚此ノ多大ナル取扱高ヲ見タルハ前年度ノ盛時ニ於テ売約セラレタル約定品ノ相次テ輸着シ受渡ノ終了セラレタルニ因ル

重要原産地タル米国ノ工業界微々トシテ振ハズ各製造家ハ依然新注文ヲ得ルニ汲々トシテ前季ト等シク有利ナル条件ヲ以テ積出ヲ受クルノ好機ニ遭遇セシニ不拘吾鉄道国有鉄道庁ハ鉄道国有以来急劇ナル経済ノ膨張ヲ来タシタル余響ヲ受ケ予算ノ関係上急需ヲ要スル物品ノ外一切ノ購入ヲ見送リタルノミナラズ輸入超過ノ趨勢ノ鑑ミ殊ニ外国注文ヲ絶チ且ツ嚢ニ満州ニ於テ使用セシ鉄道用品ノ本邦ニ積戻シテ需要ノ一部ニ充当セシ等ニヨリ前々季ノ購入高五百五拾余万円ニ対シ本季ハ僅ニ其一割強ナル六十余万円ニ過キザル如ク著シク新約定ヲ減ゼリ而シテ昨年度ニ於テ已ニ急需品ノ購入ヲ了セシ南満鉄道ハ幹線ノ広軌事業漸ク完成セシモ経済界不振ノ余波ヲ受ケ支線ノ経営未タ其緒ニ就カズ一般ノ企業界凡テ閉息ノ状態ニ陥リ新規大口ノ引合ハ寥々タル有様ニシテ遂ニ此好機ヲ捕捉セザリシハ頗ル遺憾トスル所ナリ

以上ノ不況ニ処シ注文ヲ領シタル重ナルモノハ僅ニ電鉄事業ノ勃興ヲ機トシ各電気鉄道会社ニ売約セシ軌条及付属品、台湾鉄道、韓国鉄道管理部、中国鉄道、及漢陽製鉄所等ニ対スル機関車橋梁其他ニ過キズシテ当社木季ノ約定高ハ前季並ニ前々季ニ比シ大ニ遜色アルヲ免カレズト雖右ノ外前季ニ引続キ粤漢鉄道ニ大口ノ売約ヲ遂ケ同方面ニ於テ益々有望ナル根底ヲ固メ得タルハ聊カニテ慰ムルニ足ル」

明治四二年の鉄道用品では、取扱高が前掲のように激減したのであるが、同年下期の事情は次のようであった。

「主要得意先ナル吾鉄道院ハ今尚其消極的方針ヲ革メズ外国注文ニ対スル公開入札高僅ニ弐拾九万二千余円ヲ算シ前季ニ比シ稍々増加ヲ示セシト雖供給ニ渇望セル各商ハ恰モ餓虎ノ勢ヲ以テ之ニ迫マリ競争劇烈ヲ極メ或ハ非常ニ安値応札スル者アル等真摯ナル商策ニ因レル当社ノ如キハ為メニ多大ノ成約ヲ見ルニ至ラズ一方清国鉄道ハ前季ト等シク外資ヲ放下セル代償トシテ供給ハ凡テ外商ノ独占ニ帰シ僅ニ此係累ナキ南潯并ニ浙江ノ両鉄道ニ対シ機関車及貨車ノ売約ヲ遂ケタルニ止マリ且ツ南満鉄道ノ政策ニ依レル米国向注文ノ減少又ハ本邦諸工業ノ未ダ全ク復旧ノ域ニ達セザル等ニヨリ本品ノ商売依然トシテ不振ノ商状ヲ持続セリ而シテ此ノ期間ニ於テ売約ヲ了シ

他方、機械については、四一年下期に「当社取扱商品中第二位」を誇り、次のような説明がある。

「本季間注文ヲ領シタル重ナルモノヲ列記スレバ南満鉄道、入山採炭、三井鉱山、有馬並浪速電気軌道会社及阪神、神戸、岡山、広島、高松、京都等ノ各電灯会社其他赤羽根海軍、大阪砲兵工廠、同水道局等ニ要スル汽罐汽機及電気機械類、堺セルロイド、日本製氷ニ用ユル各製造機械、富士瓦斯、鐘紡、東京紡、下野紡等ノ所要ノ諸機械、加納鉱山、藤田組ノ需要タル撰鉱機及関東州民政署ヨリノ注文品等ニシテ前季ニ大差ナキ売約高ヲ挙ケタリ吾国経済界ノ不振ハ本季ニ入リ尚商工業ノ進興ヲ妨ゲ各工業会社ハ依然トシテ沈衰ノ状態ヲ持続シ売約上多大ノ困難ヲ来シタルニカ・ハラズ比較的好果ヲ収メ得タリシハ性質上他ト選ヲ異ニシタル電気業ノ此ノ不振ノ財界ニ処シテ尚大ニ勃興拡張セラレ此種ノ引合頻繁ニシテ重ネ必要ニ追ハレタル汽罐汽械類ノ需要亦其跡ヲ絶タズ且ツ諸官庁ニ於ケル購買入札引受ケアリシニ因ルモノニシテ此レニ加フル所ノ前年度好況ノ余恵ヲ受ケ……多大ノ取扱高ヲ見ルヲ得タリ」

さらに四二年下期では、機械は「当社取扱商品中第八位」に落ちたが、次のような状況であった。

「本季間注文ヲ領シタル主ナルモノヲ列記スレバ南満鉄道、東京砲兵工廠、金田炭坑高崎并利根水力電気会社其他ノ所要ニ係ル汽罐、汽機及電気機械類、富士瓦斯紡績、三重紡績、東京モスリン、東京キャリコ等ニ対スル紡績機械并ニ小坂鉱山、博多電灯、及堺セルロイド会社ニ要スル機械、工具等ニシテ其他台湾製糖会社注文ニ係ル製糖機械ノ大口ヲ掌中ニ収メ以上売約高ニ於テハ前季ニ比シ寧ロ好成績ヲ挙ゲ得タリシト雖モ既往ノ不況ハ永ク其余波ヲ引キテ取扱高ハ……減少ノ数字ヲ示セリ而シテ前季以来一般経済界徐々恢復ノ光ヲ放チ本邦工業界モ稍々沈滞ノ状ヲ脱シテ堅実ナル事業家ハ将ニ時機ヲ窺フモノ、如キヲ以テ各事業ノ発展ニ伴フ引合注文ハ近キ将来ニ期待シ

得ベキヲ信ズ」(11)。

その後の「事業報告書」は「機械並鉄道用品」のごとく一括して次のように簡単に説明している。

明治四三年下期　「紡績業者ノ休錘決議並ニ水災ニヨレル数多工場ノ長時日ノ休業等ニ打撃ヲ与ヘタリシモ尚幸ニシテ諸機械類共相当ノ売約ヲ遂ケ且ツ当季間ニ於ケル鉄道院ノ外国品購入額ハ前季ニ比シ二倍ノ増加ナル金三百十四万六千余円ニ上リ当社ハ其約四割ヲ得テ外注品入札者中第一位ヲ占メタリ」

明治四四年下期　「事業界ハ未タ沈静ノ域ヲ脱セス紡績会社ノ操業短縮モ未タ解除セラレ、ノ運ニ至ラス原動機紡織機等ハ依然不振ナリシト雖モ電気機械類ハ電力事業ノ発展ニ伴ヒ鉄道用品其他雑機械類ト共ニ相当ノ売行ヲ見タリ

明治四十一年以来本邦機械類ノ輸入ハ一高一低常ナキニ拘ハラズ当社取扱ハ漸次増加シツ、アリ従来外国諸製造会社ノ横浜等ニ店舗ヲ有シタルモノハ当社ノ信用ニ倚頼シテ業務ヲ営マントスル者漸ク多キヲ加ヘタル事モ亦其一因ナルベシ又従来直段割高ノ為メ手古摺リタル当社ガ総代理本店ヲ引受居レル『ゼネラル、エレクトリック』会社ノ執務振リモ改善セラレテ本季ニ於テハ『桂川電力』ノ如キ大口注文（代金九十六万五千円）ヲ引受クルコトヲ得タリ」

明治四五年上期

一、紡織機　清国動乱ノ一段落ヲ告クルヤ我紡織界ハ近年稀ナル活況ヲ呈シ新会社ノ設立、既設会社ノ事業拡張続々トシテ計画セラレ為ニ該機械ノ商況ハ著シキ殷盛ヲ告ケタリ

一、機械工具　近年本邦造船造艦ノ術大ニ進歩シ各海軍工廠及民間有力ノ造船所共大小軍艦、商船ノ製造ニ逐ハル、ノ姿ナリ従ッテ之ニ要スル一般機械工具類ノ需要ヲ喚起シ今季ノ如キ大ニ其取扱高ヲ増加セリ

一、電気機械　ニ至ッテハ殊ニ同業者間ノ競争劇甚ナルモノアリタルニ拘ハラス本季間当社本機械ノ成約高モ亦増加ヲ示セリ是レ本邦水力電気電灯電車事業ノ前途発展極メテ著シキヲ示スモノト謂フベキナリ

一、鉄道用品　是亦前季同様ノ好況ヲ持続セリ而シテ茲ニ特記スヘキハ鉄道院ヨリ大型汽車新規注文ノ発セラレタ

第一章　明治・大正前半期の機械取引

ルコト是レナリ鉄道輸送貨物ノ増加ニ伴ヒ是非共牽引力ノ大ナルモノヲ必要トスルヲ以テ此種機関車ノ需要ハ今後益増加スヘシ」

大正二年下期

「一、輸入機械扱高ニ於テ二百七万円ヲ増セシハ石油鑿井機、瓦斯工場用機械並ニ紡績機械付属品ノ受渡完了セシニ由ル

一、輸出及外国売買機械扱高六十八万円ヲ減セシハ支那向電灯機械類並ニ南満州鉄道需要品ノ如キ大口物ノ受渡完了セシニ由ル

一、鉄道用品輸入扱高ニ於テ二百十一万円ヲ増シタルハ猪苗代水電、日本石油、宝田石油ノ注文品、朝鮮台湾鉄道、東京市電気局ノ軌条橋桁材料品等ノ注文多カリシニ由ル

一、鉄道用品外国売買百五万円ノ減額ハ南満州鉄道購買品ノ皆無ナリシニ由ル

（中略）紡績機械ハ拡張計画一段落ヲ告ケ機械工具類ハ官業緊縮ノ為メ注文減少シ電気用品ハ需要増進シ臨時商内ニテハ墨国政府ヘ銃器弾薬二百八十万円ヲ売約セリ

鉄道用品ハ引続キ鉄道院ノ購買縮少ニ依リ大打撃ヲ受ケ僅ニ東京市電気局軌条等ノ大口注文、地方鉄道、軽鉄材料ノ需要アルノミ」

大正三年上期

「一、輸入機械ニ於テ六十九万円ノ減少ハ日本及宝田石油会社ノ鑿井用機械ノ注文前期末迄ニ一段落ヲ告ゲタルト大口注文ノ皆無ナリシト電気機械ノ取扱大減少ニ由ル

一、輸入鉄道用品ニ於テ七十七万円ノ増加ハ鉄道院、朝鮮鉄道局、京張鉄道、小倉鉄道等ノ注文多カリシニヨル

紡績機械及電気用品ハ注文増加シタルモ其他ノ機械ノ注文ハ大減退ヲ為セリ

鉄道用品ハ鉄道院ヨリ車輌材料ノ注文引受ヲナシ又朝鮮鉄道局、京張鉄道、小倉鉄道、日本石油会社、東武鉄

道会社等ヨリ機関車、車両材料、橋梁材料、軌条、鉄管ノ注文引受ヲ為シタリ」なお、右記には漏れている大正二年上期では、支店長諮問会において次のような状況説明があった。同期の取扱高は一四二八万円、経費二〇万余円、純益は一・九二%であった。商品別には次の順となり、

電気機械	三六五・五万円	雑種機械	一三五・七	橋桁材料	七六・一
紡績機械	一九一・〇	鉄道車両及材料	八四・九	軌条及付属品	六四・〇
機関車及付属品	一五五・二	汽機及汽罐	八〇・二	機械工具	五一・一

「最モ利益多キハ紡績、紡織機械、雑種機械、汽機及汽罐ナリ、電気機械ハ取扱高非常ニ多額ナレトモ利益ノ割合ハ一分ニモ当ラス、機関車及橋梁材料、軌条及付属品ハ何レモ経費ヲ差引クトキハ三厘一毛乃至八厘六毛ノ損勘定ナリ」と。当時の物産のシェア（売約高ベース）は次のようであった。

エンジン・ボイラー	三六%	マシンツール	二八	軌条	九・五
電気機械	三九	雑種機械	一九	橋桁材料	三〇
紡績機械	八〇	機関車及付属品	四四	車両及材料	二八
織布機械	二五	小計	三四	機械油	一二
				自動車及付属品	二五

（注）売約高ニシテ種々ノ費用モ籠リ居ルニ依リ、商品ニ依リ之ヲ加減シ、所謂沖着値段ニ引直シタル上比較。

全国の機械輸入高のうち物産は平均二八%に当たるという。

この時点での鉄道用品取扱については、悲観的見解が加地利夫から述べられている。(13)すなわち、鉄道院の商売は競争激烈のため、口銭が一%にも及ばず「我々……商売スルモ損失ニ終ルヘシトテ警戒ヲ加フルコトアリ、其際競争

者ハ却テ無理ナル値段ヲ出シ来リ為ニ商売カ競争者ノ手ニ落ツルコト往々アリ、詰リ鉄道商売ハ多ク無理ニ商売ヲ為ス様ノ状勢ニテ余リ利益ナシ」と。そして物産と親密なアメリカンロコモチーブ製機関車や英米製車輪車軸よりも独逸製が安価で好評であること、したがってドイツとの提携が必要とした。国内では機関車用車輪車軸はまだ製造できず、「住友鋳鋼所ニ於テ車輪車軸ヲ造リ見ントテ取調ヲ為シ、将来大ニ力ヲ用ユヘシト云ヒ居レリ」と紹介している。

因みに物産全体におけるこの時期の機械鉄道用品の位置づけは、「明治四一年実施当社取扱商品種類並其方針」によれば、次の分類の(1)に属していた。九つの重要商品の一つに数えられていたのである。

① 当社取扱商品ノ大宗トシテ鋭意其取扱ニ当リ、将来益々拡張発達ヲ期スベキモノハ石炭・コークス・生糸・木材・枕木・燐寸・棉花・機械鉄道用品・米（九品目）

② 当社取扱商品中(1)ニ次ギ鋭意其取扱ニ従事シ、益々其拡張発達ヲ期スベキモノ（品目名省略）（二八品目）

③ 当社取扱品中有望ノ程度ニ於テ(1)(2)ニ若カザルモ、将来注意ヲ加ヘ危険ナキ程度ニ於テ其取扱ニ従事スベキモノ（同）（一五品目）

④ 特別ノ事情又ハ関係ニ由リ其取扱ヲ継続スベキモノ（同）（三一品目）

第二期における事業報告書でも売約先（ないし販売先）のリストはないが、支店長会での説明、『沿革史』『一〇〇年史 上』なども総合してみると、若干の相手先が浮上する。これまでの記述の中に登場したものを単純に列挙すれば、次のごとくである。

日本内地

(イ) 官庁――海軍（赤羽）、陸軍（東京砲兵工廠、大阪砲兵工廠）、鉄道院、大阪市（電気局、水道局）

(ロ) 鉄道――東京鉄道、有馬電気軌道、浪速電気軌道、小倉鉄道、東武鉄道

(ハ) 電力──高崎水力電気、利根水力電気、博多電灯、猪苗代水電、阪神・神戸・岡山・広島・高松・宇部の各電力

(ニ) 紡織──鐘紡、三重紡、富士瓦斯紡、東京紡、下野紡、東京モスリン、東京キャリコ

(ホ) 製糖──台湾製糖、明治製糖、高砂製糖、東洋製糖

(ヘ) 鉱業──三井鉱山、小坂鉱山、加納鉱山、藤田組、入山採炭、金田炭坑、日本石油、宝田石油

(ト) その他製造業──堺セルロイド、日本製氷

日本内地以外──朝鮮・台湾鉄道局、南満州鉄道、関東州民政署、中国の粤漢、福建、浙江、江西、京張、開灤の各鉄道、漢陽製鉄所、メキシコ政府

以上は機械取引の状況説明の中で登場した名であって、一応大口先と想像されるが、それぞれの金額は全く不明である。かなり広汎な分布であるが、いうまでもなくそれぞれの業種の一部にすぎない。反面、例示分だけであるから、大口先がこれだけということはなかろう。

(1) 『沿革史』第四編第三部第五章重要商品取扱状態。
(2) 「事業報告書」(明治三六年度)。
(3)(4) 同右 (同三七年度)。
(5) 「支店長諮問会議事録」(明治四〇年) 三四七頁。
(6) 『一〇〇年史 上』二五〇~一頁。
(7) 『沿革史』(注1と同じ)。
(8) 「事業報告書」(明治四一年下期)。
(9) 同右 (同四二年下期)。

3 第三期（大正三年七月～六年）

大正三（一九一四）年七月第一次世界大戦が勃発したが、表1-8にみる通り三井物産の全商品取扱高はすぐには増加しなかった。三年下期、四年上期は対前期比減少し、三年上期の二億三六五八万円を超えるのは五年上期（三億一七八四万円）からで、以後六年下期の六億五四〇万円まで急増した。それに対して機械・鉄道用品（機械等と略す）もほぼ同傾向をみせるが、三年上期の一四四三万円から四年下期には半減するほどの落ち込みようで（七四七万円）、以後回復するものの、六年上期でも二三三九万円であって、商品全体の急増とは乖離している。すなわち、機械等はそれまで輸入が中心であったから、大戦中の輸入困難ないし途絶のために大きな影響を受けたからである。もちろん全商品でも輸入だけみれば機械等と同じして増加を続けたこと、輸出も四年下期を底に増加したことがみられる。機械等でも内国売買が三年下期のみ微減するものの、一貫して著しく、外国売買、輸出も増加したが、もともと輸入に比較すれば比重が小さかったから、機械等が国産化推進を大きく押し上げるまでには至らなかったのである。表1-8の下欄にみる通り、機械等の全商品に対する比重は、三年の六％強から低下をはじめ、五年上期では三％弱に落ちるが、六年下期でも四％弱までに回復するに過ぎなかった。すなわち、機械等は第一次大戦中物産全体における地位低下を余儀なくされたが、輸入中心の性格が原因であったと

(10) 同（四一年下期）。
(11) 同右（四二年下期）。
(12) 第二回「支店長諮問会議事録」（大正二年七月）一九〇～一頁。
(13) 同右、四六一頁以下参照。
(14) 『沿革史』（注(1)と同じ）。

表1-8 機械・鉄道用品取扱高推移（その3）（大正3～6年）

(単位：円)

		3/上	3/下	4/上	4/下	5/上	5/下	6/上	6/下
機械及付属品	輸出	67,692	63,160	234,672	857,735	527,026	629,354	1,528,445	1,219,876
	輸入	8,906,708	8,581,076	6,422,543	4,434,095	5,307,522	6,402,732	9,249,689	11,898,389
	内国売買	600,517	428,793	1,683,593	1,671,735	1,840,204	2,795,968	3,606,632	5,498,976
	外国売買	625,390	516,524	449,545	513,552	1,351,577	2,557,313	2,234,754	1,766,867
	計	10,200,307	9,589,553	8,790,353	7,477,117	9,026,329	12,385,367	16,619,520	20,384,108
鉄道用品	輸出	10,863	4,254				751		1,384,386
	輸入	4,032,257	3,525,361				139,750		489,978
	内国売買	14,983	52,205				329,900		133,957
	外国売買	171,495	315,269				682,457		
	計	4,229,598	3,897,089				1,152,858		2,008,321
機械・鉄道 小計(a)	輸出	78,555	67,414						
	輸入	12,938,965	12,106,437						
	内国売買	615,500	480,998						
	外国売買	796,885	831,793						
	計	14,429,905	13,486,642						
全商品(b)	輸出	87,727,834	80,894,423	71,261,276	80,918,724	107,705,184	134,658,806	157,571,995	176,787,826
	輸入	82,077,459	70,923,794	56,254,928	53,146,072	80,729,205	86,930,188	96,476,769	104,418,922
	内国売買	34,523,585	33,014,805	34,701,286	41,404,714	53,225,931	64,675,541	91,756,519	154,064,153
	外国売買	32,248,009	30,977,227	45,977,133	54,505,867	76,176,040	117,683,301	143,833,783	170,128,221
	計	236,576,887	215,810,249	208,194,623	229,975,377	317,836,360	403,947,836	489,639,066	605,399,122
a/b	輸出	0.1%	0.1%	0.3%	1.1%	0.5%	0.5%	1.0%	0.7%
	輸入	15.8%	17.1%	11.4%	8.3%	6.6%	7.4%	9.6%	12.7%
	内国売買	1.8%	1.5%	4.9%	4.0%	3.5%	4.3%	3.9%	3.9%
	外国売買	2.5%	2.7%	1.0%	0.9%	1.8%	2.2%	1.6%	1.1%
	計	6.1%	6.2%	4.2%	3.3%	2.8%	3.1%	3.4%	3.7%

（備考）各期の「事業報告書」より計算の上作成。

いえよう。輸入だけをみると、全商品に対する機械等の比重は、三年の約一六％から五年で約七％にまで落ち込み、六年下期で一三％弱まで回復している。

そして結果的には、機械取引は第一次大戦の恩恵を被ることになるが、物産自身も次のように認めている。

「当社ノ機械商売ガ欧州大戦中ニモ拘ラズ取扱高ノ拡大シタ原因ヲ稽ヘルト、各交戦国ハ何レモ経済上非常ナ打撃ヲ蒙リ、其損害測リ知ルベカラザルモノガアルノニ、我国ハ却ッテ之ガ為好影響ヲ蒙リ此機会ヲ利用シテ非常ノ上ニ多大ノ進展ヲ為シ、殊ニ工業ノ発展ハ目覚シク、各種機械工業、化学工業、造船、製鉄業、鉱業及ビ軍需品関係ノ製造工業ノ如キ大ニ勃興シ諸機械、原料ノ需要ガ激増シタ結果デアル」

全商品に対する機械等の輸出、国内売買、外国売買の比重は、輸入と比較すれば格段に小さいが、それでも増加し、特に国内売買が四％前後までに大きくなったことが注目される。但し輸出は「ほとんど機械と名のつくようなものはみられず、古汽船、掛時計、置時計、人力車などといったものであった。ただ中国とメキシコへの軍用品の輸出や国内で製作した貨車、客車の中国への売込みがみられた」。

機械と鉄道用品の取扱高内訳は、表1-9では限られた時期しか明らかでない。同表によれば大正三年頃では機械二・五対鉄道用品一であったが、五、六年では一〇対一へと変化している。すなわち、機械取引における鉄道用品の著しい比重低下で、明治期の両者並立の面影は消えた。機械取引といえばまさに対象は機械であり、鉄道用品はごく一部となったのである。機械のうちで内国売買が五年下期、さらに六年下期に増加したことが輸入の回復とともに注目される。反面、鉄道用品は三年と比較すれば輸入で激減し、内国売買、外国売買も増加したとはいえ少額のままである。

機械等の品目別取扱高を知りたいが、当時の事業報告書の多くが欠けているため、大正五、六年各下期しか示し得ない。表1-10によれば、機械等の販売構造は次のように特徴づけられる。

表1-9　機械取扱高品目別（大正2～6年）

(単位：千円)

品　　目	大2／上	4／上	5／上	5／下	6／下
原動機	802	400	5,080	1,709	1,909
電気機械及付属品	3,657	600	5,740	1,640	4,473
紡織機及付属品	1,910	2,660	6,330	1,862	3,869
雑種機械	1,357	1,800	2,800	1,764	3,299
機械工具	511	120	250	151	448
機械雑品	?	410	530	212	275
機械油	?	?	?	228	318
鉄道用品	3,802	350	1,140	1,153	2,008
自動車及自動船	?	?	?	109	802
鋼鉄材料	?	?	5,870	3,534	4,992
兵器及軍用品	?	?	3,220	24	
合計	14,285	?	31,000	12,385	22,392

〔備考〕大2上は「第2回支店長諮問会議事録」、4上は「第3回　同録」、5上は「第4回同録」により、5下と6上は各「事業報告書」より作成。

第一に、機械輸出は機械取引全体からみれば僅かであり（五％程度）、電気機械、雑種機械、紡織機械、機械雑品にほぼ限定されている。

第二に、機械輸入は全体の五割以上を占めている。鋼鉄材料が筆頭を占めるのは活況化する造船業の鋼板手当を反映しており、機械類も各種産業の新設・設備増強から紡織機、雑種機械、電気機械、原動機など軒並みの輸入であり、五年下期より六年下期が大きいのは英独製品に代わって米国からの輸入が本格化したためであった。

第三に、内地売買が全体の二割強から三割弱へ増加するが、輸入困難のため国産品代替が始まっていると思われ、電気機械には芝浦製、紡織機には豊田自動織機製、雑種機械には代理店契約先の製品がそれぞれ含まれていると思われる。輸入品ばかりであった鉄道用品も国内メーカーの代替品で賄われ始めたのであろう。鋼鉄材料の倍増も相手国の輸出制限から国内鉄鋼業者の増産→その取扱増大を反映していよう。

第四に、外国売買は外国品の外国での売買であるが、電気機械、紡織機が増加、雑種機械、鋼鉄材料が横這い、原

表1-10　機械取扱高品目別・種類別（大5／下・6／下）
(単位：円)

品目	輸出 大5／下	輸出 6／下	輸入 大5／下	輸入 6／下
原動機			593,332	1,425,783
電気機械及付属品	230,165	669,676	397,078	1,808,848
紡織機及付属品	59,705	188,003	1,581,728	2,753,180
雑種機械	213,676	241,625	1,064,634	1,910,101
機械工具	1,688		119,245	364,783
機械雑品	123,369	119,273	45,754	50,870
機械油			149,282	139,801
鉄道用品	751		139,750	1,384,386
自動車及自動船			104,916	800,580
鋼鉄材料		1,299	2,183,066	2,644,443
船舶用部分品			23,947	
合計	629,354	1,219,876	6,402,732	13,282,775

品目	内地売買 大5／下	内地売買 6／下	外国売買 大5／下	外国売買 6／下	合計 大5／下	合計 6／下
原動機	77,371	121,644	1,038,343	361,671	1,709,046	1,909,098
電気機械及付属品	1,007,122	1,587,956	5,415	406,576	1,639,780	4,473,056
紡織機及付属品	125,269	650,814	95,701	277,500	1,862,403	3,869,497
雑種機械	218,090	898,426	267,688	248,631	1,764,088	3,298,783
機械工具	26,956	82,780	3,020		150,909	447,563
機械雑品	36,064	84,468	7,295	20,007	212,482	274,618
機械油	74,157	173,953	4,138	3,775	227,577	317,529
鉄道用品	329,900	489,978	682,457	133,957	1,152,858	2,008,321
自動車及自動船	3,779			1,112	108,695	801,692
鋼鉄材料	897,260	1,898,935	453,256	447,595	3,533,582	4,992,272
船舶用部分品					23,947	
合計	2,795,968	5,988,954	2,557,313	1,900,824	12,385,367	22,392,429

〔備考〕各期の「事業報告書」より計算の上作成。

動機、鉄道用品の減少とまちまちである。その事情は明らかでない。

本支店別の取扱いはどうであったか。当然ながら本支店すべてで平均的に取り扱われたわけではない。物産の商品取扱では、輸出・輸入・内地売買・外国売買の種類に分けられているが、それが社内と社外に区別されている。これまでの考察は、すべて社外のみを対象としてきた。本支店の営業構造に立ち入ってみるために、社内・社外に分けて整理したのが、表1-11・1-12である。

表1-11 機械取扱高種類別・店別・社外（大5／下・6／下）

(単位：円)

店名	輪出 大5／下	輪出 6／下	輪入 大5／下	輪入 6／下	内地売買 大5／下	内地売買 6／下	外国売買 大5／下	外国売買 6／下	合計 大5／下	合計 6／下
機械本部			2,780,338	6,910,754	955,351	2,334,284			3,738,626	9,264,691
小樽	2,937	19,653	314	2,515	162,620	232,365			162,934	234,880
名古屋			70,161	299,748	150,790	161,527			220,951	461,275
大阪	16,075	77	2,892,407	4,328,046	423,748	1,778,037	1,330	120,409	3,333,560	6,226,569
神戸			139,268	327,665	287,200	183,351			426,468	511,016
門司			177,457	976,104	253,947	396,762			431,404	1,372,866
長崎			162,254	70,931	337,750	641,358			500,004	712,289
三池			31	39,934		4,681			31	44,615
台北			61,831	96,938	82,062	62,982			143,893	159,920
台南			22,827	58,203	99,562	146,632			122,389	204,835
京城			95,844	171,937	42,938	46,750			138,782	218,687
釜山						225				225
大連	155,594	190,545			906,187			949,554	1,061,781	1,140,099
安東県		230								230
牛荘		250								250
奉天							4,138	579	4,138	579
長春		441								441
哈爾賓	3,633	2,952						1,112	3,633	4,064
浦塩	8,049								8,049	
天津	25,095	111,790			265,606			50,186	290,701	161,976

店										
上海	128,773	378,381				341,580	390,983	470,353	769,364
青島	182,030	186,758			3,196			182,030	189,954
漢口	17,143	14,521						17,143	14,521
香港	14,652	20,348						14,652	20,348
福州	18,400	47,490		429	54,143			18,829	101,633
廈門	3,768	1,734						3,768	1,734
汕頭	238	348						238	348
広東	22,777	69,292						22,777	69,292
馬尼剌	4,132	22,531						4,132	22,531
新嘉坡	3,820	3,516	3,499					7,319	3,516
泗水	541	6,070						541	6,070
盤谷	748	4,485						748	4,485
把城		39,381							39,381
孟買		50,544							50,544
甲谷他	17,635	48,539					38,930	17,635	48,539
倫敦							61,300		61,300
露都	3,314							3,314	
其他				995,614	269,362			998,928	269,362
計	629,354	1,219,876	6,402,732	13,282,775	2,795,968	5,988,954	2,557,313	1,900,824	12,385,367	22,392,429

〔備考〕各期の「事業報告書」機械販売決済高商売別並店別表より作成。

一期だけでは不安なので、二期を並べてみたが、大戦中の二時点（大正五年下期と六年下期）の変化も知ることができる。

社外を表1-11でみると、輸出は機械本部・大阪に僅かばかりあるが、中国・東南アジア・印度所在店が取り扱い、上海・青島・大連・天津の順に多く、一年間に上海・天津は急増している。他の支店でも増加がみられ、輸出全体で倍増しており、大戦中の日本品の海外進出を物語っている。これら海外店は当然輸入・内地売買には無関係であるが、外国売買（外国品を外国で売買）で大連・天津・上海が輸出以上に活躍し、特に大連は多額であった。この場合外国品といっても、欧米品とは考えにくく、現地製品ではなかろうか。ただ外国売買で紐育・倫敦が多額の取扱をみせ、これは欧米品であろう（大阪にも外国売買があるが不明）。肝心の輸入は機械本部・大阪が並列し、断然他支店より多く、またほとんどの支店で急増しているが、もちろん欧米製機械、特に米国製の輸入である。輸入額は一年間で倍増し、大正五年下期では機械本部と大阪は拮抗していたが、六年下期は機械本部が二・五倍に増加して全輸入の半分近くを占めた。大連の激増は八幡製鉄所関係と推測され、名古屋・神戸・京城の増加も注目される。内地売買は輸入店と同メンバーで、金額は倍増、機械本部の二・四倍、大阪の四・二倍が目立ち、長崎・門司・小樽・京城の急増、反面、神戸の減少、名古屋の横這いもあるが、国産品の取扱増加を物語る。

次に、社内を表1-12でみると、取扱店がきわめて限定されていることが目立つ。機械本部が輸入を中心として各種で激増し、大阪も同傾向であるが、なんといっても紐育・倫敦が仕入店として社内売りで断然大きい比重を占めている。大正五年下期では倫敦・紐育が拮抗していたが、六年下期には紐育が驚くべき増加を示し、桑港（サンフランシスコ）も激増を遂げた。紐育・倫敦は外国売買でも若干の社内売りがあり、増加している。内地売買での機械本部・大阪や、外国売買での機械本部に若干の社内売りがあるが、他の諸店は少額で問題とするに当たらない。

このように店別でみると、数多くの支店等が機械取引をしていたとはいえ、支店の立地・性格から相当に限定的で

第一章　明治・大正前半期の機械取引

表1-12　機械販売高種類別・店別・社内（大5/下・6/下）

(単位：円)

店名	輸出 大5/下	輸出 6/下	輸入 大5/下	輸入 6/下	内地売買 大5/下	内地売買 6/下	外国売買 大5/下	外国売買 6/下	合計 大5/下	合計 6/下
機械本部	338,532	1,013,885	32,157	309,663	685,582	1,173,753			1,056,271	2,497,301
小樽				83	3,653	9,405			7,474	9,488
名古屋	8,245	487,352	3,821	203,272		18,119			8,245	505,471
大阪	275,770	538,317	96,517	481,447	108,140	481,672	1,245		481,672	1,223,036
神戸				216	104,896	216			104,896	216
長崎			57,964	2,230	11,969				11,969	60,194
門司						939				939
京城										
上海		850		383,411			25,905	85,202	25,905	469,463
馬尼剌				3,859						3,859
甲谷他		3,405								3,405
紐育			3,835,420	3,264,710			242,840	312,160	4,078,260	3,576,870
倫敦			3,440,054	6,848,188			620,260	706,760	4,060,314	7,554,948
桑港			353,190	1,849,504					353,190	1,849,504
計	622,547	2,043,809	7,761,159	12,920,654	914,240	1,686,109	890,250	1,104,122	10,188,196	17,754,694

〔備考〕各期の「事業報告書」機械販売決済高売別並店別表より作成。

あること、その中で機械本部・大阪の比重が各種で大きく、倫敦・紐育の仕入店としての機能が読みとれるが、一年間で紐育が驚くべき多額の取引を遂行している。独逸製の輸入不可能、英国製の制限、そして米国製への依存が激増したこと、さらに国産品取扱が増加したことなどが知られる。因みに同表に登場するのは機械取引実績を持つ支店のみで、機械取引がないために省かれている支店等も少なくない。

（事業報告書の説明）

それでは「事業報告書」によって機械等の取扱高の内容を判明した限りで具体的にみよう。

大正三（一九一四）年下期

「当期売約高及扱高ノ固ヨリ戦争ノ影響ニ因リ就中電気機械、機関車及部分品ハ其最モ甚タシキモノニシテ欧米製作品ノ輸入困難ト本邦工業界ノ不振ニ因シ已ムヲ得サルノ結果ナリトス

此間ニ於テ当社ハ時局商内ノ成立ニ苦心シ幸ニ露国政府ニ無煙火薬六百四十二万円小銃実包二百十一万円合計八百五十三万円ヲ売込ミ平時商売ノ減退ヲ補充シ得タルハ慶賀ニ堪ヘサル処ナリ」

大正五年下期

「今期機械類当社注文引受高ハ前期ニ比シ稍ヤ劣レルモ前々期ニ較フレハ非常ノ増加ニシテ我内地製造工業ノ殷盛ヲ示シツツアリ

紡績機械ハ当期売約品中ノ首位ヲ占メ錘数二十九万六千個、価額六百三十九万円ニ上リ右付属品及織布機械ヲ合スルトキハ九百三十余万円ヲ算ス而テ前期略一段落ヲ告ケシ本邦紡績工場ノ増錘新設モ今期尚継続シ新会社ノ創設ヲモ見ルニ至リ当社紡機注文引受高ハ殆ト前期ノ倍額ニ達セリ然ルニ英国ニ注文ノ紡績機械ハ積出非常ニ遅延シ『プラット』社ノ製造能力モ益々減退ノ為メ他社ノ製品及従来紡績界ニ於テ更ニ顧ミラレサリシ米国製紡機ノ注文ヲ為スモノアリ当期、高田、大倉、範多等反対商ノ手ニテ約十万錘ノ商談成立セシハ遺憾ナリトス(6)

第一章　明治・大正前半期の機械取引

電気機械類ハ水力電気、電灯、電鉄其他製造所動力用トシテ内地需要激増ヲ為メ前期ニ優ル活況ヲ呈シ、支那ニ於ケル電灯、電話等ノ事業モ逐日隆盛ニ向ヘルヲ以テ現下欧米製品払底ノ際本邦製品ハ内外市場ニ活躍シ芝浦製作所製品ノ如キ今期売約高百六十二万円ニ上リ此他各種電気機械及付属品ノ約定高ヲ合スルトキハ総額四百七十余万円ニ達セリ

鋼鉄材料ハ英国禁輸、米国品ノ払底、価格暴騰ニヨリ輸入困難ヲ極メ内地ノ需要ニ応スル能ハサル為メ売約高ノ大減退ヲ来シタルカ内地製作品ノ取扱ニ著シク増加シテ約百万円ニ上レリ

原動機ノ注文ハ当期電気界、紡績工場用ノモノ多ク又鉱山用機械ハ時局発生後、銅、鉄、石炭其他諸鉱物類ノ価格奔騰、事業発展ノ為メ各鉱山ヨリ引合頻繁ナルヲ以テ本店機械部内ニ鉱山掛ヲ新設シタリ

若松製鉄所ノ大拡張ニ就テハ当社前期来ノ苦心空シカラス従来高田商会ノ手ヲ経テ購入ノ同所諸機械ニ対シ今期当社ヨリ約百八十万円ノ売約ヲ結ヘリ此他目下起業計画中ノ各製鉄、製鋼会社ニ対シテモ深甚ノ注意ヲ払ヒ其注文ニ応スルノ準備ヲ為シツ、アリ

兵器類ハ当期露国ヨリノ注文皆無ナリシモ我海軍造兵廠ヨリ火薬製造用ノ石炭酸七十二万五千円ヲ引受ケ三井鉱山会社三池工場ノ製品納入ノ予定ナリシカ該工場ノ完成遅レタルヲ以テ米国品ヲ以テ代納中ナリ

本期総取扱高ハ輸入品ノ本国積出漸次良好ニ向ヘルト内地製作品ノ売買増加セル為メ冒頭記載ノ如キ多額ニ上リ且平時ト異ナリ運賃騰貴其他ノ不時ノ事故発生シ易キ現状ノ下ニ於テ好結果ヲ収ムルコトヲ得タリ」

大正六年下期

「前期ヨリ引続キ本邦事業界ハ旺盛ヲ極メタル為メ今期当社機械商売ハ頗ル発展シタリ売約品中著シク増加セルモノハ鋼鉄材料、電気機械、紡績機械、原動機、機械雑品等ニシテ就中造船用材ハ船価、運賃ノ自熱相場ニ煽ラレ注文夥シク其金額千五百万円ノ多キニ達セリ而シテ本邦造船所ハ其唯一ノ供給地タル米国ニ向ッテ熱狂的ニ買進ミ

タルト素人筋ノ思惑買モ加ハリ一時最高一噸千四百円マテ奔騰セリ然ルニ其後本邦船舶管理令、物価調節令ノ発布及米鉄禁輸問題ノ解決難ニ依リ船価備船料ノ暴落ヲ来スヤ造船界ハ混乱状態ニ陥リ造船用鉄ハ遂ニ高値ノ半額以下即チ六、七百円マテ崩落シタリ

電気機械商内ノ増加ハ製鉄、製鋼、造船、紡績、製紙其他ノ動力用トシテ需要多大ナリシト水力電気電灯会社ノ事業需要ニ因レリ

紡績機械ハ英国ヨリ輸入不可能ノ為メ今期当社註文引受ノ十六万錘ハ全部米国製品ナリ而シテ大正四年以降本邦紡績増錘百五十三万余錘ノ内当社ハ其六割ヲ取扱ヒ過去三年間ノ本国積出済数量ハ当社分約二十六万錘、反対商扱五、六万錘、合計三十万錘ナルカ故ニ残余百万錘ノ英国製品ハ向後数年ニ亘リ積出サルヘキモ米国物ハ来年中ニ大部分積終ルノ予定ナリトス

原動機ノ売約増加モ工業界ノ発展ト原価、運賃諸掛ノ暴騰ニ起因シ従来取扱ヒシ英国製品ハ戦乱ノ為メ輸入杜絶シ目下専ラ米国製品ノ供給ヲ仰キツ、アルカ其価格ハ英国物ニ比シ五、六割方高価ナリ

なお、以上では言及されていないが、自動車輸入にも影響があった。すなわち「自動車ハ梁瀬商会ヲシテ下請負ヲ為サシメテ居ッタガ、戦時中英国品ノ積出ガ絶対ニ不可能トナッタ為メ、専ラ米国ノビュキック社製ヲ輸入シタモノデ、其取扱モ連年増加シテ居ッタガ、梁瀬商会ヘ販売ヲ委任シタモノハ民間ノ乗用自動車ノミデ、軍用ノモノハ当社ガ直接之ヲ取扱フ事トナッテ居ッタ」と。

(機械部の方針)

第一次大戦の最中、大正五(一九一六)年六月に支店長会議が開かれ、その席上、機械部長中丸一平は次のように述べている。

「必要なことは──引用者)(1)代理店引受ノ事、(2)仕入店実力養成ノ事、(3)適材ヲ得ル事、(4)販売店ニ於テハ時

世ノ趨勢ヲ見ルニ敏ナラザルベカラズ、(5)新『カタログ』ノ調査研究ヲ最モ迅速ニ為スコト、(6)本邦製造家ガ欧米漫遊ノ際ニ於テ優遇スル事、(7)将来有望ナル工業ニ投資スルコト、などである」(三七七頁)

「また三井物産は、国内製造業者と密接な関係を築いていくことを方針としたが、これは内外の製造家の中間にたって製造権の譲渡を成功させることとなった。たとえば、新潟鉄工所へロンドンの Mirrless Bickerton & Day Ltd. のディーゼルエンジン製造権、湯浅蓄電池へパリの Société Pour le Travail Electrique des Metaux の蓄電池製造権、東京計器へニューヨークの Sperry 社の探照燈製造権とニューヨークの Gyroscopic Compass Co. のコンパス製造権などである」(同頁)

「なお三井物産は、機械商売において以前から一手販売権の獲得に大いに力を入れていたが、大正期全体を通じての一手販売契約をみると契約を結んだ会社はアメリカが八一社、イギリスが一七社、フランスが一七社、ドイツが一〇社、デンマークが二社、日本が二五社で、内外合せて一五二社に達している」(三八〇頁)

しかし、まだこの当時の三井物産の機械商売では、支店の協力が必ずしも十分には得られなかった。中丸機械部長は大正四年の支店長会において「機械部ノ仕事ハ従来各支店ニ於テ余リ歓迎セラレス継子扱ヲ受ケツヽアルヤノ感アルハ頗ル遺憾ノ次第ナリ」と述べた状態にあった。その原因として「第一各店ヲ預ル支店長ガ機械ノ事ニ付テハ殆ト素人ニシテ専門的智識ノナキコト、第二ニハ此仕事ハ多クノ資金ヲ寝カシ永ク固定セシムルト反比例ニ利益ハ却テ薄キ事、第三ニハ取扱フニ非常ノ手数ト多大ノ時間ヲ要スル事」を挙げている。中丸は「機械商売ハ物産会社ニ取リ果シテ力ヲ入レテ取扱フヘキモノナリヤ否ヤニ付議論ノ生シタルコトアリシヲ耳ニセルノミナラス不肖自ラモ亦時々其感ヲ同フセシコトアリ」と正直に述べ、機械部長になってから認識を改めたという(以上七九頁)。そして物産機械部の置かれている環境が変化したことを説明する。

「既往ヲ稽フルニ我社独占ノ姿ナリシ紡績機械並ニ鉄道ノ如キ十数年前迄ハ競争者殆ント皆無ニシテ此等ノ機械

ニ関スル事柄ニ付テハ何人モ必要上当社ニ対シ凡テノ問合ヲナシ且金融上ニ付キテモ常ニ相談ヲ受ケタルセノナリシカ現今ニ於テハ全然反対ノ結果ヲ見ルニ至リシハ一般ニ機械ニ関スル智識増進シタルト為替其他ノ便利ヲ自由ニ得ルニ至レルト一方同業者ノ数モ多ク従テ互ニ競争ノ姿ヲ呈セルニヨルモノニシテ吾々トシテハ深甚ノ注意ヲ払ハサルヲ得ス」（七九〜八〇頁）

中丸は機械部長の立場から数多くの希望を列挙した。すなわち、第一は機械部員の養成、第二は機械部での支部制度完成↓倫敦、紐育、上海（中国取引の総括）、大阪を支部とし、九州地区統轄のため門司に常置員を置く、第三は取引先の海外視察を親切に世話すること（商売の種になるから）、第四は内地製造業者の支援、第五はショールームの設置、第六は民間の兵器製造開始にあたり率先して取り調べに当たること、第七は薄板工場の発達援助、第八は緊要とされている薄板工場の発達援助、第九は薄資発明家の保護誘掖、第十はGE・芝浦関係の上手な解決、芝浦への重役派遣の復活など沢山である（八三〜六頁）。

（個別取引先名）

さて、これまでの考察では断片的に個別取引先名が出てきたことはあったが、本章では大正後半期の考察（第二章）のように大口売約先を解明することはできない。三井物産内部資料にもこの時期の大口売約先を網羅的に示す材料がなかったからである。大正七（一九一八）年六月の支店長会議で五〇万円以上の売約先として中丸機械部長から表1-13の内容が示されたのが、目下唯一の材料である。「過去一年間ノ売約高」とあるので、大正六年下期と七年上期の合計と推測される。同表によれば次の点が指摘できる。

第一に、南満州鉄道が抜群に多額で（六七二万円）、鉄道用品と鋼鉄材料など四件にわたっている。大正後半期以降も満鉄は超大口先ではあるが、この時点ですでにその姿を見せている。

第二に、大戦中の造船業繁忙を反映して浦賀船渠、物産船舶部、宇都宮金之丞などへの造船材料の提供が多額であ

表1-13　50万円以上売約先

(単位：千円)

売約先名	商品名	金額
南満州鉄道	機関車及部分品	4,117
南満州鉄道	鋼鉄材料	1,145
南満州鉄道	軌条及付属品	918
南満州鉄道	車両及部分品	537
小計		6,717
浦賀船渠	造船材料	2,325
梁瀬商会	自動車	1,807
朝鮮鉄道局	機関車及部分品	1,543
川崎造船所	汽罐	810
川崎造船所	水車及凝縮機	687
小計		1,497
東洋紡績	紡機	1,122
桂川電力	水車及発電機	1,053
王子製紙	製紙機械	950
三井物産船舶部	造船材料	925
宇都宮金之丞	造船材料	810
北陸電化	水車及発電機	791
大阪合同紡績	紡機	750
毛斯倫紡績	紡機	710
東京モスリン	絹糸紡績機	653
陸軍省	飛行機	620
台南製糖	製糖機械	600
五十嵐小太郎	軌条及付属品	562
東京鋼材	鋼鉄材料	549
台湾鉄道部	軌条及付属品	509
合計		25,990

〔備考〕「第6回支店長会議事録（大正7年6月）121～2頁
　　　　より計算の上作成。

る（四〇六万円）。川崎造船所一五〇万円は造船材料でなくボイラー・水車等であるが、設備増強の投資であろう。

第三に、梁瀬商会の自動車輸入が一八一万円あるが、英国製に代わって米ビュイック車の輸入である。

第四に、東洋紡、大阪合同紡、毛斯倫紡、東京モスリンなど紡機も多額である（三三一四万円）。前三社は大阪支店扱でこれらも英プラット社に代わって米国製をやむなく輸入したものと思われる。

第五に、満鉄以外にも朝鮮鉄道局、五十嵐小太郎、台湾鉄道部（三件で二六一万円）があり、鉄道用品がこの年は多かった。

第六に、陸軍省の飛行機六二〇万円はあるが、大正後半期の陸海軍が売約先のトップを占めていたことを想起すると、

意外に少ない。海軍は出てこないが、別処理のためではなかろうか。

（1）この点については次のような影響もあった。

　「第一次大戦の勃発は、輸入に大きく依存してきた機械商売に非常に大きな影響を与えることとなった。とくに大戦を契機として、ドイツ製品の輸入が困難となったことは痛手となったが、物産ではこれに代る製品をアメリカ、イギリスからの輸入および国内製造業者との関係をいっそう強めることによって補い、国内需要に応じた」（『一〇〇年史　上』三七七頁）。

『沿革史』（第四編第四部第七章）でも次のようにいう。

　「大戦中ハ常ニ船舶不足、工場多忙ニ基ク人夫ノ不足、交戦国ノ干渉等諸多ノ事由ガ相轢合シテ、自然積出ノ遅延ヲ来タシ、取扱上大ナル苦心ヲ経験シタ」

　「開戦当時ハ勿論戦時中ト雖モ不絶船腹ノ不足ニ悩マサレ、英米両国ノ輸出禁止乃至制限等ノ為メ積出ハ減少シ、内地需要者ニ対シ如何ニシテ満足ヲ与ヘ様カト日夜当務者ハ苦心ヲ払ッタモノデアル。之ノ良イ実例トシテハ、大正五年末国ガ鉄道輸送制限令ヲ布イタ為メ U. S. Steel Co. ノ如キハ積出ニ対シ法外ナ割増運賃ヲ請求スル様ニナリ、当社ハ多大ノ損失ヲ忍ブカ左モナクバ注文ヲ取消スノ外ナカッタノデ、特ニ紐育ニ社員ヲ派遣シテ積出ヲ督励シタ位デアル」

（2）『沿革史』（同右）。

（3）『一〇〇年史　上』三七六頁。なお、中国への電話売込のような例もあり、次のようにいわれている。

　「大正五年一月支那交通部ト締結シタ武漢電話契約ハ特記スル価値ガアラウ。即チ是レハ当時非常ナ競争ノ結果多大ノ犠牲ヲ覚悟シテ遂ニ当社ノ手ニ注文ヲ獲得シタモノデ、我国製品ヲ支那市場ニ紹介スル為ト、一方支那ニ於ケル電灯、電話事業ヲ邦人ノ手ニ独占シ様トスル大抱負ノ下ニ決行シタ最初ノ試デアッタ。幸ヒ我官憲ニ於テモ大ニ助力セラル、所ガアッタノデ其間幾多ノ困難ニ耐ヘ、二ケ年余ノ歳月ヲ費シテ漸ク大正七年三月無事完成ヲ告ゲ引渡ヲ了シ、大ニ邦人ノ技倆ヲ中部支那ニ発揚シタノデアッタ」（『沿革史』（注（1）と同じ）

（4）全体としてはこうであっても、実際には輸入依存の傾向は強く残っていた模様で、『一〇〇年史　上』では次のような説明である。すなわち「この期の機械類の取引は、鉄道用品について川崎造船所と汽車製造会社へ若干の注文があったが、依然

(5) 大正三年上下期の事業報告書では、機械の品目別計数が掲載されず、四年上下期、五年上期、六年上期は事業報告書自体の欠如のため、結局、品目別計数が判明するのは五年下期、六年下期のみである。『一〇〇年史 上』も同一資料による説明である（同右、三七六頁）。

(6) 物産はこの時期に紡績会社からの紡績機発注に対して、英プラット社の代替品としての米国製品を供給するのに苦労している。

「当社ハ英国ノプラット社トノ関係上米国紡機ノ取扱ハ出来ナイ事ニナッテ居ッタガ戦時中プラット社ヘノ注文ハ積出ガ非常ニ遅延シ、得意先カラノ懇請デ無下ニ断リレナイ場合ガアッタノデ、已ムヲ得ズ契約ハ之ヲ他商ニ締結セシメ、積出等ニノミ当社ガ従事シタモノガ約二十三万錘モアッタ」（『沿革史』注（1）と同じ）と。大戦開始以来の紡績機械の発注は大正八年四月までに一二三〇万錘におよび、物産の受注は大正四年二五万錘、同五年四五万錘、同六年二四万錘、同七年七万錘、同八年（四月迄）四六万錘合計一四七万錘で、全体の六割四分に相当したという（『沿革史』同右）。

(7) GE製品に物産は依存していたが、大戦中の輸入困難から芝浦製品が台頭する模様を次のようにもいっている。

「発電原動機ト等シク米国ノ参戦以来或物ハ全然輸出ヲ禁ジ、或物ハ製造ニ対シテ Priolity ヲ要シ、著シク積出困難ニ陥ッタ為メ、自然純商内ヲ減ジタガ、其代リ内地品即チ芝浦製作所製品ノ取扱ガ増加シタ」（『沿革史』同右）。具体的には英国バブコック社製品の積み出し不能のため、代替的に米国バブコック社製品を輸入した。

(8) 『沿革史』（同右）。

(9) 『沿革史』（同右）。

(10) 以下『一〇〇年史 上』によるが、引用は同書の頁数を示す。

(11) 以下「第三回支店長会議事録」（大正四年）によるが、引用は同議事録の頁数を示す。

(12) 「第六回支店長会議事録」（大正七年）一二一～二頁。

第四節　若干の問題

以上、機械取引の推移を見てきたが、まだいくつかの論点が残っている。それは、㈲首部制度と共通計算制度に象徴される本部の支店統轄の問題であり、㈹営業推進における代理店獲得の模様、㈸反対商の動向・物産との違い、さらに㈻陸海軍に代表される官庁商売への取り組みなどである。そこには物産の性格、方針が窺え、重要な見所と考えられる。以下、順次見ていこう。

1　機械取引の統轄と取引方法──首部制度と共通計算制度──

前述のごとく機械部門では首部制度が採用され、のち機械部に変化するが、機械取引についての統轄は重要な課題であった。同時に、共通計算制度が機械取引にも適用されたが、口銭に象徴される取扱店間の利益配分は機械取引の意欲に関係するから、きわめて現実的な問題であった。これらの問題においてはいかなる議論があったろうか。

もともと物産では支店の自立性が強く、独立採算制の下で競争するが、取引の多様化、増加によって統一的運営が必要となり、部制度と共通計算制度が採用されたのである。機械部、棉花部、石炭部のように特定商品ごとの部が設けられ、それぞれの部に共通計算制度が敷かれた。部と共通計算制度に関しては、森川英正氏の先行研究があり、「㈲（各支店の）自立性をそのまま放置しておく限り、三井物産全体の利益を考慮しないで各店が勝手に独走し、全社的統一性をそこなうばかりか、会社経営の破綻を生じるおそれがあると判断されたからであろう」といい、「支店と支店が競争関係に立つようになったこと」、独立採算性のため仕入・仲次・販売の各段階で口銭を見込むため「顧客に対する販売の最終売値が原価プラス諸掛に比べていちじるしく高くなり、他の商社・商人との競争上不利を生じ

る」ようになったことを挙げている。その通りであろう。本章ではさらに詳しく機械関係に絞って考察を進める。

機械部の成立に先だって機械首部制度があったが、その首部規程（前掲）の中にあった「機械並鉄道用品共通計算取扱規則」の内容を検討してみると、機械取引についての仕組み、姿勢が読みとれて興味深い。共通計算の規定は関係各店の利益配分にかかわり、規定いかんでは関係各店の機械取引推進の意欲に関係しよう。同規則は長文にわたるが、重要と思われるので本書の末尾に掲げて置く、ここでは特に興味深い点だけを指摘しておこう。

第一に、首部のあり方について細かく指示し、統轄機能を付与しようとしている。またカタログの蒐集・配布をはじめ機械取引の情報伝達も加えられている。

第二に、支店が勝手をしないようにいろいろ制限を加え、首部への報告を義務づけている。特に仕入店と販売店の直接交渉を厳禁したこと、首部へ勘定を付け替えること、仕入店から報告された価格等を販売店に通告して約定または入札させることが規定されている。まだこの規則では支店の得られるべき利益が明示されていない。

第三に、仕入店には製造家への接触、販売店には需要家の動静、入札結果について、さらに競争者の代理店引受、顧客の渡航などの通知を求めている。

このような内容に対して、後述のように支店側の抵抗・不協力あるいは批判が起こったのは当然であろう。

ところで首部制度と共通計算規程には次のような事情が絡んでいた。共通計算制度発足間もない明治三七（一九〇四）年八月の支店長諮問会では、同制度についての改善意見が求められたが、厳しい意見が出ている。

まず首部制度について会長・専務理事渡辺専次郎は「恰モ首部ヲ設置シ大ニ活動セシメントシタル時ニ方リ測ラス（６）日露開戦ニ際会シタルカ為メ他ノモノニ比シテ一層ノ打撃ヲ受ケ之ヲ充分利用スルノ機会ヲ得サリシハ甚タ遺憾ニ堪ヘサル所トス、併シ他日平和回復ノ暁ニハ首部ノ活動ヲ見ルノ時機アルヘシ」（二六九頁）と弁解し、本店営業部長心得磯村豊太郎は「設置以来日尚ホ浅ク従ッテ特ニ報告スルニ足ル材料モ無キ有様」としつつ、僅かの間に「機械

並鉄道用品首部」を「機械鉄道用品並金物類首部」に改めたことを倫敦支店からの申し入れによるものだと述べている。すなわち「倫敦支店ヨリ金物類モ機械鉄道用品ト同シク競争ノ烈シキモノナリ、元ト共通計算ナルモノハ仕入店、販売店双方ニテ口銭ヲ得ルヲメ商売ノ為シ悪キ場合ニ之ヲ適用スヘキモノニシテ、金物類ノ如キモ最モ競争烈シキモノナレハ是ヲ之ヲ共通計算中ニ加ヘラレタシ、又其経費等ニ付テモ倫敦ノ如キ小キ店ニテハ金物ヲ取扱フモノモ機械鉄道用品ヲ取扱フモノモ同一ナレハ経費分配ニ付テモ面倒ナレハ旁々是非之ヲ共通計算ニ加ヘラレタシ」（二七〇頁）との内容であり、それを受け入れたという。

しかしながらも大阪支店長福井菊三郎からは強烈な見解が出された。第一は首部制度そのものに対してであった。「首部制度を支持しながらも「首部タル働キヲ為シ居ラス」と批判し、「首部ハ販売店ヲ率ヒ之ヲ先導トナリテ諸般ノ施設ヲ為シ或ハ此機械ニ付何レノ製造家ガ宜シトカ或ハ此製造家トノ巧拙ハ茲ニ在リトノ事ヲ示サレヤ販売店ハ之ニ依テ働ク様ニシタシ」（二七二頁）と希望した。そして厳しい現状認識から次の主張もしている。「此商売ハ時局ノ為メニ打撃ヲ蒙リタルハ言ヲ俟タサレト遺憾ナカラ近来発達ノ兆ナキノミナラス寧ロ退歩ニ傾キツ、アルノ状態ナレハ首部ニ尚ホ多クノ実力ヲ付ケ完全ナル活動ヲ為スコトニカムルノ外ナカルヘシ、元来此商売ニ付キ我社ノ是迄採リシ方針ハ誤リニテ、即チ何物ニテモ安キ所ヨリ買入レ最モ高ク売付ケントスルニ在リシカ実際ハ意ノ如クナラサレハ専ラ代理店アルヲ知ル如キニテハ商売ノ発達ハ望ムヘカラス」（同頁）、「品物ヲ売ルニ付テハ公然発表ノアリシニ依リ初メテ其買入アルヲ知ル如キコトヲ引受クルコトヲ第一トセサルヘカラス、之ヲ発表スル前ニ至ラサレハ反対商ニ対シテ優勢ノ地位ハ得難カルヘシ」（二七三頁）と。

福井は第二に倫敦支店の希望を受け入れたことも批判した。すなわち、「倫敦ニ於テ同一ノ掛リニテ取扱フヲ以テ共通計算ニ入レサレハ不都合ナリト云フハ共通計算ノ主義ヲ濫用スルモノニシテ為メニ却テ共通計算規則ガ其真ノ活動ヲ為サ、ルコトトナラン、是等ハ唯手数ヲ増スノミニテ毫モ効能ナシ、故ニ速ニ改正シテ真ノ機械鉄道用品ニ対シ

共通計算ヲ適用シ之カ活動ヲ謀ラサルヘカラス」と主張し、金物機械付属品を共通計算規程から除くことを建議した（二七三頁）。

会長は「共通計算規則ヲ作リシ時ニハ詰リ市中ノ商人ニ売ルヘキ金物類ト機械鉄道用品類トハ全然商売ノ性質ヲ異ニセルヲ以テ之ヲ除ク方宜カラントテ之ヲ加ヘサリシ次第」（二七四頁）と当初の方針を述べたが、この会議では福井以外に自説を主張するものはなく、また金物類を共通計算規程から除く改正は行われなかった。ただ、福井の主張から物産マンの機械取引についての考え方が汲み取れて興味深い。

明治三九（一九〇六）年七月の支店長諮問会においても、岩原謙三理事は「過般ノ打合ニ於テ議シタル結果決スヘキ問題トナリ居ルモノ、一八即チ機械鉄道用品類ノ共通計算規則改正ノ件ナリ、同時ニ首部廃止論モ出テアレトモ、首部廃止論ハ暫ク之ヲ措キ、現今ノ共通計算規則改正ニ付テハ……自分一個トシテ其打合会ニ於テ利益折半（販売店と仕入店のことか）ノ方法ニ依ル方最モ公平ナラント述ヘシカ、……文通ノ如キニ付テモ、大阪ヨリ注文ヲ為ス場合ニ東京へ之ヲ申送リ東京ヨリ紐育へ申越為ニ時期ノ後ル、事間々アリ、是等ハ敏捷ヲ計ル為ニ直接ニ文通シテハ如何、夫レニ付テハ首部ノ規則ヲ改正スルノ必要アルヘキニ之ヲ改正スヘシト云フ此ニケ条ノ希望アリタリ」（二六九～七〇頁）と述べた。これでみると首部廃止論が主張されたことがわかり、首部制度への不満が強かったことを示している。そして利益配分や仕入店への連絡も、首部経由が義務づけられていることへの反発も示されている。現実には翌年の支店長諮問会で「近来販売店、仕入店ニ於テ首部ヲ通ストキハ幾分手数料ヲ取ラル、恐アリトテ名古屋、神戸ノ如キハ直接倫敦、紐育等ニ電信ヲ発スルコトアリ、之ヲ東京ニ問合ヲ為セハ直チニ回答ヲ為シ得ヘキ事項ナルニ拘ハラス態々遠方ニ電信ヲ発スルコトアリ」（三五一頁）と岩原理事が指摘したが、両店が反論し、泥試合となっている。

翌四〇年に機械部が成立するが、同年の支店長諮問会でも首部と営業店の関係が語られている。すなわち、磯村営

業部長は次のようにいう。「是迄取扱ヒタル間ニ販売店及仲次店ニ於テ主ニ起ル苦情ハ必ス口銭問題ト延着問題ナルカ、其他今日首部ト販売店トノ間ニハ電信ニ対スル返答来ラスト云フコトニテ八ケ間敷コトアリ」（三五〇頁）

その上で口銭問題について「元来東京ニ於ケル首部ハ真ノ首部ニテ口銭ノ如キハ取ラサルヘキ筈ナルカ、実際ニ於テハ営業店ニテ首部ノ事ヲ取扱ヒ来リタル有様ナリシ、機械部ノ設置セラレタル今日ニ於テモ同様ノ取扱方法ナルカ、元来営業店ニ対シ無口銭ニテ取扱ヲ為セト云フハ頗ル困難ナルコトニテ……口ニ言ハレサルコトナレトモ人情ノ弱点トシテ避クヘカラサル事ニ属ス、故ニ是非トモ営業店以外ニ純然タル首部ヲ置キ、各店ノ為ニ真ニ無口銭ニテ活動スヘキ機関ヲ置ク外ナシ」（同頁）と。

そういいながら磯村は、首部無口銭が実現できなければ、各店の機械掛を首部直轄にするか、首部らしくするには人材投入が必要で、幾年もかかるだろうと悲観的である。岩原理事は「口銭問題ハ左程困難ナル問題ニ非ス、不日開クヘキ機械関係店ノ打合会ニ於テ協定セハ差支ナシ」と楽観し、「今日ノ所各支店ニ有力ナル機械掛ヲ備ヘ得意先ニ満足ヲ与フルコトハ至難ノ事ニ属スルヲ以テ、先ツ東京ニ有要ナル人ヲ集メ各店ノ仕事ヲ此処ニ集中シテ取扱ヲ為ス外ナシ」と説明している（三五一頁）。

名古屋支店長岡野悌二は「機械首部ニテ営業部機械掛ノ事ト、自身ノ仕事タル首部ノ事ヲ取扱フハ不可ナリ」（三五三頁）と述べ、磯村も「如何ニ考フルモ商売ヲ為スモノト全体ノ事ヲ見ルヘキモノト同一ナルハ誤リナルヘシ」（三五二頁）と批判している。

京城出張所長小田柿捨次郎は「首部ノ規則ハ全然行ハレサルナリ」と極言し、役所相手の商売でその要求に対応するには「此仕事ヲ為セハ幾許ノ口銭ヲ得ラルヘシト云フ点ヲ明ニシ貰ハサレハ〔困る〕」と不満を述べている（三五五頁）。

さすがに会長も「機械ノ問題ハ頗ル大問題ニテ前季ヨリ共通計算トシ販売店仕入店ニテ半額ツ、利益ヲ分配スルコト、其計算モ其季ノ中ニ済マサルモノアルヘキヲ以テ一季後ラシメ取扱ヲ為シ来リタル次第」(三七〇頁)と対応をとったことを明らかにしている。それでも支店側は、経費の処理を巡って食い下がるが、岩原理事は「仕入店、販売店トモ経費ハ自カラ負担スルコト、考ヘ居レリ」といい、「故ニ例ヘハ一ノ機械ノ注文ヲ取リタリトセハ之ヲ紐育若クハ倫敦ニテ買入レ、買入原価、運賃、保険料、総テノ経費及輸入税ヲ払ヒ直接経費ヲ計算シテ之ヲ差引、利益損失ヲ折半スルトシテハ如何」と提案している（三七一頁）。

結局、機械関係店の打合会で協議することにしているが、このように支店側は利益分配、計算方法に敏感であって、運用は必ずしもスムースでなく、試行錯誤的であった。首部が統轄に専念する体制ではなく、機械・鉄道両掛で営業もするため、利益配分の当事者にもなっており、首部制度そのものの曖昧さが厳しく問われたのである。

以上の「機械鉄道用品並金物類首部規則」がその後どうなったか明らかにし得ないが、明治四四(一九一一)年一月に「機械部規則」、四五年四月に「機械部細則」が制定され、内容的には前記「首部規程」と類似しているので、その全文は末尾に資料として掲げるが、いくつかの特徴を指摘しておこう。

第一に、金物が切り離されて機械営業に限定されている。

第二に、「機械部本部ハ之ヲ東京ニ置ク」(第三条)があり、首部制度は廃止された。

第三に、機械部の取扱商品を従来と異なり、次のように分類している。

一、機械、機械工具一切
二、鉄道用品、建築橋梁及艦船用材料、鉄管類
三、自働車、飛行器及浚渫船
四、諸兵器

五、機械油、塗料、電線及機械用品一切

この分類は従来とはかなり異なっている。すなわち自働車、飛行器、浚渫船は新規登場であり、塗料、電線、機械工具も同様である。兵器が独立項目として掲げられ、艦船用材料（造船用鋼板か）や鉄管類（鋳鉄管やボイラー用鋼管か）も明示された。分類は整合性に欠けるように思われるが、とにかく従来よりも広範囲であって、機械取引拡大の実態を示すのか、あるいは願望を示すのであろう。

第四に、「引合ハ総テ本部ヲ経由スヘシ」（第七条）と規定し、仕入店・販売店間の直接取引を禁止したままであり、仕入値段、販売値段の決め方も指示するなど、依然として本部の統轄機能を守ろうとしている。営業や計算の報告義務も同様である。

また、「機械部細則」では当然に細部にわたる規定であるが、海軍艦政本部直接購買品には「機械部規則」を適用しないこと（第三条）が目に付き、計算では、

「第一二条　仕入店及販売店（機械部ヲ除キタル）ハ本部ヲ経由シタル扱品ニ対シ毎期末自店ノ間接経費ヲ差引カサル損益ノ五分ノ一ヲ本部ヘ附替其残額ヲ折半シテ当該関係店ヘ附替ユルコト但シ仕入店及販売店ノ間接経費ハ各自負担ノコト

第一三条　内地ニ於テ本部ノ手ヲ経テ仕入レタルモノニ就テハ販売店ハ毎半期自店ノ間接経費ヲ差引カサル損益ノ半額ヲ本部ニ附替ユルコト」

を定めているが、この明示は従来ではみられないことである。ここでは本部経由取扱品につき、若干の利益を本部が吸い上げ、残りを関係店の配分対象としている。

さらに大正五（一九一六）年の第四回支店長会において、部制度改善が議題となったが、赤羽克己業務課長の説明が有益である。赤羽は「商務ノ統一」「利益ノ計算」の二点を問題とした。前者については、商務の統一といっても、

実は部長の支店への干渉を戒めることであった。すなわち、

「部長カ其商務ノ発展ヲ熱望スル結果各代務店ニ対シ一切万事ノ干渉当務者ノ選任ニ至ル迄干与セントスル傾向ヲ生スルニ至リテハ……所轄店長トノ間ニ自然感情ノ円満ヲ欠キ従テ商務進行ノ上ニ悪影響ヲ及ホスニ至ルコトヲ虞ル……部長ハ其所管商品中ノ発展ニ関シテノミ専心留意セラレンコトヲ希望ス」（一三三頁）

後者については、共通計算制度の限界、各部区々の状況が紹介されていて興味深い。すなわち

「当社ノ Quotation カ反対商ノ其レニ比シ高価ニテ競争上不利ノ地ニ立テルコトハ各店ニ於テモ其事実ヲ認ムル所ナルヘシ、当社ハ原則トシテ各店ニ手持ヲ為スコトヲ許サヽル為メ多少拘束ヲ受ケ自由ノ行動ニ出ツル能ハサルハ一原因ナルヘシトモ雖重ナル事情ハ商品売値ノ見積ニ之カ為ニ外ナラス故ニ年来幾次カ共通計算ヲ更改セルモ猶此弊ヲ矯正スルコトヲ得ス、遂ニ部制ヲ採用スルニ至レリ、而シテ部制実施ノ為メ其目的ヲ貫徹シ得タリヤト云フニ乍遺憾猶充分ナリト認ムル能ハサルモノアリ」（一三三～四頁）

赤羽の自己批判はきわめて正直であり、その上で商品引合の現状が五通り、損益精算の方法が二通りあることを説明した。機械部は砂糖部とともに「利益ハ代務店ニ於テノミ加算シ部ハ利益ヲ加算セス、単ニ部費ヲ代務店ヨリ徴収スルモノ」という分類に属し、機械部の損益精算は「各代務店別」であって、「販売店ノ独立計算」ではない方であった。赤羽は「部制ノ下ニアル商品ト雖モ未タ全ク商品本位トナラス大体ヨリ之ヲ見テハ商品ノ大部分ハ各店本位トナリツヽアリ」と批判し、「二重三重ノ口銭諸掛ヲ加算シ尚顧客ニ対シ安廉ノ見積直段ヲ得ントスルハ蓋シ不可能」と断じ、「取引上商品本位トシ支店本位ヲ脱却」が必要と結論している（一三四～五頁）。要するに、支店が部制度の趣旨に協力せず、自店本位に行動するから割高の価格となり競争に勝てないというのである。この主張は前々からあるもので、一向に改善されなかったことを意味している。

赤羽は各部商品に統一的に適用すべき方法として次の内容を提示した。

「一、引合方法

各店ハ c.i.f. 又ハ f.o.b. 等便宜ノ値段ニテ引合ヲナシ契約成立スルトキハ Estimate ヲ作リ関係店、本店及部長ニ発送スルコト、口銭ハ其額及配当率ハ予メ協定シ販売店ニ於テ是ヲ加算スルモノトス、諸掛欠斤及利息ハ予メ協定セル所ヲ各自加算スルモ実際取扱上節約ヲ加フヘキコト勿論トス

二、計算方法

各店ニ於テ商品ニ関スル金銭ノ収支アルトキハ其都度本店又ハ部ニ付替へ、本店又ハ部ニ於テハ商品精算帳ヲ備へ Estimate ニヨリ口座ヲ設ケ各店ヨリノ付替ヲ整理シ其取引完結スルニ及ンテ其勘定ヲ Close シ損害ヲ代務店ノ口座ニ振替スルモノトス」（二三五〜六頁）

この提案に真っ向から反対する者はなく、中丸機械部長は「機械部ハ真正ナル部制度ヲ敷クコトトセリ、是迄ハ完全ニ部制度ヲ実行セス各店利益ヲ見サセ値段ノ如キモ支店ニ於テ定メ居リタリ、又今後ハ支部ヲ設置シ部制度ヲ完全ニ行ハント思考シ居レリ」（二三六頁）と答えている。しかし赤羽の提案通りに事態が進行したか、目下のところ確認はできない。

（1）共通計算制度は次のように説明されている。「特定商品の取引について首部を設定し、これにその商品にかかわる営業活動を統轄する権限を与え、仕入れ、仲次、販売の各部分を担当する各支店が相互に気脈を通じて活動する。そして各部分のうち販売店にのみマージンを与え、期末には首部につけ替えて決算するというもので、首部を中心としたそれぞれの系列が部であった」『三井事業史』本篇第二巻、五八八頁。

（2）森川英正『財閥の経営史的研究』東洋経済新報社、一九八〇年、二七一〜二頁。

（3）同規則は明治三六年五月頃の制定と推測されるが、目下のところ確定しがたい。短期間に次々と改定されたとみえ、残存資料に表現上微妙な食い違いがあり、どれが正確なのか戸惑う。

(4) 以下「支店長諮問会議録」(明治三七年八月)によるが、引用は同議事録の頁数を示す。

(5) 首部設置前では「販売店自カラ総テノ衝ニ当リシヲ以テ之ニ対スル相当ナ覚悟ヲ有シ、又直接仕入店ニ文通ヲ為シ微力ナカラモ其働キハ為シ居リシ、併シ……満足ナル結果ヲ得ラレサリシヲ以テ首部ヲ置キテ之ニ総括セシムルコト、ナリシカ、今日ニテハ販売店ニハ其時代ノ如ク之ニ必要ノ人モ置カス総テ首部ノ命令ニ依リ首部ノ指導ニ依リ働ク方針ヲ採レルヲ以テ首部ニ於テ大ナルカニ依リ指導ヲ与ヘラレサレハ各販売店ノ商売モ杜絶スル結果ヲ生スヘシ」(同、二七二頁)と。

(6) 以下「支店長諮問会議録」(明治三九年七月)によるが、引用は同会議録の頁数を示す。

(7) 以下「支店長諮問会議事録」(明治四〇年)によるが、引用は同議事録の頁数を示す。岡野悌二名古屋支店長は、首部が名古屋は慣れたろうから直接引き合えと云ってきたからだと反論し、武村貞一郎神戸支店長は事実を否定し、部下が直接引合を希望しても許可していないと云う(「支店長諮問会議事録」明治四〇年、三五三頁)。

(8) 同右。

(9) 「機械部規則」は明治四四年一一月九日達第二六号制定で、三章一六条から構成され、「機械部細則」は同四五年四月一九日達第四一号制定で、同じく三章一六条から構成されている。

(10) 以下「第三回支店長会議事録」(大正四年)によるが、引用は同議事録の頁数を示す。

2 代理店契約の獲得

明治四〇(一九〇七)年の支店長諮問会では、会長・専務理事心得飯田義一が従来代理店依頼を謝絶していたこと、そのために商売が不利になってきたので、獲得方針に転換したことを明らかにしている。すなわち

「従来我社ノ方針ハ代理店ヲ取リテ之ニ束縛セラル、トキハ得意先ヨリ種々ノ注文ヲ持来ルニ対シ非常ニ窮屈トナルヲ以テ得意先ノ注文ニ任セ自由ニ各製造家ヨリ取寄スル方針ニテ、代理店ノ引受ヲ交渉シ来ルモノアルモ、之ヲ謝絶スル有様ニテ、而カモ其結果悪シカラサリシ、……其結果高田ニ依頼スルトカ、或ハ神戸、横浜辺ノ外国商館ニ依頼スルコト、ナリシモノナルカ、其後ノ経験ニ依レハ此方法ハ不利益ナル模様ニテ、……今後代理店ヲ取ル

方針ニテ進ム方時勢ニ適シ、又商売発展ノ途ニ於テ大ニ得策ナラントノ所ヨリ代理店ヲ引受クル方針ト為セシナリ」

ということは当初から積極的に代理店契約を獲得する姿勢ではなかったことが分かる。転換後、代理店契約は増加したとみえ、大正四(一九一五)年の支店長会議では中丸機械部長が次のように説明している。

「機械部商売ニ於テ其生命トモ云フヘキハ代理店ナリ、由来本社ノ代理店ハ随分沢山アル内ニモ綿糸紡績機械類ノ一二ヲ除ク外一流ノ者ノミニ限ラサルヲ以テ商売上何レモ頗ル有力ノモノナリト云フヲ得ス」、独逸並大陸一五、米四五、日本内地一五の合計一〇一に及ぶ製造家の代理店を引き受けていることを述べているが、「多数ナリトテ別段不得策ヲ感セス」と否定した。そして取引実績皆無はないこと、小田柿常務から機械部打合会で「代理店ノ多数ナルハ不得策ナラスヤ」と注意された。

もちろん物産の方から代理店契約を求めても、謝絶されるケースもあった。例えば住友の場合、住友鋳鋼所の製品は「一手ニ代理店トシテ之ヲ取扱フコトニ契約」しているが、「住友伸銅所製品ニ付テモ我々ハ代理店ヲ引受ケタキ旨年来申込ミ居レトモ、直営ヲ為ス由ニテ我々ニ委セス」とあり、戸畑鉄工所にも交渉したが「差当リ三井家ノ如キ商人任セニ為サス自カラ技術家ヲ養成シ各工場所在地ニ至リ自カラ先方ニ会見シ其効能ヲ吹聴スルヲ必要トスル旨ノ考ニテ」断られた。反面、神戸製鋼所のように「鈴木商店ト深キ関係アレト、佐世保、横須賀工廠等ニテ大ニ注文モアル以テ我々ハ代理店ヲ引受ケ居レリ」という例もあった。

また、得意先を奪われる可能性もあった。すなわち、中丸は、豊田自動織機がすでにプラット社と対等な製品を作り得るまでになり、同社内の反対を押し切って一手販売契約を結んだこと、その豊田自動織機に鈴木商店が接近していることを紹介し、三井による同社株取得を望んだ。鈴木は秘密裏に豊田織機の買収に動いており、物産から豊田の重役に派遣されている児玉一造棉花部長は「先日豊田ノ株主ヨリノ話ニ鈴木ニテ同社ノ株式ヲ買ハント云ハ、百円ニ

テ売渡サント言ヒシニ、豊田佐吉氏ハ涙ヲ揮ッテ三井ニ売渡スハ宜キモ鈴木ニ売渡スハ好マスト言ヒタル由ナリ」と補足している。

一体、当時の三井の投資方針はどうであったか。中丸が「今日ノ現象ハ誠ニ不可思議ニシテ、三井ノ関係セル会社ハ我々ノ親類会社ト思考シ居ルニ拘ハラス、反対ニ反テ意思疎通セサルモノアリ、例ヘハ王子製紙ノ如キ亦芝浦製作所ノ如キ、孰レモ外部ヨリ見ルトキハ一身同体ノモノ、如ク思ハル、ニ拘ハラス、事実ハ決シテ然ラサルノミナラス、全ク関係ナキ会社ヨリ却テ面白カラサル有様ナリ」と述べ、武村大阪支店長は「幹部ニ我々ノ側ヨリ人ヲ入ル、ノミナラス、事実仕事ヲ為ス者モ亦我々ノ側ヨリ出ス方双方ノ利益ナリ」と主張した。会長は人の派遣を避ける方針ではなかったかと聞かれ、「従来其傾向ナキニ非ス」と否定せず、次のように説明した。

「或ル会社ノ経営困難ナル場合ニ、三井ヲ代表シテ之ニ入社シ経営ノ衝ニ当ルカ如キコトアラハ、三井ニ全然便リ来リ勢ヒ三井ニ於テ責任ヲ負ハサルヘカラサルニ至ル場合ヲ生シタルコトアリ、故ニ他ノ会社ノ株式ヲ所有スルモ商売上ノ関係ノミニ止メ、重役トナリテ責任マテ負ヘハ却テ三井ニ累ヲ及ホス結果ナリトノ説モアリテ、関係会社ノ重役トナリシ者モ三井ヨリ進ンテ辞職セシメタルコトアリタリ」

その上で、「併シ今日ハ多少考モ異リ株式ヲ所有シ、亦関係会社ニハ成ルヘク我々モ入社シ、又材料供給、製品販売等ニ付キ『インタレスト』ヲ有シ、物産会社若クハ三井家ヨリ之ニ入ラシムル方得策ナリトノ考ニ進ミ来リツ、アルナリ」と述べている。

すでに代理店契約が存在する場合、新規先と契約しようとすればそう簡単には行かない。プラット社と豊田自動織機の競合も、プラット社の承認を必要としたが、芝浦と満鉄の例も同様である。芝浦製作所の一手販売契約はGEとの関係で揉めた例である。すなわち、会長は「芝浦製作所ハ三井家ノ一部ナレハ是非其製品ヲ一手ニ引受ケント嘗テ大ニ折衝シ我々一手ニ売捌ヲ為スコトニ定マリタルコトアレトモ、GE社ノ関

係等ノ為メ、米国ニ於テハ製造家自身其製品ヲ販売セサレハ市場ヨリ遠カル恐アリトテ米国側ヨリ反対説出テ、遂ニ我々一手ニ売捌ク機会ヲ得サリシ」と述べている。のちに一手販売は実現するが、調整に相当な年月を要している。

また満鉄機関車製造部の成長がアメリカンロコモチブとの競合を生じた例もある。大正六年、瀬古紐育支店長は「今回ノ契約書ニハ『アメリカン、ロコモチーブ』会社製品ノミヲ取扱ヒ、万一何等カノ事情ニ依リ満鉄機関車部ノ製品ヲ取扱フ場合ニハ、其引合ヲ始ムル前予メ『アメロコ』社ニ通知シ其承諾ヲ得ヘク、主義トシテハ他社ノ製品ハ取扱ハサルコト、ナレリ」と紹介し、「満鉄機関車部ハ漸次進歩シ来リ又其製造額モ多キニ至リ『アメロコ』社ト競争シ得ルニ至リ『アメロコ』ヲ捨テ満鉄ニ移ルヘキ時代ニ至ラハ、満鉄機関車部ヲ失ハサル以前ニ之ヲ変ヘサルヘカラス、又実際其時代来ルヘキヲ信ス」と述べ、それまで両者をうまく捌こうとし、「アメロコ」社と別れる時は綺麗に別れたいともいっている。

（1）「支店長諮問会議事録」（明治四〇年）三四八〜九頁。
（2）「第三回支店長会議事録」（大正四年）八二頁。
（3）「第二回支店長諮問会議事録」（大正二年）三六九頁。
（4）同右、三六九〜七〇頁。
（5）同右、三七〇頁。
（6）「第五回支店長会議事録」（大正六年）四二八〜九頁。
（7）同右、四三三頁。
（8）（9）同右、四三四頁。
（10）（11）同右、四三五頁。
（12）「第二回支店長諮問会議事録」（大正二年）、会長の発言、三七二頁。
（13）「第五回支店長会議事録」（大正六年）、瀬古の発言、四三九頁。

3 反対商の動向および物産との比較

この時期の機械取引における反対商は、大倉組、高田商会、鈴木商店等であった。これら反対商の動向のいくつかを挙げてみよう。

まず、反対商の安値受注についてであるが、明治三九（一九〇六）年七月の支店長諮問会で紐育の磯原から出た〈大倉組は安値入札してから製造家へ値切るのか〉との質問に「高田、大倉ハ皆ナ自カラ損失ヲ為シテ入札スルナリ」「我々ハ品物延着ノ罰金ヲ二ケ月ト見積ル場合ニ大倉ハ一ケ月半ト見積ルコトアラハ其差ハ少額ナラス、……最モ大ナル仕事ノ入ラサリシハ罰金ノ見積方ヲ我社ハ六ケ月トセルニ高田、大倉ハ四ケ月ト見シカ如キ事モ多々アリシ如クナリ」と答えている(1)。すなわち高田、大倉は安値で落札してから製造家を値切り、だめならば損失をかぶること、また罰金の見積もりが甘いことが分かる。

大正五（一九一六）年の第四回支店長会では、中丸機械部長が鈴木商店の機敏さに舌を巻いている。すなわち、「鈴木商店ニ於テハ当社カ船繰不可能ナリト認メ居リタル日米間ノ輸送ニ於テ三千噸ノ船腹ヲ得タルナト其機敏ニシテ調査ノ周到ナリシニ一驚ヲ喫セサルヲ得サルト共ニ吾社仕入店ノ努力ノ如何ニモ物足ラサルノ憾ヲ注文主ニ懐カシムルヲ遺憾トス」(2)と。

そして大正六年の第五回支店長会議では、大戦中の鋼鉄材料での競合も紹介されたが、物産が全国輸入高の約三割を占めるのに、鋼鉄材料は一割に過ぎず、その原因は「鈴木商店ヲ始メ高田、米賀、『セールフレーザー』、増田屋等反対商ノ競争激甚ナルニ因ル」(3)という。そこには反対商、特に鈴木の強さが意識されているが、物産では禁じられている思惑買いを問題としている。中丸は「（鋼板）商売ハ今日ノ如キ場合ニハ盛ニ先買ヲ為シ、荷物ヲ有スル者常ニ勝利ヲ占ムル結果ナルヲ以テ、我々モ何等カノ方法ニ依リ先買ヲ為シタキ考ナリ」と云い、「鈴木商店ノ如キハ之ニ

付キ頗ル投機的ニ取扱フカ如クナレトモ、是レ必スシモ投機的ノ取扱ヲ以テ一方ニ川崎造船所ヲ控ヘ居ル為メ之ヲ為シ得ルナリ」(4)と分析している。物産では思惑買いは禁止されているため、思惑をやる鈴木商店に敗北せざるを得ないが、中丸は諦めず、鈴木＝川崎造船所に倣って物産も造船部用なら買持ち可能と考えたのであろう。

また紐育支部の対応・立地の悪さも問題であった。すなわち中丸は「近来輸入機械ニ関シ我々ノ間常ニ問題トナリシハ反対商タル高田或ハ米貿若シクハ鈴木商店ト比較シテ当社現在唯一ノ仕入店ナル紐育支部トノ連絡不十分ナルカ如クニ感セラル」(5)ことを指摘しており、「鈴木、高田ノ一日若クハ半日早キハ止ムヲ得サルコトナリ、紐育ニ於テモ彼等ニ対抗セントスルニハ是非トモ店ノ位置ヲ変更セサルヘカラス」(6)と中丸は述べている。これはのちに紐育支部の移転が検討されることにつながる。

さらに、製鉄機械では高田商会が強かったといわれる。小林門司支店長は製鉄所技師の話として次のような内情を述べている。「大倉、高田、三井等ヨリ提出スル機械類ノ『カタログ』ヲ比較スルニ三井提出ノモノハ其内容貧弱ニシテ設計杜選(撰)、説明不親切ニシテ簡単ナルモノ多ク之ニ反シ大倉、高田ノ方ハ設計、説明共ニ寔ニ親切ニ記載シアリテ且ツ新規ナルモノアリ三井ノ方ハ比較的廉価ナルモ設計、説明杜選(撰)ナルヲ以テ止ムナク高田ノ方ニ注文スルコト、セリ」(8)といい、カタログの改善を提案している。中丸も「高田商会提出ノ『カタログ』ハ詳細ヲ極メ恰カモ大学ノ先生ニテモ教ユルカ如キ体裁トナリ居ル学生徒ニ教ユル如ク記載シアルニ当社扱ノモノハ要領ノミヲ記載シ即チ大学ノ先生ニテモ教ユルカ如キ体裁トナリ居ルヲ以テ機械其モノノ真価ヲ会得サレサルコト、ナルヘシ」(9)と同調している。

最後に反対商と比較してカタログでの劣勢である。製鉄機械ノ如キ高田商会一手ニ納メ居リ、我々ハ嘗テ此商売ヲ手ニ入レタルコトナシ、漸ク近来製鉄所ノ幹部ニ更送アリ又其方針モ変リタル為メ、商売モ我々ノ手ニ入ルニ至リ高田、大倉、三井ノ三社ニテ取ルコト、ナリシ」(7)

90

第一章　明治・大正前半期の機械取引

明治四〇年の会議でも小田柿支店長は「京城ノ如キハ『カタログ』ヲ送リ貰ヒタルニ千八百年代ノモノアリシコトアリ」と手厳しく、箕輪焉三郎大連支店長も「大連ニ於テモ反対商ハ種々ノ『カタログ』ヲ示シテ売込ニ努メ居ルカ我々ハ先方ヨリ問合ヲ受ケ初メテ之ヲ出ス有様ナリ」といっていた。また箕輪は大正二年時点で「地方店ノ機械掛ハ仮令専門家アリト雖モ『カタログ』来リタリトテ業務ニ追ハル、等ノ為メ之ヲ熟覧セス、従テ幾分頭モ古キニ至ルヘケレハ、旁々東京ヨリ参事ノ出張ヲ煩ハサハ商売モ為シ得ルニ至ラン」と参事の活用を求めている。要するに、機械商売で製品カタログは受注上重要な武器であるにもかかわらず、物産は同業者に後れをとっているのである。ただ本部に詳細且つ新鮮なカタログ作成・配布の責任があり、その不十分さへの非難がある一方、支店サイドで熟読する余裕がないというのも怠慢であり、忙しさに追われる支店の内情は、構造的に深刻である。

他方、三井物産の機械営業に対する顧客の鋭い批判がある。そのいくつかをみよう。

第一は、砲兵工廠の出張検査の報告を紹介しているものである。すなわち、「三井ノ店ノ者ハ如何ニモ製造者ニ対スル力弱ク我注文通リ製造セサルヘカラサル旨ヲ製造者ニ能ク言ハスシテ却テ製造者ヨリ斯ク／＼ナリト云ヘハ夫レニテ宜シトテ我ヨリ送リシ明細書アルニ拘ハラス製造者ノ言ニ従フト言フカ如キコトノ記載アリ、故ニ或ハ直段ノ点ニ於テモ右様ノ事アルヤ測ラレス」と。

第二は、得意先との平素の接触不充分についてである。すなわち、門司支部の顧客の苦情として機械部参事石川六郎は、「三井ハ所謂大名商売ニテ常ニ往訪ヲ為サス、問合セヲ為スニ非サレハ出向カストノ事」「山ノ当局者ハ三井ハ我々ヲ訪問スレトモ先方ヨリ山ヘハ幾分感情ヲ害スルコトナシトテ幾分感情ヲ害スルコトアリトノ事ナリシ」と伝えている。小林も「買人ヨリ常ニ聞ク苦情ハ三井ハ不親切ナリ、又仮リニ同一機械ヲ注文スルニシテモ同業者ハ製造家ノ製造工事ノ進行ハ此程度迄進ミ居レハ積出シヲ為シ得ヘシトノ報告ヲ時々為セトモ、三井ハ注文ヲ取リタルノミニテ何等報告モナク、期限後三ケ月乃至五ケ月モ後ル、コトアリ、為メニ運転モ開始スルコト能ハス」という。

さらに小林の紹介する例も痛烈である。すなわち「筑豊ノ坑主、古河、製鉄所辺ノ話ヲ聞クニ多少ノ値違ナラハ我社ヨリ買入レタキモ肝心ノ同身一体ナル三池ニ於テスラ他カラ機械ヲ買入ル、コト少カラサルニ非スヤトノ事ナリ」、三池が他から買うのは、「受渡期限通リ荷物ノ到着シタルコトナシ」が理由であったというが、慢性化した荷物の延着現象は、三井の身内からも批判され、商売を逸しているばかりか、対外的にも顧客を逃していることを意味する。

(1)「支店長諮問会議事録」（明治三九年七月）二七三頁。
(2)「第四回支店長会議事録」（大正五年）八五〜六頁。
(3)「第五回支店長会議事録」（大正六年）六一頁。
(4) 同右、機械ニ関スル会議、四二六〜七頁。
(5) 前掲「第五回支店長会議事録」六四〜八頁
(6) 同右、機械ニ関スル会議、四二四頁。
(7) 同右、四二〇頁。
(8)(9) 前掲「第四回支店長会議事録」九三頁。
(10)(11)「支店長諮問会議事録」（明治四〇年）三五九〜六〇頁。
(12)「第二回支店長諮問会議事録」（大正二年）四七七頁。
(13)「支店長諮問会議録」（明治三七年八月）二七八頁。
(14) 前掲「第二回支店長諮問会議事録」四七八頁。さらに炭坑主との折衝に際して、反対商は前晩から現地に赴き、翌朝の折衝に備えているのに、三井は翌朝遅く到着して間に合わなかった例が紹介されている。まさに「大名商売」である。因みに英国商人は「大名商売」で、独逸商人は実によく注文主と接触し、資金の面倒までみていると感嘆している。
(15) 同右、四七九頁。
(16) 同右、四八二頁。
(17) 同右、四八三頁。

4 兵器取引への姿勢

第二章、第三章では三井物産が兵器取引に巨額の実績を挙げていたことをみるが、早くも明治期から出発していることを以下で示そう。

まず「沿革史」は次のように説明している

「日清戦争後ニ於ケル我国ノ軍器特ニ銃砲製造ノ技術ニ就テハ異常ノ発達ヲ遂ゲ其製造余力ヲ生ズルニ至ッタノデ、政府ハコレヲ海外ニ輸出セントノ方策ヲ講ジ、翌明治三十五年三月、新嘉坡支店員ヲ電命ニ依リ盤谷ヘ出張セシメ、再応売込ニ努力シタル結果当時既ニ伊太利、独逸、亜米利加、英吉利ノ各国カラモ小銃売込ニ奔走シテ居タ際デアッタニモ不拘、遂ニ当社ハ同年五月ノ頃其売込ニ成功シ、其後モ引続キ注文ヲ受ケタ。コノ事実ハ他日日暹貿易ノ伸展ニ寄与スルトコロ多カッタノデアル。

明治三十六年ニハ輸出向代理店トシテ沖商会ヨリ軍用携帯電話機並ニ付属品ノ支那朝鮮両国ヘノ輸出ノ一手販売ヲ引受ケタ」(1)

日清戦後から早くも銃砲の過剰生産力を海外輸出に振り向ける動きがあり、物産がその尖兵としての役割を担ったことが知られる。その仕向地がバンコックであり、のちシャム政府は確かに物産機械部の好得意先となっているから、すでにこの時代からの長い付合いだったのである。

そして明治三八年九月の支店長諮問会では「海陸軍商売」が議題とされ、そこでは陸海軍だけでなく、官庁商売、中国への兵器売込の実状と問題点、方針などが明らかにされている。日露戦後の官需への取り組み姿勢を、会長渡辺専務理事がまず次のように説明している。

「元来我社ハ比較的官衙ニ属スル商売ニハ意ヲ用ヒサリシカ、幸ヒ今回ノ時局ノ為ニ漸次之ニ引付ケラレ商売ヲ

進ムルコト、ナリ、其筋ニ於テ斯カル大事ノ際ニ方リ無責任ナル商人ヲ相手トスルモ契約ヲ履行セシムルコト能ハサル為メ、今回ハ其御用ヲ命スルニ付テモ大ニ吟味ヲ加ヘ、我社ノ如キモノニ命セントスルノ希望アリ為メニ海陸軍ノ御用モ大分引受ケ是迄ニナキ連続モ付キ、夫々当局者トモ関係ヲ生スルニ至リタリ、此機会ヲ利用シテ平和ノ後モ此関係ヲ継続シ何処迄モ追及シテ行キタシ」（一四七頁）

その後を受けた参事長呉大五郎（兵器取扱担当参事）の説明は、官庁への売り込みではなく、軍工廠の余剰生産力のはけ口を探すことであった。

「参事ノ取扱フモノハ……官辺ニテ造リタルモノヲ買入レ海外ニ売捌ク方法ナルカ、併シ此商売ニ意ヲ用ヒ陸軍省ノ製品ヲ多ク販売セハ、夫レ丈ケ三井ノ信用ヲ増シ他ノ商売ニモ関係アルニ言フ迄モナケレハ、此点ヨリ云フモ努メテ之ニ従事シタシ、然ルニ戦争ノ結果陸軍省ノ東京並ニ大阪砲兵工廠ノ如キ非常ニ工場ヲ拡張サレ、製造力モ従来ノ倍数ニ増加シタリ、然ルニ一朝平和恢復スルニ至ラハ此工場ヲ全部働カシムルノ必要ナク、左リトテ折角造リタル工場ヲ空シク作業セシメス職工ヲ遊ハシ置クコトモ出来サレハ、是非共相当ノ仕事ヲ求メ是等ノ機械モ運転シ得ルニ至ルヤウト当局者ノ希望ナルカ如シ」（一四七～八頁）。

その販売先として想定したのが、中国軍閥であった。すでに天津で直隷総督袁世凱へ小銃三・五万挺、実包、弾薬三千万発、大砲一〇〇門を売り、それに倣って他の総督巡撫も日本の武器を採用する傾向を生じ、「其売込ノ模様ヲ聞クニ極メテ行届キタルモノニテ充分ナル『カタログ』モ有シ又販売ノ局ニ当ル者モ相当ニ兵器ニ関スル智識ヲ有シ居ル有様」という。強敵は独逸であって、「南京総督、福建省、広東ト云フカ如ク支那全国ニ売込ミ得ヘキ販路ヲ得タリ」という。

呉によれば、陸軍省は中国に可能な限り長期に日本製の使用を求めず、中国の国産化を望まず、「我社ノ如キモ之ニ付テ力ヲ尽シ置カハ将来ニ於テモ大ニ利とするなら日本軍人を送り込むという考えであるとし、天津での売り込みは大倉組、高田商会と同盟せざるを得なかったという（一四八～九頁）。

益ヲ得ルト共ニ益々発達ヲ見ルニ至ルヘシ」という。そしてこの商売には、兵器に精通した人材が必要であり、相手への貸金を覚悟する必要を説いている（一四九～五〇頁）。

また、磯村本店営業部長も海軍について次のように発言した。

「海軍ニ於テハ可及的内地ニテ軍艦ヲ造ラントテ其製造材料ヲ頻リニ買入ル、模様ナリ、即チ軍艦其物ヲ外国ヘ注文スルヨリハ其材料ヲ外国ヨリ買入レテ内地ニテ製造スル方針ナル以上ハ海軍ニ対スル機械及材料ノ売込ハ頗ル有望ナルヘシ、之ニ付テハ特ニ注意ヲ加ヘテ各鎮守府造船所等ニ力ヲ尽シタシ」

そして磯村は一方で「諸官省ニ対スル商売ハ実ニ煩雑面倒」「陸海軍ノ如キモ期日品質ニ付テ八ケ間敷ク、又近来ノ如キハ物品不用トナリタル場合ニハ直チニ納入ヲ中止スル契約条項アルヲ以テ随分乱暴ナル命令ニ接スル次第ニテ不尠迷惑ヲ感スルナリ」といいつつ、他方では「政府ノ商売ハ危険少シ、故ニ今回ノ戦争ヲ縁故トシテ殊ニ海軍即チ各鎮守府ノ所在地ニ相当ノ人ヲ置キ機械ノ売込ニ付テハ相当ノ技術者ヲ置キ益々陸海軍ノ売込ニ力ヲ用ヒタシ」（一五四頁）と陸海軍取引に積極姿勢をとっていた。

翌三九年七月の支店長諮問会では、岩原理事は機械打合会の模様に関しての報告の中で、磯村と同様に海軍取引に対する積極姿勢をみせ、そのために「敏腕家」をあてよと主張した。

「各鎮守府所在地ノ出張員ハ余程能ク選択シ、適任者ヲ之ニ当ラシメ充分鎮守府ノ仕事ヲ手ニ入ル、方針ヲ採リテハ如何、随分鎮守府ノ仕事ハ取付キ悪キモノニテ現ニ呉ノ如キハ頗ル困難ナリ、加フルニ情実纏綿急ニハ入込ミ能ハサレト一旦入込ミ得ハ大分仕事モ取リ得ヘキヲ以テ、一応ハ困難ニ屈シテ放棄スルコトヲ為サス、差当リ呉、横須賀ノ如キハ敏腕家ヲ出シ何トカシテ之ヲ手ニ入レタシ」（「支店長諮問会議事録」明治三九年七月、二七二頁）

それまで海軍鎮守府の商売は、舞鶴・呉が大阪支店、佐世保が長崎支店、横須賀が東京という管轄であったが、同年の支店長諮問会の席上「本店ニ於

そして明治四〇年に海軍掛が新設されたが、それは次のような理由であった。

テ或ル事ニ付キ一ノ統計ヲ見タシト思フ場合ニ於テハ誠ニ不充分ニテ分明ナラサルコトアリ、又一方ニ於テハ各鎮守府ノ職員往来ノ事其他交渉方ノ事ニ付テモ本店ニ於テ直接経営スル方便利ニシテ且ツ統一上ニモ都合好ク仕事モ敏活ニ運フコト、モナルヘキニ付、今日ノ組織ニ改メタル次第」(三七二頁)と岩原理事が説明している。そして海軍掛となった小泉吉彦参事も海軍掛の状況を次のように説明しているが、物産と海軍との関係が分かり興味深い(三七二~五頁)。

第一に、海軍掛設置後の五カ月間のため四鎮守府合計で取扱高一三六万円に過ぎず、呉(五七万円)、横須賀(四一)、佐世保(一〇)、舞鶴(一七)の順で、商品別では石炭、金物、機械(二二万円)の順であった。まだこの時点では大きな取引ではなかったのである。

第二に、少額の取引には手を出さない方針であるが、「是非三井ニテ取扱フヘシト命令アルコトアリ」ともいっている。

第三に、ビッカース代理店の立場から協力を求めている。すなわち「(ビッカースは)海軍用又ハ軍艦用ノ武器ヲ売リ居リシカ、海軍以外ニ大砲ヲ売リタルコトアリ、是レハ神戸支店ノ尽力ニテ川崎造船所ニ二十二門ノ『マキシム』砲ヲ売リタリ、民間ニ武器ヲ売捌キタルハ実ニ之ヲ以テ嚆矢トス、尚ホ今後三菱造船所ニ於テモ亦川崎造船所ニ於テモ日本ノ軍艦及支那政府ノ注文ニ係ル軍艦等ヲ製造スルヲ以テ、是等ニ対スル売込ニ付テ尽力ヲ仰キタシ」(三七五頁)と。

因みに、のち大正三(一九一四)年のいわゆるビッカース事件では「贈賄罪の松尾、岩原謙三、山本條太郎ら三井物産関係者たちは、東京控訴院で執行猶予付きの懲役刑が確定した」が、戦艦金剛の「輸入代理店三井物産が発注先のビッカース社から得たコミッションの三分の一、約四〇万円を当時海軍艦政本部長であった呉鎮守府司令官松本和中将へ渡していた」といわれ、明治四三年の発注時に「技術顧問の元造船総監松尾鶴太郎を通じて海軍高官に発注

第一章 明治・大正前半期の機械取引

工作をしていた」といわれる。松尾は前述のごとく機械部長代理、部長心得、さらに部長となった人物で、外部から物産機械取引に入って、機械部門の統轄責任者までになったのは異例であり、いかに物産が海軍に執着していたかを示すものである。

さらに第二回支店長諮問会議事録によれば、大正二年頃の官庁向け取引では、次のような状況が発生していた。

「海軍ハ軍器独立主義ヲ採リ、又政府ハ内地産業奨励策トシテ可及的完成シタル機械ヲ輸入セス、専売権ヲ買取リテ内地ニ於テ之ヲ製造シ又ハ部分品ヲ輸入シ組立ヲ為シ或ハ製造家ニ設計セシメテ内地ニ於テ之ヲ製作スルノ傾向益々多キニ至リ……我々ハ其間ニ立ッテ機械ノ部分品抔ニ付テハ外国ノ専売権ヲ有スル者ト協約シテ仲次ヲ為スコトモ亦一ノ商売ナルヘシ」（一九六頁）

そして将来の機械需要として化学工業用の機械紹介・輸入をねらった。他方、兵器輸出は機械部の仕事に移ったが、大正二年当時、次のような実績があった。

「支那向軍器、弾薬、又革命戦当時ハ村田銃、三十年式野山砲等ノ輸出アリシカ、近年大分機械的精巧ノモノ多キニ至リタル結果、機関銃、速射野山砲、三十八年式野山砲等ノ輸出ヲ見ルニ至レリ、其他電話機、歩兵、工兵用器具、無線電信機等ノ引合モアリ、墨西哥トノ軍器商売ニ付テハ……墨西哥出張員ノ熱心尽力ニ依リ歩兵銃、騎兵銃等ノ契約成立シタルハ仕合トスル所ナリ」（一九五頁）

また、陸軍には飛行船、飛行機の受注があり、「飛行機ハ幸ヒ当初徳川大尉カ仏国ヨリ取寄セタル時ノ関係ヨリ引続キ全部我々ノ手ニテ納入シ居レリ、将来モ此状態ヲ継続シタシ」（同頁）とこちらも意欲的である。

（1）「沿革史」第四編第二部第六章重要商品取扱状態。
（2）以下「支店長諮問会議事録」（明治三八年九月）によるが、引用は同議事録の頁数を示す。

(3) 以下「支店長諮問会議事録」(明治四〇年)によるが、引用は同議事録の頁数を示す。
(4) 小学館『日本大百科全書』二の「シーメンス事件」(松元宏執筆)の項。
(5) 以下「第二回支店長諮問会議事録」(大正二年七月)によるが、引用は同議事録の頁数を示す。

小括

さて、本章の考察結果を整理しておこう。
第一は、機械取引を支える組織・人員である。明治三五(一九〇二)年に機械並鉄道用品首部が設けられ、共通計算制度も適用される。支店の独立性が強い物産の体質から、首部による統轄が試みられるが、支店側の反発、批判、非協力などもあり十分効果があったか疑問である。四〇年に機械部となるが、その運営が批判されるのは、同部が統轄機能と営業機能を兼ねている点にあり、仕入店、販売店、本部間の利益配分を巡る不満がくすぶり続ける。組織はしばしば変更され、人員は増加するものの、常に人員不足が問題とされた。機械部門の人員の半分は本部に集中し、取引高で本部に次ぐ大阪支店が人員でも多いが、他の支店の機械掛には僅かな人員が配置され、多忙を極めていた。機械取引には機械の専門知識が必要であるが、本部にいる少数の参事が全店をカバーすることは不可能で、絶えず養成が問題とされながら未解決のままであった。

第二は、三井物産の当該期における機械取引の経過である。すなわち、明治一〇年代から出発し、三〇年代初めに盛り上がりをみせたが、以後沈滞し、第一次大戦で急膨張する。紡績機械と鉄道用品(車両・軌条等)が一大主柱であり、前者は英プラット社製品に代表され、物産はその分野で独占的強味を発揮し、後者も官需・民需へ輸入品を供給した。両者の取扱いは産業革命期における紡績業・鉄道業の発展に寄与したのである。物産における機械取扱部

門が当初は「鉄道掛」の名称から出発し、変遷の末、「機械掛」「鉄道掛」となり、「機械部」に落ち着くことは象徴的である。当初いかに鉄道用品が重要であったかを示している。

物産全商品の推移からみると、機械取引は三〇年初二六％の比重から四〇年代は五％程度にまで後退するが、鉄道用品の需要減退と紡績業の投資休息が主因であった。四一年までは鉄道用品と機械は取扱高でほぼ拮抗していたが、鉄道国有化の影響もあって鉄道用品の比重はどんどん下がり、大正六（一九一七）年では機械が激増したこともあって、機械対鉄道用品は一〇対一にまでなり、名実共に「機械部」の内実になる。独占的なプラット社製紡績機械は好収益であったが、鉄道用品は低収益か赤字、機械の中でも雑種機械、汽罐類はまだしも、電気機械は低収益であった。

第一次大戦の影響は、すぐには現れず大戦当初の機械取引は半減（全商品より落ち込み大）、五年頃から上向く。そして独製品の途絶、英製品の制限から、米製品へ輸入は切り替えられ、倫敦支店に代わって紐育支店、桑港仕入れが俄然大活躍したのである。同時に国産品の代替が進み、内地売買、さらに輸出が増大した。

第三は、機械部門の行動と同業者との比較である。確かに物産の機械取引は発展し、強味を発揮し、多くの商品で高いシェアを誇っているが、内部から強い批判が生じている。支店長会での発言から窺えるのは、大倉組、高田商会、鈴木商店との競合に現れる物産の弱点である。すなわち、同業者が出血受注したり、思惑買いするのは、物産では禁じられており、それは営業方針の差というべきであろうが、同業者に機動性があり、すぐれたカタログを武器としている点は、物産のマイナスである。機械商売では分かりやすく、かつ最新情報を掲載した製品カタログが必要であるが、機械部のそれは大幅に見劣りしていた。機械の営業マンは「大名商売」と顧客から評され、機敏な行動も接触の努力も不足していたといわれる。それでも機械商売が発展できたのは三井の暖簾の強さであろうか。本章の時代での物産は、代理店獲得にも当初は消極的で、同業者に後れをとって初めて積極方針に転換するし、有効なカタログ作成

に漸く動き始め、遅蒔きながら同業者への対抗意識に目覚めていく。

第四に、兵器軍用品への積極的取組み姿勢である。日清戦後から陸軍の銃砲生産力の過剰から売込み依頼を受け、中国等への輸出を手掛けるが、明治四〇年代から海軍への接近を計った。すなわち、海軍鎮守府所在地に拠点を設け、機械部にも海軍掛を置いて担当参事が行動し、元造船総監を技術顧問（のち機械部長に就任）に招聘して、物産幹部絡みで海軍への食い込みに成功する。いわゆる金剛事件はその延長線上の出来事であり、幹部の有罪・辞任、拠点の閉鎖などを引き起こし、いったん海軍受注は中断せざるを得なかった。しかしほとぼりが冷めてから、第二章、第三章でみるように海軍は物産にとって最大級の得意先に復活することになる。

他方、兵器輸出は中国軍閥を相手として積極的に進められ、中国所在支店も活躍するが、特に中国には兵器だけでなく、通信設備、鉄道用品などをかなりの規模で売り込んでいる。ロシア、シャム、メキシコなども登場する。旧満州地域では早くも南満州鉄道が大口得意先であって、物産の満州重視は大連支店を根拠として展開していったのである。

第二章 大正後半期における機械取引

第一節 大正後半期の機械取引推移

1 機械部の役割と職制

『稿本三井物産株式会社一〇〇年史 上』（以下、『一〇〇年史 上』と略す）によれば、機械部は明治四三（一九一〇）年八月時点で四〇人の規模を持ち、物産全体一一九九人のうち、三・三三％の比重であったが、大正八（一九一九）年一〇月時点では一二七人となり、全体三八二七人に対しやはり三・三三％であった。しかし一二七人といえば、本店本部二四九人、営業部一八三人を除けば、石炭部一二二人、穀肥部八四人、綿花部六八人、船舶部六二人、木材部五一人、造船部四〇人、砂糖部三七人、金物部三〇人のなかで最大規模の部であった。機械部では、大正八年四月時点で庶務、総務、タイプライター、受渡、勘定の事務系五掛と紡織、電気、鉱山、機械、鉄道の現業系五掛を持ち、機械営業が右の五分野に分けられていたことが分かる。

しかし同社「職員録」によってより詳細にみれば、表2-1のようにもう少し違った姿が浮かんでくる。すなわち、機械部はいわば本部機構であって、機械取引の現業は東京、大阪、門司、上海、倫敦、紐育の各支部、名古屋以下の

表2-1 機械部の人員配置（大正後半期）

部・支店名	掛名	大正9年11月 人員	大正9年11月 兼任	15年10月 人員	15年10月 兼任	部・支店名	掛名	大正9年11月 人員	大正9年11月 兼任	15年10月 人員	15年10月 兼任
機械部	計	53	1	62	3	同 門司支店	計	12	1	5	2
	役席	3	1	3	2		役席		1		1
	通信（総務）	10		8	1		電気	5		3	
	タイプ（庶務）	3		4	6		機械	6		2	1
	調査	4		6			その他	1			
	商務	13		11		同 上海支店		9	1	3	1
	勘定	16		19		同 倫敦支店		9	1	6	1
	その他	4		11		同 紐育支店	計	18	1	11	2
同 東京支部		93	4	107	1		役席	1	1		
	役席	3		2			機械	6			
	庶務	1	2				鉄道	4			
	電気	25		23			電気	2			
	機械	22		18			受渡	2			
	鉄道	9	1	15	1		その他	3			
	紡織	10	1	12		名古屋支店	機械	6	1	8	
	鉱山	6		12		神戸支店	機械	6			
	原動機			5		小樽支店	機械	4		5	
	受渡（勘定）	16		6	1	三池支店	機械	4		1	1
	その他	1		14		長崎支店	機械	4			
同 大阪支部	計	41	3	30	1	台北支店	機械	4		4	
	役席	2	1	1	1	京城支店	機械	6		5	
	紡織	13	1	10		大連支店	機械	8	2	5	
	機械	8		7		漢口支店	機械	2	1		
	電気	14		7		桑港支店	機械	4			
	材料	4				天津支店	機械	2		3	
	その他			5		青島支店	機械雑貨			3	1
						合計		286	14	255	13

〔備考〕1.「三井物産株式会社職員録 第15版」（大正9年11月），「同 第21版」（15年10月）より作成。
2. 掛名の（ ）内は15年11月時点の呼称。兼任は人員の外数。

一二支店の機械掛、それ以外の支店における他掛が担っていたのである。大正九年一一月時点で、機械部自体は五三人、支部・支店機械掛は二三二人であった。同一五年一〇月時点では機械部は六二人に増加しているが、支部・支店機械掛は一九三人に減少している。後述のように第一次大戦後の機械取引の盛況が去った後の機構縮小とみられる。その中で東京支部だけが増加し、他の支部・いくつかの支店の人員縮小、神戸、長崎、漢口、桑港の機械掛廃止が見て取れる。

また、三井物産の「現行達令類集」によって、機械部、支部、支店機械掛の所管事項を確認しておこう（表2-2を参照）。

機械部は、秘書、通信掛、商務掛、勘定掛の体制（大正八年四月現在）を一一年八月の改正で庶務掛、調査掛、総務掛、勘定掛に改め、通信→調査、商務→総務に変更した。八年四月時点での通信掛は「一、部ノ通信事務　二、業務要領旬報、考課状、諸統計並諸報告ノ調製及参考資料ノ調査、蒐

表2-2　機械部の支部・支店諸掛の所管事項（大正3年10月）

支部・支店名	掛名	所管事項
機械部 　東京支部	電気	1.電気機械，器具及材料ノ商売　2.鉱油及自動車（但軍用ヲ除ク）ノ商売
	機械	1.工業用諸機械，機械工具，其他雑種機械ノ商売 2.発電所用ノ水車，原動機，汽罐ノ商売
	鉄道	1.機関車，客車，貨車其他鉄道用品並軌条ノ商売， 2.建築，橋梁，造船材料並他掛ニ取扱ニ属セサル材料ノ商売 3.工具用鋼並各種管類ノ商売
	紡織	1.紡織機械ノ商売，2.原動機並汽罐ノ商売（但発電所用ヲ除ク）
	鉱山	鉱山用諸機械ノ商売
同　大阪支部	紡織	紡織用諸機械及其付属品ノ商売
	機械	紡織機械及電気諸機械ヲ除キタル雑種機械及工具ノ商売
	電気	電気用機械器具及其付属品ノ商売
	材料	鉄道用品，建築，橋梁及造船材料其他ノ鉄材並機械油，塗料ノ商売
同　門司支部	電気	電気用機械，器具及其付属品ヲ取扱フ
	機械	製造用諸機械，鉱山用諸機械，其他雑種機械，工具，鉄道用品 並各種鋼鉄材料類ヲ取扱フ
同　紐育支部	機械	製造工業用諸機械，鉱山用諸機械，機械工具，機械雑品，紡績機械 其他他掛ニ取扱ニ属セサル雑種機械ノ商売
	鉄道	鉄道用品，建築橋梁及造船材料其他鋼鉄材料ノ商売
	電気	電気用諸機械，器具並其付属品ノ商売
同　台北支部		1.機械部商品ノ商売並受渡 2.金物部商品ノ商売並受渡（大正11年4月制定）
名古屋支店	機械	機械，電気並鉄道用品ノ商売
神戸支店	機械	1.機械，電気並鉄道用品ノ商売　2.造船材料ノ商売　3.機械油ノ商売
小樽支店	機械	1.機械，電気並鉄道用品及鉱油ノ商売　2.金物類ノ商売
三池支店	機械	機械，工具，鉄道用品並鋼鉄材料類ノ商売
長崎支店	機械	機械，電気鉄道用品，造船材料，塗料並ニ機械油ノ商売
台北支店	機械	（記載見当たらず）
京城支店	機械	機械セメント，電気及鉄道用品ノ商売
大連支店	機械	鉄道用品並電気其他機械類ノ商売
漢口支店	機械	（記載見当たらず）
桑港支店	機械	機械，鉄道用品，鉱油其他機械部取扱品ノ商売
天津支店	機械	機械，電気並鉄道用品ノ商売
青島支店	機械雑貨	1.鉄道用品並電気其他各種機械類ノ商売　2.金物類ノ商売

〔備考〕1.三井物産「現行達令類集」（大正3年10月訂正増補）を基礎とし，一部を「同」（11年9月
　　　　　増補）により補充。
　　　2.大正15年10月の「職員録」には機械部東京支部に「原動機掛」が記載されているが，「現
　　　　　行達令類集」には記載が見当たらない。
　　　3.機械部上海支部，同倫敦支部の所管事項も「現行達令類集」には記載が見当たらない。

集　三、当会社ノ業務ニ直接間接ニ関係アル事項ノ探求並関係各店ヘノ通報　四、其他他掛ノ取扱ニ属セサル庶務」

と規定され、内容はまさに調査掛であったから、改正によって秘書と通信事務、庶務を合わせて庶務掛にし、通信掛を調査掛に改め、「取引先ノ信用調査」を加えたのである。商務掛は、

「機械ニ関スル各店ノ商務ヲ統一シ之レカ助長発展ヲ計リ必要ニ応シ主店ヲ置カサル商品ニ関スル引合ニ当ル事

二、新規商売ノ開拓　三、製造家代理店契約ニ関スル事　四、型録ノ編纂、整理及分配」

とあって、機械取引全般について掌握する部署であった。それが総務掛と名称を変え、「機械部東京支部各掛ノ取扱ニ属セサル商売」が追加された。

さらに、大正一一年八月に研究員と商務掛が新設され、前者では「技術知識ノ研鑽並部員ノ養成　二、機械部取扱商品ニ関スル研究調査　三、新規発明品ニ関スル研究」が規定され、後者では「航空機、艦船用機械器具並兵器ノ商売　二、機械部東京支部各掛ノ取扱ニ属セサル特種機械ノ商売」が規定された。陸海軍などと直接折衝する兵器類の商売は支部任せでなく、直接本部が担当しようとする意気込みが感ぜられる。

また、機械取引の実行部隊は取扱商品別に掛制を採っており、その具体的姿は表2-2のごとくである。最大規模の東京支部では電気、機械、鉄道、紡織、鉱山の五掛に分かれ、のち一五年時点では電気掛第一部、第二部に分割され、原動機掛が新設されている。

第一に、紡織機械では東京支部・大阪支部で紡織掛を設け、紐育支部にも取扱商品として明示されているが、おそらく倫敦支店にも明示されていると思われる。プラット社に代表される英国製は倫敦支店が、米国製は紐育支店が取り扱っていたであろう。

第二に、発電所用機械類の明示は東京支部の機械掛だけであるが、電気機械は多くの支部・支店機械掛で掲げている。

第三に、鉄道用品では鉄道掛を置いているのは東京・紐育支部だけであるが、鉄道用品の取扱いは多くの支部・支店機械掛で掲げられ、電気機械と共に一般的である。大阪支部では材料掛の名で鉄道用品、鋼鉄材料を取り扱うのが変わっている。

第四に、鉱山機械ではわざわざ鉱山掛を置くのは東京支部だけで、門司支部、紐育支部で掲げているのみである。

第五に、造船材料を表示しているのは、東京・大阪・紐育各支部、神戸・長崎支店で、地元に造船所を抱えていることを反映している（紐育は輸入先）。鋼鉄材料の表示ではほとんどの支部、三池支店にみられる。

第六に、変わった例として自動車（梁瀬商会扱）が東京支部にあり、鉱油・機械油が東京・大阪支部、神戸・小樽・長崎・桑港支店で表示されている。

以上は、機械取引のための掛が設置されている場合であったが、機械掛のない支店では輸入雑貨掛（たとえば漢口・新嘉坡、泗水支店）や金物掛（たとえば香港支店）が取り扱ったり、全く機械が表示されていない場合（たとえば本店営業部、横浜、台南、孟買支店）もある。当然のことながら、支部・支店の立地・性格によって、機械関係の規定の有無、規定の仕方が異なっているわけである。すべての本支店で機械が取り引きされていたわけではなかったのである（店別の機械取引額については後述）。因みに大正七年上期での機械部長は中丸一平、八年上期から山本小四郎が機械部長心得に、さらに機械部長となり、一二年には鳥羽総治に代わっている。中丸が機械部長の後任について上層部を批判しつつ、注文を付けているのが注目される。すなわち、第六回支店長会議における「機械会議」で、長時間の報告をおこなったが、その中で次のように述べている。

「機械部々長任命ノ際可成機械部出身ノ技術者ニシテ同時ニ商売上ニ経験アルモノヲ以テ之レニ充ツル事、世間或ハ技術家ノ兎角偏屈ニシテ所謂技術者形気ナルモノアリ、一店一部ノ『マネージメント』ハ如何アランカト心配スルモノ多ク、当社幹部ニ於テモ或ハ如斯考ニ捕ヘラレ居ラル、ニアラサルカ、現ニ今日迄技術家出身者ニシテ支

店長若クハ出張所長トシテ任命セラレタルモノアルヲ見ス、支部長タニモ尚ホ任命ヲ見サルハ必竟当社幹部ニ於テモ世間月並ノ考ニ拘泥セラレ居ルモノニアラサルカ、自分カ今日迄ノ当該部長トシテ観タル所ヲ以テスレハ所謂素人出身ノ部長ハ自分一代ニテ終リ、自分ノ後継者トシテハ是非共機械部出身ノ技術家ヲ以テ任命アランコトヲ希望シテ止ミマス」

中丸自身が経験のない機械部の職務で苦労したとも思われるが、彼の後任となった山本は、倫敦支店機械掛兼鉄道掛主任から機械部鉄道掛主任に転じ、部長代理として中丸を支え、技術家ではないが機械畑が長い人物である。したがって中丸の意図が一応実現したことを意味する。しかし山本の後任である鳥羽は機械畑出身ではないから、中丸の希望が貫徹されたわけではなく、上層部がどれだけ中丸の意図を認めたか疑問が残る。

また、中丸は同時に機械部員の処遇にも次のように言及していた。

「機械部員ノ待遇ハ自分トシテモ問題トシテ重役方ノ御考慮ヲ希望セシコト既ニ一再ニ止ラス、而シテ事実ニ於テ最近ニ至リ追々改善ノ兆ヲ見出シ得ルカ如キ傾向ハ稍々人意ヲ強フスルモノアリト雖モ、未タ以テ満足ノ程度ニ達シ居ラサルハ頗ル遺憾トスル所ナリ、幸ニシテ他ノ同業者例ヘハ高田大倉等ニ於ケル如ク多クノ退社員ヲ見サルハ機械部員ノ人格ノ然ラシムルモノニシテ、此ヲ以テ重役方ニ於テ彼等一同現在ノ待遇ヲ以テ満足セル結果ナリト信セラル、如キコトアラハ夫コソ大ナル誤解ナリ、今日機械部ニ於テ相当年配ヲ経タルモノハ此レヲ外部ニ用ユルニ於テハ、各自相当大会社ノ技師長若シクハ支配者トシテ充分ノ手腕学識乃至経験ヲ有スルモノ、而シテ彼等ノ日々接触スル相手方ハ実ニ当代第一流ノ工業家タルノト断言セサレトモ、人ハ只ニ金銭ノ多キノミヲ以テ満足シ居ルハ他ノ振合ヨリ見テ必シモ虐待ヲ受ケ居ルモノト対照シテ頗ル奇異ノ感ナシトセス、金銭上ノ収得ニ就テハ或モノニアラス、社界上ニ於ケル地位ト将来ノ安心ト云フ事ニ付上長者ニ於テハ最モ意ヲ用ヒサルヘカラサルモノ

中丸は部下の意向を代弁し、認識不足の上層部を批判している。或いは若干の誇張があるとしても、機械部員の活動を現実に掌握していた者として間違っているとは思われず、機械部に対する上層部の態度が知られて興味深い。上層部には機械部出身がいないことにも関係しているナリ」(4)

(1) 『稿本三井物産株式会社一〇〇年史』上」三三五～四一頁を参照。
(2) 因みに三人の経歴を掲げておこう。
中丸一平　明治三年生まれ、学歴不詳、三井物産入社後、累進して門司支店長から機械部長を経て監査役となり、南満鉱業、日本煉瓦製造、北海道硫黄、湯浅蓄電池製造（取）を兼任している（『人事興信録』第七版、大正一四年七月。
山本小四郎　明治三年生まれ、同二五年専修学校理財科卒、三井物産に入り、機械部長、参事長まで勤め、大正一四年湯浅蓄電池製造専務に転じている。大昭組会長、日本蓄電池（監）を兼任している（同、第八版、昭和三年八月）。
鳥羽総治　明治一〇年生まれ、同三一年大阪高商卒、三井物産に入り大阪、横浜、紐育、倫敦、横浜、里昂の各支店を経て名古屋支店長、機械部長となり、三機工業会長、湯浅蓄電池（取）を兼任している（同、第八版）。
(3) 「第六回支店長会議議事録」（大正七年）一三〇～一頁。
(4) 同右、一三〇頁。

2　物産全体における機械取引の比重

三井物産の機械取引に入る前に、物産全体の取扱高の推移をみておこう。表2-3は、大正八（一九一九）～一五年の商内別取扱高の推移であるが、通常取引は輸出、輸入、国内、外国間の四種に区分されている。同表によれば、第一次大戦中に急増した取扱高が、戦中よりも戦後の八年に頂点に達し（約二二億円）、反動恐慌の九年には若干の減少に止まり、一〇年にかけて半減以下（約八億円）という激動ぶりである。棉花部が九年四月に東洋棉花として独

表2-3 物産会社の商内別取扱高の推移（大正6〜15年）

（単位：百万円，％）

年度	輸出		輸入		国内		外国間		合計	
	金額	比率	金額	比率	金額	比率	金額	比率	金額	比率
大正6年	334	30.5	201	18.3	246	22.5	314	28.7	1,095	100.0
7	398	24.8	323	20.2	402	25.1	480	29.9	1,603	100.0
8	404	19.0	491	23.0	522	24.5	714	33.5	2,130	100.0
9	384	20.0	431	22.4	466	24.3	641	33.3	1,921	100.0
10	210	25.7	180	22.1	193	23.7	232	28.5	814	100.0
11	262	30.2	222	25.7	201	23.3	180	20.8	865	100.0
12	233	26.4	202	22.9	223	25.3	224	25.4	883	100.0
13	264	25.5	253	24.4	250	24.1	269	26.0	1,036	100.0
14	286	25.0	265	23.2	283	24.8	308	27.0	1,142	100.0
15	280	23.7	280	23.7	293	24.8	328	27.8	1,182	100.0

〔備考〕『稿本三井物産株式会社100年史 上』342頁第8表，449頁第14表より作成。

立したので、一〇年にはその分（約四億円）の減少が含まれているものの、棉花部以外でも大幅な減少があったことを物語っている。その後は漸増となるが、一五年でも一二億円弱で、ピーク時八年の五五％に過ぎない。激減の種目では外国間取引の落ち込みが最も大きく（約四億円）、国内（二・五億円）、輸出（一・七億円）と軒並みである。取扱高の種目別順位では、外国間、国内、輸入、輸出の順であるが、激減後では四種目の差は僅少に変じている。

他方、機械部の商内別取扱高をみると表2-4のごとくであるが、全社の動きとかなり異なっている。すなわち、機械取引は大戦終了後も取扱高の増加が続き、ピークは大正一〇年（一・三億円弱）であって、むしろそれ以後全社の漸増とは異なって減少し、一四年ではピーク時の六割弱（〇・七億円）にまで落ち込んでいる。また、四種目の構成は輸入が断然多く、少ない時で五五％、多い時で六七％に達していた。内地売買が二一〜二八％、外国売買が多い時で一七％、少ない時で七％、輸出は大戦時の一一％から三％にまで落ち込んでいる。

機械取引のうちで輸入が多いことは、後述のように外国機械の輸入が中心であり、日本の外国機械・技術への依存がなおも続き、

第二章　大正後半期における機械取引

表2-4　機械部商内別取扱高（大正7～15年）　（単位：千円）

決算期	輸出	輸入	内地売買	外国売買	合計
大7/上	2,821	19,631	7,824	2,488	32,764
下	5,423	21,245	11,261	3,125	41,054
8/上	5,031	25,745	11,660	7,657	50,092
下	3,624	27,740	9,855	6,509	47,728
9/上	4,386	36,941	13,239	6,185	60,750
下	2,562	32,972	14,303	7,771	57,609
10/上	2,282	36,776	12,026	7,191	58,275
下	2,922	41,445	15,098	8,856	68,321
11/上	3,018	38,917	15,012	11,336	68,283
下	2,549	28,818	12,589	9,250	53,206
12/上	2,156	32,009	10,807	7,919	52,892
下	1,629	26,682	8,821	2,969	40,101
13/上	1,361	28,532	9,701	1,613	41,207
下	1,340	29,267	11,079	2,889	44,574
14/上	1,519	21,149	8,531	1,479	32,677
下	1,372	20,458	10,363	3,370	35,564
15/上					38,373

〔備考〕各期の機械部考課状より作成。千円未満四捨五入。

機械部商内別取扱高（年間・構成比）

年	輸出	輸入	内地売買	外国売買	合計
大7	11.2%	55.4%	25.9%	7.6%	100%
	8,244	40,876	19,085	5,613	73,818
8	8.8%	54.7%	22.0%	14.5%	100%
	8,655	53,485	21,515	14,166	97,820
9	5.9%	59.1%	23.3%	11.8%	100%
	6,948	69,913	27,542	13,956	118,359
10	4.1%	61.8%	21.4%	12.7%	100%
	5,204	78,221	27,124	16,047	126,596
11	4.6%	55.8%	22.7%	16.9%	100%
	5,567	67,735	27,601	20,586	121,489
12	4.1%	63.1%	21.1%	11.7%	100%
	3,785	58,691	19,628	10,888	92,993
13	3.1%	67.4%	24.2%	5.2%	100%
	2,701	57,799	20,780	4,502	85,781
14	4.2%	61.0%	27.7%	7.1%	100%
	2,891	41,607	18,894	4,849	68,241

〔備考〕「第9回支店長会議　機械部一般報告書」の「過去十個年間ニ於ケル当部取扱高取引別表」より計算の上作成。大正15年上期合計は同時点の「機械部考課状」による。なお、大正7年上期～11年上期までの計数は、なぜか考課状の計数と微妙に異なっている。

表2-5　重要5大商品取扱高（大正9〜15年）

(単位：千円)

	大9/4期	9/10期	10/10期	15/4期	15/10期
生　糸	② 110,902	③ 88,425	① 71,502	① 112,521	① 88,385
石　炭	① 113,012	② 97,015	③ 59,274	② 70,270	② 64,619
砂　糖	③ 97,590	① 112,889	④ 33,660	④ 49,077	③ 58,081
金　物	④ 60,492	⑤ 45,404	⑤ 21,447	⑤ 47,469	④ 45,766
機　械	⑤ 53,617	④ 57,481	② 68,321	⑧ 38,341	⑤ 42,866
小　計	435,613	401,214	254,204	317,678	299,717

〔備考〕『稿本三井物産株式会社100年史　上』449頁より計算の上作成。
　　　　○印の数字は順位を示す。

反面、日本から輸出できる機械が乏しかったことを物語っている。『一〇〇年史　上』は大正五〜八年の記述の中で、次のように説明している。

「この期の機械類の取引は、依然として輸入がほとんどを占め、各種精密器械、交通機関、各種原動機、工作機など、最新の機械類はすべて輸入に依存していたといえる。仕入店として積出高が多かったのはロンドン、ハンブルク、ニューヨークであった」（三七六頁）

いずれにせよ機械取引は、物産全体からみてやや特殊な取引分野といえよう。しかし機械取引は物産取引のうち重要五大商品（生糸、石炭、砂糖、金物、機械）の一つに数えられ、物産全体における重要な戦略部門であることに間違いはない。ただ機械取引が前述のように、時期によって他商品とは大きく異なった動きをしていることに注意しなければならない。表2-5によれば、機械は大正九年では五大商品のうち取扱高で第四ないし五位であったが、一〇年には他商品が不振のために第二位に浮上し、逆に一五年上期では第八位に転落、下期で第五位に復活という推移である。すなわち、他の四重要商品は一〜五位の中での変動であり、機械だけが一時的にせよ、上昇・下降が激しかったのである。なんといっても大正期後半でのトップ取引商品は生糸、石炭であった。

3 機械取引の推移

(1) 売約高の推移

前述のように「機械部考課状」では、売約高、取扱高、決算未済高が恒常的に掲載されている。その定義は寡聞にして知り得ていないが、常識に従えば売約高はその期に取引契約をした分であって、取扱高はその期に取引を実行した分で、いわばフローの問題といえよう。それに対して決算未済高は期末にまだ取引が済んでいない分で、いわばストックの問題と考えられる。前述した『一〇〇年史 上』でも取引状況を売約高、取扱高、決算未済高で説明しているから、社内的には慣用概念とみられる。しかし考課状面での売約高、取扱高、決算未済高の相互関係については必ずしも納得できないが、営業活動の波がもっともドラスチックに現れるのは売約高と思われるので、以下では売約高の推移を問題としよう。

そこで売約高の推移を示したのが表2-6である。実数は別表として巻末に付すので、行論で必要な場合参照されたい。そして取扱高、決算未済高の増減表、実数表は末尾に付したが、反面、大正一五年下期は考課状がないため掲げられなかった。同表では、知り得た大正六年下期も参考に含めたが、同表は売約高につき品目別に各期増減を計算したものである。取引の変化は各期の増減によって端的に示されると思われるので、巻末別表1を考察した結果、次の諸点を指摘できる。

第一に、推移全体である。大正六年上期、下期の売約高は第一次世界大戦中の好況を反映して増加を続けたが、七年上期にいったん落ち込む。すなわち、「米鉄禁輸ノ厄ニ遇ヒ全ク商談中止ノ姿ニシテ」鋼鉄材料八〇〇万円減、「其他諸機械類モ英米両国ノ輸出制限愈々峻厳ノ度ヲ増シ或種ノモノハ如何ナル方法ヲ以テスルモ到底輸入不可能ノ状態ニ陥リ其他運賃騰貴、輸送困難等」のために、電気機械、発電原動機各二〇〇万円減などがあり、反面、機関車および部分品五〇〇万円増、
「増設拡張ノ一段落ヲ告ゲ今後最早此レ以上膨張ノ余地ナキ」ために紡績機械五〇〇万円減、

表 2 - 6　三井物産機械部売約高増減推移（大 6 / 下～15/ 上）

(単位：千円)

品目	6/上実数	6/下	7/上	7/下	8/上	8/下	9/上	9/下	10/上	10/下
機関及汽罐	665	2,331	−1,403	84	65	2,708	−1,114	−2,188	−277	−386
発電電動機	1,324	1,874	−2,389	264	−412	2,879	7,999	−8,744	−617	−668
電気機械	3,206	3,846	−2,681	−489	10	4,570	3,700	−1,358	−6,230	3,917
電気雑品	1,699	456	−842	143	588	344	−21	−1,449	727	1,684
紡織機械	4,577	3,223	−5,250	1,239	−784	3,621	19,410	−14,829	−8,216	1,143
紡織用雑品	3,265	−617	−41	979	−1,530	3,809	3,280	−7,060	−233	1,384
織布機械	625	−166	−47	724	−890	3,037	−241	−2,753	5	678
工業用諸機械	170	1,845	−350	−1,382	95	1,191	260	912	−2,101	580
鉱山用諸機械	806	1,790	−1,430	2,164	−2,084	−399	1,256	−1,059	−862	−136
雑種機械	2,955	−431	−51	1,127	−2,019	2,597	3,060	−2,458	−2,423	636
機械工具	461	1,909	359	2,207	−1,996	−1,968	2,135	−2,192	−53	−369
機械雑品	1,200	2,057	−1,433	−53	259	−158	61	−820	271	50
機関車及部分品	668	−49	5,425	−3,617	1,383	2,920	−3,153	183	−3,665	7,085
軌条及部分品	1,131	1,955	−621	−532	−1,460	5,506	−1,263	−1,996	−1,800	622
車両及部分品	2,316	−1,452	−141	1,960	−367	−1,243	3,961	−3,587	2,062	−1,524
鉄道用雑品	65	86	−135	121	−108	199	622	−382	−358	68
鋼鉄材料	11,115	3,927	−8,421	1,396	−6,003	3,612	12,021	−15,561	94	−250
兵器及軍用品	1,435	−218	2,744	5,025	−6,225	−978	3,525	−1,485	478	−752
合計	37,682	22,367	−16,707	11,360	−21,480	32,247	55,498	−66,826	−23,200	13,762

第二章　大正後半期における機械取引

品　目	11/上	11/下	12/上	12/下	13/上	13/下	14/上	14/下	15/上	15/上実数
機関及汽罐	650	-411	-435	538	2,870	-1,990	652	3,011	-2,127	3,243
発電電動機	8,518	-7,537	-390	422	-2,008	1,971	922	-1,986	3,314	4,736
電気機械	1,686	-4,515	164	-170	1,016	-2,482	6,955	-8,297	1,360	4,208
電気雑品	-951	-143	-60	4	227	-109	81	374	130	2,882
紡績機械	1,689	-3,279	195	-1,841	1,548	-2,121	3,078	-364	4,661	7,700
紡績用雑品	1,704	-388	-1,482	888	-1,050	-714	1,732	-1,057	-89	2,780
織布機械	-284	35	1,518	-1,567	60	173	404	-491	354	1,174
工業用諸機械	-214	-464	305	304	-676	146	849	-660	-332	479
鉱山用諸機械	194	806	136	-294	1,090	-379	-1,074	193	49	1,100
機械工具	776	-1,613	-488	1,118	-1,130	1,383	-3	441	1,681	3,394
雑種機械	374	-483	-31	120	-50	-44	-887	11	734	3,034
機械雑品	-136	22	724	2,047	214	-1,942	-34	-731	239	429
機関車及部分品	-6,871	347	-195	-292	915	-862	1,165	217	1,288	3,463
軌条及部分品	3,028	-2,592	1,189	-757	-147	-1,471	-34	675	-676	186
車両及部分品	-1,272	859	-765	45	93	-235	-185	358	649	1,531
鉄道用雑品	-4	375	-444	-20	313	-60	-73	281	-67	478
鋼鉄材料	840	-903	553	190	907	-1,217	1,524	-577	715	3,963
兵器及軍用品	1,278	496	-382	-1,832	2,916	-1,082	-2,827	1,166	-1,061	2,221
合　計	11,005	-19,387	110	-1,096	5,976	-9,901	12,205	-7,436	10,822	47,002

〔備考〕各期の「機械部参課決」より計算の上作成。千円未満四捨五入。

兵器・軍用品二七〇万円増という状況であった（「機械部考課状」七年上期、二～三頁、以下同様表示）。機関車では満鉄からの受注（六一三万円）が大きく影響したのであった。

七年下期には兵器・諸機械などで売約高は増加したが（内容不明）、八年上期は第一次大戦の終結で事業界は沈静化し、発注を手控えたために、機械部の売約高は減少した。八年下期には「事業家モ追々安心ノ態度ニ復シ俄カニ既定ノ計画ヲ遂行スルコト、ナリ一時ニ注文ヲ発シ」（八年下期、二頁）たため、売約高は新記録となった。鉄道用品、鉄鋼材料の注文が殺到し、紡績業者が上海・青島への分工場設置に動き出したこともある（四頁）。ただ諸機械類の減少は戦後の製鉄、造船業の不振のためであり、兵器・軍用品の減少は、飛行機取引の減退、中国への兵器輸出が皆無の反映であった（六頁）。

そして八年下期は増加に転じたが、紡績、鉄鋼材料、電気機械が増加要因である。また満鉄四二〇万円、鉄道院二七六万円など鉄道関係も増加要因として貢献していた。

さらに大正九年上期は、機械部にとって空前の売約額となった。戦後の反動必至を予想したものの、休戦は小反動に終わり、戦時を凌ぐ好況が出現したのである。前期より五〇〇〇万円増の一億二〇〇〇万円という巨額である。

「紡績業者ハ争フテ増錘新設ヲ企画シ又各地ニ水電会社起リ開墾会社現ハレ電灯ニ鉄道ニ製紙製糖凡ユル方面ニ事業ノ発展ヲ促スニ至レリ」（九年上期、二頁）。具体的にいえば紡績業では鐘紡六〇〇万円、東洋紡五四四万円、富士瓦斯紡四〇〇万円、大日本紡二四五万円、足利紡二〇〇万円を中心に発注が相次いだのである。劇的な増減はこれで終了し、九年下期、一〇年上期は一転して鉄鋼材料、紡績、電気機械などを含む大型の発注が激減した。

以後は小変化が続くことになる。

因みに反動恐慌の打撃は軽微であって、次のように説明されている。「世間ニハ機械商売、鉄鋼材料ノ取扱者中悲況時代ニ至リ尠カラス損失ヲ招キ遂ニ倒産シタル者モ数多アリタル際ニ於テ、当社機械部ニ於テハ損害程度モ僅少ニ

第二章 大正後半期における機械取引

シテ、中ニハ解約ノ申込アリテ其代金ノ支払モ不能ニ帰シタルモノアレドモ、大部分ハ取消スヘキモノハ製造家ト協定シテ円満ニ之ヲ取消シ、或ハ解約金ヲ出サシメテ製造家ト解約シタル次第ニテ余リ当社トシテ大ナル損失ヲ蒙ルコトナカリシ」と。

一〇年下期の増加には京綏鉄道五九一万円が影響しており、一四年上期の増加には早川電力四八七万円を含む電気機械の増加が影響している。一五年上期には「久シク不振ヲ呈セシ本邦財界ハ当季ニ入リ幾分好転ノ気配ヲ示シ、対外為替モ亦著シク回復シタルヲ以テ、一二特種関係事業ヲ除ク外孰レモ相当活況ヲ認メタリ此間国産奨励ニ因ル打撃ト、季末再ヒ事業界沈静ニ向ヒタル等影響スル所勘カラサリシ」（一五年上期、一頁）と、大正末期に売約高はやや持ち直したのであった。

なお、関東大震災の影響の一つとして「芝浦製作所ハ其工場ヲ焼失セルニ因リ当分新規纏リタル注文引受ノ余力無カルベク自然輸入品ニ俟ツ外ナ（し）」（一二年下期、二二頁）ということがあった。他にも同様な事態があったかも知れない。

「電気事業ハ益々殷盛ヲ呈スヘキ情勢ニアリシモ甚シキ金融難ノ為メ各種計画ノ阻止セラレシモノ少カラス、剰ヘ芝浦製作所ノ復旧捗々シカラサリシ為メ幾多ノ注文ヲ他ニ逸スル等多大ノ影響ヲ蒙リ（たり）」（一三年上期、六頁）ある期に大きな受注があり、翌期に匹敵するものがなければ、大幅な減少と表現される。当然のことながら、受注次第で大きな波を生ずることになる。当社の場合、第一次大戦中よりも反動恐慌後に空前の盛況があり、反動的に落ち込んだ後は大正末期まで尻つぼみ的に売約高が縮小したのである。

（1）本稿で使用した考課状は、前述のように途中が欠如しているが、幸いにも売約高、取扱高、決済未済高の三表に前期、前々期、前期増減、前々期増減が加えられているので、欠如分をそれで補充することによって、一貫した時系列の計数が得

(3)「第八回支店長会議議事録」(大正一〇年)の山本小四郎機械部長報告、八八〜九頁。

(2) 常識的には、〈前期決算未済残高＋当期売約高－当期取扱高＝当期決算未済残高〉となるはずであるが、考課状の売約高、取扱高、決算未済高を計算してみると計算が合わない。一つには売約が成立した後、解約が発生した可能性があろうが、それ以外にも要因があろうか。もし解約が原因としても、毎期の解約状況は示されていないから、整合性を検証することができない。

(2)' 紛失)があり、残念ながら空白を生じている。その部分は同社の「事業報告書」によっても記載内容の相違から補充は不可能であった。

ただし一部の時期については、筆者のワシントンでの資料収集作業で複写漏れ(あるいは現物において その箇所が

(2) 若干の問題

① プラット社との関係

物産の機械取引について『一〇〇年史 上』は次のように説明している。

「輸入機械類のなかでは、明治一九(一八八六)年(同三一年更新)以来、代理店契約を結んでいるプラット社(イギリス)の紡績機械が大きな根幹をなしており、この時期における紡績会社の増設拡張にあたっても、ほとんどその大部分を占めた。電気機械は、従来からGE社(アメリカ)の製品を取扱っており、これも国内諸会社からの注文により取引が増加した。そのほか製粉、製糖、人造肥料、ビール、セメント、採鉱、製紙、造船など軽・重工業および鉱業用の汽罐、諸機械をはじめとして、砲兵工廠や各鎮守府の兵器、艦船、諸機械にいたる極めて多種類の機械類を取扱った」(三七六頁)

「三井物産の機械取引の最大の特徴は、ニューヨーク支店やロンドン支店が、一手販売契約を結んでいる外国メーカーから仕入れた機械を輸入する取引を中心としていた、という点にあった」(四八四頁)

「物産機械部の売約高の約六〇％が代理店商品であり……品目別にはプラットの紡績機械とG・Eの電気機械を

第二章　大正後半期における機械取引

表2-7　紡織機製造元
（単位：千円）

（外国製造家）	買付額
プラット・ブラザース社	3,150
ホワイチン・マシン・ワークス社	1,710
サコ・ロウエル社	740
プリンス・スミス社	350
ジョゼフ・サイクス社	253
スタッフォード社	200
マザー＆プラット社	153
ジョージ・ホジソン社	125
グリーン・ウッド・バトレー社	115
ロウソン社	100
（内地製造家）	
豊田式織機	2,886
大日本木管	1,122

〔備考〕大正8年下期「機械部考課状」13〜4頁より作成。

　このように紡績機械の輸入では、英国プラット社と深い関係を結び、紡績業者は物産機械部を通じてプラット社の紡績機械に依存する傾向が強かった。機械部にとってプラット社製品を扱っていることが紡績業界に対する強味であった。ところが第一次大戦の勃発はプラット社製紡機の輸入に大きな問題を投じ、戦後も長く尾を引くことになったのである。

　まず、大戦中も物産との友好関係から、プラット社製品輸入は全面ストップとはならなかった。すなわち「英国紡機積出ノ状況ハ他ノ製造所ガ積出不可能トナリタル場合ニ於テ独リプラット社ガ少数ナガラモ之レガ積出ヲ継続シツツアルハ同社ノ好意ニミナラズ倫敦支店尽力ノ致ス所ナリ」（七年上期、一二頁）と。大戦終了後、前述のように八年、九年と紡績業界は大増設を展開した。機械部受注の紡績機械のうち、プラット社製の比重は正確には分からないが、大正八年下期のみ機械部取扱紡織機の製造元が判明する。表2-7によれば、同社分は三一五万円でトップではあるが、二位一七一万円以下九社も続いており、プラット社製品が入手できないために、やむなく他社製で我慢していることを考慮すると、質的な優位性は維持されていたと思われる。機械部もこの大増設傾向を「一時的好況ニ惑ハサレタル稍無謀ノ計画タリシ憾ナキ能ハズ」と批判はしていたが、形勢が変化して「追々

計画ヲ中止スルモノ現ハレ紡機注文ノ解約ヲ希望スル向起ルニ至レリ」となった。それでもすでに受注済みのプラット社製品は巨額であって、「『プラット』社紡機ノ積出依然トシテ進捗セズ既注文品ノ全部完納迄ニハ茲数年ヲ要スル有様ナレバ其間我紡績界ノ形勢亦如何ニ変化スルヤモ測リ難（し）」（九年上期、四〜五頁）と機械部でも苦慮していたのである。さらに「世界的物価騰貴ト共ニ紛糾極リナキ労働問題」に各国は悩み、積み出し遅延のみならず、製造能力減退、価格騰貴、製品不足のため引き合い不能が生じた。「『プラット』社紡機ノ如キモ労銀其他材料騰貴ノ為メニ数次値増ヲ要求シ来レルノミナラズ何時積出ヲ得ベキヤ予測シ難キ現状ニアリ」（九年上期ノ綿紡機売約総錘数は三三三万二〇〇〇錘で、足利紡績三万錘以外はプラット社製品の希望であった（同、一二三頁）。九年上

一一年上期でも「多年遅滞勝ナリシ『プラット』社ノ積出未済高ハ、今尚六拾万余錘ヲ存シ居レバ、之ガ完了迄ニハ今後少クモ両二年ヲ要ス可シト思ハル」（一一年上期、二七頁）という状態であった。

因みに、同様な事態は別な商品でも生じていた。すなわち、機械部が強いのは電気機械ではGE製、芝浦製であり、汽罐はバブコック社製が主であったが、そのバブコック製品でも同様であった。すなわち、「バブコック」社ノ製品積出著シク遅延シ甚シキハ積出期ヨリ半歳余リ経過セル今日未ダ正確ナル期日ヲ知リ能ハザルモノスラアリ注文主ヲシテ甚シク不便ヲ感ゼシメツ、アルヲ遺憾トス」（九年上期、一五頁）と。

そしてプラット社製品に象徴されるように、機械部にとっても輸入不能の発生は商売上も問題である。そこで「輸入不可能ナル場合ニ於テ当然思考スベキ問題ハ此製造権ノ買収ナリ」とし新潟鉄工所へのディーゼルエンジン製造権、福沢桃介への電気製鋼炉製造権の仲介を挙げている（七年上期、一七〜八頁）。

② 決算未済高の増大

売約高が激増し、受注成果に満足ばかりはして居られない問題がある。取引が実行されないと、決算未済高が累積して行くからである。確かに決算未済高の巻末付表3を検討すればわかるように、大正八、九年は激増し、その後も高水準が続き、なかなか正常化しなかった。「考課状」はいう。

「当部ハ莫大ナル決算未済高ヲ擁シ加フルニ今季モ亦巨額ノ注文ヲ引受ケタレバ之レガ履行ニ就キ不勘苦心シ先ツ資金ノ回収ニ努メ顧客ノ信用ニ注意シ積出ノ促進ヲ計リ(たり)」(九年上期、一三頁)

「当部取扱商品ハ概シテ注文引受ヨリ、引渡ヲ了スル迄ニ長期ヲ要スルモノ多ク、中ニハ数年ニ亘ルモノ少ナカラズ。従テ常ニ比較的巨額ノ決算未済高ヲ擁スル次第ニシテ、其間積出促進、為替ノ変動等ニ就テハ不断ノ注意ヲ懈ラザルナリ」(一〇年下期、七～八頁)

つまり契約不履行、売掛金回収不能への対処が問題だったのである。

③ 機械部不振への対応

『一〇〇年史 上』は当該期における機械部の対応について次のように述べている。

「第一次大戦後の日本では、……慢性不況基調にもかかわらず重化学工業化が一定程度進展し、これに伴って為替相場の割高基調を利用して、流入してくる外国機械の輸入圧力に苦しめられながらも機械の国産化がしだいに進み……機械輸入額は大正九年から一三年にかけての一億一〇〇〇万円前後の水準から、大正一四年から昭和三年にかけての〇・九億円前後の水準へ低下した」(同史、四八五～六頁、以下も同様表示)

物産機械部はこのような状況に対応するために、三つの政策を採った。

「第一に電気機械・紡織機械以外の分野にも積極的に進出するために、国内・国外の有力機械メーカーとの一手販売契約を、さらに増加させる政策をとった」が、「各部門における内外の代表的メーカーが網羅されていた」(四八

六〜七頁）

「第二に、不況期の日本で新たに展開しつつある一部の機械工業部門へ、三井物産は子会社を新設して参入した」。具体的には三機工業、東洋バブコック、東洋オーチス・エレベーターなどで、「物産が取得した一手販売権を基礎に、同社の機械工業への進出の尖兵として、重要な役割を果した」（四八八頁）

「第三に、旧来の機械部の基軸商品であった電気機械と紡織機については、いわゆる小物商品に進出することによって、販路を拡大するという方針が展開された」（同頁）

この結果、次のような状況となった。

「品類別では電気機械と紡織機械が中心を占めるという構成は、いぜん変わらなかったものの、全体としての取扱高の減少のなかで、電気、雑品という小物商品とレールおよび鉄道車両類、鉄管類、兵器・軍用品の販売が伸びていた。レール・鉄道車両類の増加は、この時期における都市化の進展に伴う国鉄、私鉄鉄道網の発展、鉄管類も基本的には都市化の進展に規定され、兵器・軍用品の増加は軍備の充実と、日本製鋼所鎮守府出張所を大正一四年一二月に引継いだ横須賀出張所の開設の結果であった」（四八九頁）

（1）三機工業の設立は次のような経緯であった。「従来機械部取扱商品中是レガ売込ヲ為スニ其目的ヲ達スルニ能ハザルモノアリ、是レガ為メ工事機関設立ノ必要ヲ数年来認メ居リシガ、……当社出資ノ下ニ愈々之ヲ新設スルコトニ決シ、同年四月廿二日創立……同社ハ機械部扱暖房用諸機械、『ロバートソン、メタル』、『スチールサッシュ』、製氷機、『エレベーター』等ノ取付工事ヲ含ム販売ニ従事」したのである（「第九回支店長会議事録」一二〇頁）。

（2）大正一四年一二月の開設は横須賀出張員であって、出張所になるのは後のことである。「出張員ノ業務ハ横須賀海軍鎮守府、同工廠、同建築部其他在横須賀海軍諸官衙等ヲ得意先トシ、各種需要品ノ代理売込ト、日本製鋼所製品納入ノ代理トヲ為スニアリ」（同右、一二一頁）といわれる。

表2-8　店部別売約高推移（大正12〜15年）

(単位：千円)

店部名	大12/下	13/上	13/下	14/上	15/上
機械部・東京支部	12,915	20,152	17,887	22,937	＊20,740
大阪支部	13,908	8,211	6,107	9,347	15,540
門司支部	1,633	818	246	846	＊1,563
上海支部	830	801	616	850	999
台北支部	810	193	427	649	963
神戸支店	517	1,229	589	467	1,103
名古屋支店	1,431	1,460	1,076	5,533	2,212
小樽支店	450	488	366	1,049	347
長崎支店	106	251	69	150	＊169
三池支店	79	81	155	81	
京城支店	1,039	319	524	292	556
大連支店	1,364	3,548	2,936	939	＊2,447
青島支店	132	166	266	369	142
天津支店	72	94	58	72	
香港支店	7	15	9	32	
漢口支店	25	14	8	3	
泗水支店	1	8	6		
横浜支店		13			
その他	17	※3,451	66		220
合計	35,336	41,312	31,411	43,616	47,001

〔備考〕1. ＊印は出張所または出張員を含む。
　　　　2. ※印には盤谷出張費3,432（シャム政府の歩兵銃其他）を含む。

(3) 店部別推移

「機械部考課状」では、店部別の売約高、取扱高については断片的にしか説明されていない。大正七年上期では売約総額中、東京支部三五％、大阪支部二二％、その他四三％の割合であった（同期の「考課状」、三頁）。大正一〇年代が判明した表2-8でみると、機械部・東京支部が一二年下期以外では五割前後の比重を占め、七年頃より重要性を増している。大阪支部は東京に次ぐ売約高を誇り、一二年下期では東京を上回っていた。しかし一五年上期までは低調である。門司、上海、台北は支部ではあるが、金額的には大きくない。むしろ名古屋、神戸、小樽、京城支店、門司支部、神戸、小樽、京城支店に大連支店が大きく、一〇〇万円を超える時もあった程度

表2-9 機械部の損益推移（大正6/下～15/上）

(単位：千円)

決算期	取扱高(a)	総益金(b)	b/a(%)	総損金	純益金(c)	c/a(%)
大6/下	(22,563)	(1,196)	(5.30)	339	(857)	(3.80)
7/上	32,023	1,986	6.20	450	1,536	4.80
下	38,936	(2,530)	(6.50)	544	(1,986)	5.10
8/上	48,556	2,740	5.64	725	2,015	4.15
下	47,915	3,577	7.47	886	2,691	5.62
9/上	58,996	3,346	5.67	1,053	2,293	3.89
下	57,066	4,293	7.52	1,188	3,104	5.45
10/上	57,807	3,932	6.80	1,419	2,513	4.37
下	68,011	3,888	5.7強	1,286	2,602	3.83
11/上	68,198	4,135	6.6強	1,244	2,891	4.23
下	53,206					
12/上	52,892				(2,838)	(5.37)
下	40,101	3,513	8.76	1,135	2,378	5.93
13/上	41,207	3,043	7.38	1,227	1,818	4.41
下	44,574	2,351	5.27	1,201	1,149	2.57
14/上	32,677	2,065	6.32	1,154	911	2.79
下	35,564				(826)	(2.32)
15/上	38,373	2,062	5.37	976	1,086	2.54

〔備考〕1. 各期「機械部考課状」より計算の上作成。千円未満四捨五入。
2. (　)内は翌期の記述から逆算した。空欄は資料欠のため不詳。

である。要するに、機械取引は東京中心であり、大阪がそれに次ぐ構造は不変である。その中で大連支店は満鉄との関係があり注目すべき存在であった。

『一〇〇年史　上』は「取扱高のもっとも大きかったのは機械部で、物産機械取扱高の二分の一を占め、次いで大阪が四分の一、残り四分の一を大連、京城、門司、台南、神戸、台北、横須賀、呉、名古屋、その他の各支店・出張所が取扱った」（三七七頁）と述べているが、時期によって店部の比重は異なっており、右の引用部分は表2-8の大正一三～五年頃に当てはまる。

（1）「事業報告書」には店部別のやや詳細な表があるが、「機械部考課状」とは基準が異なるらしく一致せず、また時系列的に揃わない。したがって本章では、他の記述との整合性から「機械部考課状」によって説明しておく。

第二章　大正後半期における機械取引

(4) 機械部の損益

幸い「機械部考課状」には、損益状況について言及があり、表2-9はそれを整理したものである。そこでは総益金、「各支部代理店ノ総経費」、純益金の用語が使われているが、ここでは「各支部代理店ノ総経費」を総損金と称しておく。大正六（一九一七）年以降取扱高の増加につれて総益金は増大し、九年下期に最高値四二九万円を記録して、一一年頃まで好調が続いたが、以後取引高の縮小に伴い、一四・一五年頃は最盛期の半分（二〇六万円）にまで落ち込んでいる。取扱高に対する総益金率は五〜七％の水準で、時期によって大きく変化している。一二年下期は最盛期の七・五二％を越えた八・七六％の高率であるが、以後傾向的に低下し、一五年では五％台に低下した。総損金は取扱高の増大に伴い一層の増加していったが、一〇年以降取扱高が縮小しても増大した水準が続き、純益金の一層の低下を結果した。純益金も九年下期（三一〇万円）まで増加基調にあり、以後基本的には取扱高縮小→総益金減少を反映して減少傾向に転じ、一四年は最盛期の純益金の三分一以下（九〇万円前後）にまで落ち込むが、一五年上期は総経費の縮減に助けられて一〇八万円にやや回復した。取扱高に対する純益金率は四〜五％の水準が多く、一二年下期は例外的に約六％であったが、以後急速に低下して二％台に落ち込んだ。

機械部自体の損益推移は以上のようであったが、他の商品との比較ではどうであったか。断片的な資料ではあるが、『一〇〇年史　上』では表2-10のような順位を示している。大正一〇年一〇月期といえば、機械部の取扱高がピークの六八〇〇万円に達した時点であり、三八九万円の総益金、二六〇万円の純益金を計上

表2-10　商品別損益における機械の位置

決算期	1位	2位	3位	4位	5位
大 10/10	機械	石炭	生糸	砂糖	燐鉱石
13/ 4	石炭	機械	砂糖	生糸	羊毛トップ
10	石炭	機械	砂糖	生糸	羊毛トップ
14/ 4	石炭	機械	砂糖	生糸	羊毛トップ
10	石炭	機械	生糸	砂糖	薬品
15/ 4	石炭	機械	生糸	薬品	砂糖
10	石炭	機械	生糸	砂糖	薬品

〔備考〕『稿本100年史』543頁の第60表より作成。

し、まだ好調の余韻が残っていた時期であるが、機械が第一位にランクされている。機械部が急速に業績不振に落ちていく一三ー一五年でもなお第二位(一四年下期のみ第三位)を保っており、他商品の中で石炭には及ばないものの、高収益部門であったことを物語っている。但し物産全体の利益は、大正一一年以降半期六〇〇万円から八〇〇万円台へと漸増中であったから、機械部の不振は全体とは乖離した動きであった。

『一〇〇年史 上』によれば「利益順にみると、紡績機械、雑種機械、汽機および汽罐の利益が大きく、電気機械は利益率が一％にもならず、機関車や軌条および付属品などは損失となった」(三七六～七頁)といわれる。

第二節 大口売約先の考察

1 大口売約先の全体における比重

さて「機械部考課状」の中では、商品別にその期の大口売約先が例示されている。原則的には一件一〇万円以上が対象となっている。一部の時期では大口が少なかったためか、商品によっては五万円以上が記載されているが、全体としては一〇万円以上といって大過ない。契約ごとに記載されているので、同一会社が幾件も登場することもある。通常は別種の商品ならば別建て契約だからであろう。

本章で対象とし得たのは九五八件であるが、これだけの件数があれば十分に意味を持っていると思われる。その累計額は四億円を超えているが、同期間の全売約高累計七・四億円の五五％を占め、大口先の動向が全体を左右していたと考えられる。

各決算期ごとの売約高に対する大口先の比重は、表2ー11の最右欄に示したが、大正一二(一九二三)年上期の二

第二章 大正後半期における機械取引

七%、九年下期の七八%は例外として、多くの期は五〇%前後である（平均値が前掲の五五%）。商品別にみた場合、同表下欄の比較合計割合にみるように、兵器・軍用品では大口先累計が売約高累計の八一%を占め、鉄道用品でも同様に六九%の高率で、特定先に取引が偏っていることを示し、反面、諸機械工具では三五%で

表2-11 大口の売約件数・金額（大正7/上～15/下）

（金額単位：千円）

決算期	紡織機 件数	紡織機 金額	機関・汽罐 件数	機関・汽罐 金額	電気機械 件数	電気機械 金額	諸機械工具 件数	諸機械工具 金額	鉄道用品 件数	鉄道用品 金額	鉄鋼材料 件数	鉄鋼材料 金額	兵器・軍用品 件数	兵器・軍用品 金額	合計(a) 件数	合計(a) 金額	売約高計(b)	b/a (%)
大7/上	8	1,641 (資料欠)			20	3,086	13	4,231	11	8,867	9	3,779	9	3,796	78	27,043	43,342	62.4%
下		2,721			8	2,680	9	2,078	7	4,710	4	1,252	8	1,652	32	13,441	(54,703)	—
8/上	4	4,210	10	2,785	21	5,933	9	4,200	12	11,795	7	3,764	11	5,276	73	34,339	33,223	40.5%
下	6	2,785	5	1,476	33	14,480	2	2,900	12	9,715	10	10,773	11	6,276	94	71,261	65,470	52.4%
9/上	21	26,641	8	1,175	13	10,247	14	5,309	11	6,682	12	6,382	12	71,261	76	120,968	120,968	58.9%
下	14	11,298		1,175	12	2,757	9	2,131	11	3,886		1,321	不明	54,142		42,379	54,142	78.3%
10/上	10	3,440			21	5,806	7	2,071	10	8,439	5	856	42	13,535		13,535	30,942	43.7%
下	9	4,281			30	9,655	11	2,914	6	3,993	11	2,553	59	24,006		24,006	44,704	53.7%
11/上	8	5,823			8	5,806	7	2,071	5	8,439	7	4,137	77	27,697		27,697	55,708	49.7%
下	4	3,880	2	870	5	2,020	4	550	1	1,430	6	450	27	13,720		13,720	36,322	37.8%
12/上	7	2,418			5	1,547	5	842	4	2,294	6	1,720	35	9,645		9,645	36,432	26.5%
下	4	506	5	1,728	15	5,894	12	3,806	5	1,908	10	2,326	55	17,100		17,100	35,336	48.4%
13/上	7	1,358			15	10,551	14	2,785	4	2,159	9	5,856	56	23,810		23,810	41,312	57.6%
下	2	432			19	5,417	8	2,335	3	421	15	4,745	49	13,734		13,734	31,411	43.7%
14/上	5	2,270			28	13,059	7	2,173	2	1,706	6	2,627	60	22,639		22,639	43,616	51.9%
下	5	2,705	10	3,277	9	2,504	10	1,393	6	1,735	4	601	54	14,842		14,842	36,180	41.0%
15/上	10	6,329	4	2,267	17	6,099	8	3,180	3	2,309	7	1,555	56	22,120		22,120	47,002	47.1%
下	5	3,423	3	754	4	1,586	7	2,678	2	1,644	7	2,221	35	13,790		13,790	40,783	33.8%
合計 件数	129		55		278		149		136		127		953					
合計 金額		83,376		15,975		103,321		45,576		73,693		32,976		50,184		405,101	742,190	54.6%
比較合計		161,303		32,966		197,568		131,023		106,367		64,018		62,265		756,110		53.6%
割合		51.7%		48.5%		52.3%		34.8%		69.3%		51.5%		80.6%				

（備考）
1. 各期「機械部考課状」より計算の上作成。（但し11/下、12/上、14/下、15/下については「事業報告書」を採用。以下、表2-12～2-16も同様。）
2. 比較合計は7/下、15/下を除いた合計で、判明した限りでの大口売約額との割合を出すために計算対象をそろえたもの。
3. 大8/上では資料に欠損あり、一部が抜けている模様。

取引先が分散しているようである。大口先は合計欄にみるように、電気機械で一億円を超え、紡織機、鉄道用品、兵器・軍用品、諸機械工具、鉄鋼材料、機関・汽罐の順に続く。のちにみるように電力、紡績、鉄道の諸企業の発注がその背後にある。紡織機においては大正九年上期前後に発注が集中したが、電気機械、鉄道用品、鋼鉄材料、兵器・軍用品でも同じ傾向があり、さらに電気機械だけは一三、一四年にも発注増があった。機関・汽罐は大口先の記述がない年も多く、不安定な発注ぶりである。

(1) 表2-11にみる通り、大正七年下期の考課状が欠如し、八年上期も一部欠損しており、一〇年上期の兵器・軍用品では具体的に大口売約先が記されておらず、全期間完全に揃っているわけではない。しかし欠如部分は五〇件程度と推測され、揃っても一〇〇〇件程度で、本章での対象は大口売約先全体の九五％程度をカバーしていると考えられる。

2 ランキングの考察

(1) 全体でのランキング

考察期間を通じて大口先として九五八件があるが、名寄せすると二八五の大口先となる。累計三〇〇万円以上の三三大口先を取り出したのが表2-12である。同表から次の点を指摘できよう。その売約金額ランキングを計算し、累計三〇〇万円以上の三三大口先を取り出したのが表2-12である。

第一に、最上位に陸軍、海軍、満鉄がほぼ同額で並び、二四〇〇万円前後といえば他社とは隔絶した存在であった。これに第四位の鉄道省を加えると、機械部では官需依存の体質が濃いことがわかる。

第二に、第五～七位が大日本紡、鐘紡、東洋紡、第八～一〇位が日本水力、日本電力、東京電灯に象徴されるように、紡織企業七社、電力企業七社がこの二業種も機械部の重要先であることを示している。

第三に、鉄道業も満鉄は別格であるが、八社を数え、日本内地よりも中国・朝鮮の鉄道企業から受注していることが注目される。また、日本内地では大阪市電、東京市電が阪急・阪神電鉄より上位にある。

第二章　大正後半期における機械取引

表2-12　大口売約先（300万円以上）33社

(単位：千円)

順位	業種	発注先	件数	金額	順位	業種	発注先	件数	金額
1	11	陸軍	54	24,778	18	2	東邦電力	12	5,110
2	12	海軍	71	24,296	19	9	五十嵐商店	14	4,453
3	4	南満州鉄道	41	23,380	20	14	東京市電気局	11	4,276
4	13	鉄道省	28	14,717	21	8	王子製紙	12	4,261
5	1	大日本紡績	20	14,596	22	2	宇治川電気	7	3,986
6	1	鐘淵紡績	25	13,954	23	9	三井物産の部・支店	13	3,879
7	1	東洋紡績	14	11,457	24	25	暹羅政府	2	3,690
8	2	日本水力	4	9,084	25	8	三菱造船	7	3,683
9	2	日本電力	18	8,885	26	4	阪神急行電鉄	10	3,640
10	2	東京電灯	19	8,653	27	7	日本石油	8	3,625
11	9	梁瀬商事	21	6,280	28	1	内外綿	5	3,536
12	4	津浦鉄道	3	5,965	29	1	倉敷紡績	6	3,503
13	14	大阪市電気局	14	5,963	30	1	東洋モスリン	5	3,449
14	4	京綏鉄道	1	5,906	31	4	阪神電気鉄道	7	3,124
15	2	大同電力	15	5,571	32	4	山東鉄道	6	3,067
16	1	富士瓦斯紡績	4	5,564	33	4	朝鮮鉄道	4	3,033
17	2	早川電力	6	5,501			合計　33社	487	254,865

第四に、三井物産の部・支店に対する取引（全体の二三位）や、他財閥である三菱の造船所との取引（二五位）があることも興味深い。変わったところでは梁瀬商事が外国車輸入で物産機械部を通しており、上位にある（一一位）。

第五に、件数では海軍の七一件を筆頭に、陸軍五四件、満鉄四一件と続き、金額だけでなく件数でも他を引き離し、恒常的に発注している常連であることを示している。鉄道省、鐘紡、梁瀬商事、大日本紡が二〇件を越え、東京電灯と日本電力も一九件であるから常連に近いといえよう。反面、京綏鉄道（機関車及び部分品）は一回限りの大口注文五九一万円であり、暹羅政府は榴霰弾二〇万発二六万円と、歩兵銃三四三万円の二回限りであった。

(2)　業種別ランキング

それでは二八五大口先を業種別に組み替えてランキングをみよう。

第一に、繊維業の大口先四九社のランキングは表2-

表2-13 繊維業の大口先

順位業種	順位全体	会社名	件数	金額(千円)	順位業種	順位全体	会社名	件数	金額(千円)
1	5	大日本紡績	20	14,596	26	113	吉見紡織	1	550
2	6	鐘淵紡績	25	13,954	27	120	大阪合同紡績	3	513
3	7	東洋紡績	14	11,457	28	124	浜松紡績	1	480
4	16	富士瓦斯紡績	4	5,564	29	131	朝鮮紡織	2	436
5	28	内外棉	5	3,536	30	139	豊田押切工場	1	410
6	29	倉敷紡績	6	3,503	31	158	天満織物	1	337
7	30	東洋モスリン	5	3,449	32	159	錦華紡績	1	326
8	34	東洋レーヨン	2	2,976	33	161	大興紡績	1	325
9	40	豊田紡織	5	2,386	34	164	中津絹糸	1	320
10	43	同興紡績	2	2,253	35	169	山保毛織	1	300
11	47	岸和田紡績	1	2,000	36	175	南勢紡績	1	284
12	49	足利紡績	1	2,000	37	179	日本毛織	2	268
13	51	小田原紡織	2	1,798	38	187	東京絹毛	1	250
14	65	申新紡績	1	1,430	39	199	羊毛紡織	1	230
15	67	東京毛織	3	1,415	40	206	長崎紡績	1	204
16	73	日本絹毛紡織	4	1,333	41	223	満州紡績	1	160
17	75	満蒙毛織	5	1,274	42	237	関東紡績	1	140
18	77	菊井紡績	2	1,116	43	244	東京モスリン	1	134
19	79	内海紡績	1	1,029	44	254	栗原紡績	1	120
20	83	服部紡績	1	960	45	230	明治紡績	1	114
21	88	和泉紡績	1	850	46	260	日本毛糸紡	1	114
22	89	福島紡績	3	843	47	272	日本原毛	1	100
23	93	上海紡績	1	750	48	281	日本カタン糸	1	61
24	112	日華紡織	3	553	49	284	帝国製麻	1	56
25	113	樽井紡績	1	550			49社	146	87,807

13のようである。すでにみたように大日本紡、鐘紡、東洋紡など紡績トップクラスは一〇〇〇万円台の大口で、売約件数も断然多く、それ以下とは大きな落差がある。しかし繊維業四九社には、日清紡以外のすべての紡績大手が含まれ、電力・鉄道業と並んで企業数が多い。大正一五年時点で公称資本金一〇〇万円以上の繊維企業で表2-13に登場しないのは、日清紡、片倉製糸紡績、郡是製糸、日出紡織、旭紡織、毛斯綸紡織、日本製麻の七社だけで、中規模企業も数多くが登場している。但しそのうち二九社が一件のみ、すなわちスポット取引であり、二回以上の二〇社を上回っていることが注目される。

第二に、電力・瓦斯業であるが、

表2-14 電力・瓦斯業の大口先

順位 業種	順位 全体	業種コード	会社名	件数	金額(千円)	順位 業種	順位 全体	業種コード	会社名	件数	金額(千円)
1	8	2	日本水力	4	9,084	31	157	2	富士水電	2	339
2	9	2	日本電力	18	8,885	32	159	2	岡崎電灯	1	326
3	10	2	東京電灯	19	8,653	33	162	2	備作電気	2	321
4	15	2	大同電力	15	5,571	34	164	2	群馬電力	1	320
5	17	2	早川電力	6	5,501	35	172	2	札幌送電	2	299
6	18	2	東邦電力	12	5,110	36	174	2	鬼怒川水電	1	290
7	22	2	宇治川電気	7	3,986	37	176	2	大白川電力	1	273
8	35	2	九州水力電気	8	2,728	38	176	2	長野電灯	1	273
9	46	2	東京電力	7	2,146	39	194	2	横浜電気	1	237
10	52	2	播磨水力	4	1,790	40	196	2	朝鮮瓦斯電気	1	234
11	55	2	岐阜電力	3	1,712	41	202	2	関西水力	1	220
12	58	2	台湾電力	3	1,651	42	205	2	三重合同電気	1	206
13	62	2	広島電気	3	1,479	43	216	2	熊本電気	1	181
14	70	2	白山水力	6	1,381	44	224	2	杖立川水電	1	158
15	71	2	信越電力	2	1,354	45	242	2	関西電気	1	137
16	76	2	大阪電灯	4	1,135	46	254	2	京城電気	1	120
17	86	2	京浜電力	3	927	47	258	2	新潟電気	1	119
18	91	2	京都電灯	3	802	48	230	2	宇部電気	1	114
19	94	2	山陽中央水電	3	736	49	263	2	白川水力	1	113
20	100	2	岡山電灯	2	682	50	266	2	濃飛電気	1	107
21	103	2	両備水力	3	633	51	266	2	札幌水電	1	107
22	104	2	矢作水力	2	613	52	268	2	金剛山電気	1	106
23	107	2	函館水電	3	590	53	268	2	大和電気	1	106
24	134	2	名古屋電灯	2	430				53社	179	74,632
25	141	2	九州電力	1	404	54	38	3	大阪瓦斯	10	2,543
26	144	2	常盤電力	1	400	55	54	3	東京瓦斯	8	1,739
27	145	2	東信電気	2	394	56	247	3	神戸瓦斯	1	130
28	147	2	下野電力	1	388	57	278	3	東邦瓦斯	1	91
29	150	2	岡山水電	3	383				4社	20	4,503
30	152	2	姫路水力電気	2	378						

表2-14にみるとおり電力五三社、瓦斯四社で、電力は全業種中最多である。いわゆる五大電力は第二～七位までにあり、宇治川電気を除き四社とも五〇〇万円以上、一〇件以上の大口かつ準常連である。しかし電力企業には大資本会社が多く、繊維業と同様公称一〇〇〇万円以上で表2-14に登場しない企業を拾うと一三社あり（北海道電灯、関東水電、関東水力電気、帝国電灯、静岡電力、只見川水力電気、東部電力、

表2-15 鉄道業の大口先

順位業種	順位全体	会社名	件数	金額(千円)	順位業種	順位全体	会社名	件数	金額(千円)
1	3	南満州鉄道	41	23,380	23	128	京阪電気鉄道	2	452
2	12	津浦鉄道	3	5,965	24	129	東海道電鉄	1	450
3	14	京綏鉄道	1	5,906	25	133	常総鉄道	1	433
4	26	阪神急行電鉄	10	3,640	26	143	東京地下鉄道	2	402
5	31	阪神電気鉄道	7	3,124	27	146	明姫電鉄	1	392
6	32	山東鉄道	6	3,067	28	154	伊勢電鉄	2	355
7	33	朝鮮鉄道	4	3,033	29	164	西武鉄道	1	320
8	37	大阪電気軌道	14	2,902	30	169	玉川電気鉄道	1	300
9	39	京浜電気鉄道	2	2,495	31	182	佐久諏訪鉄道	1	260
10	44	南海鉄道	10	2,199	32	198	飛驒索道	1	231
11	57	樺太鉄道	4	1,690	33	209	木曽電気鉄道	1	200
12	53	小田原急行鉄道	2	1,610	34	214	水戸鉄道	1	186
13	69	台湾鉄道	3	1,382	35	219	福武電気鉄道	1	172
14	72	京張鉄道	1	1,335	36	224	名古屋電気鉄道	1	158
15	80	九州電気軌道	2	1,013	37	227	京王電気軌道	1	152
16	81	佐久鉄道	1	970	38	228	小田原電気鉄道	1	150
17	81	朝鮮中央鉄道	2	970	39	234	西屋鉄道	1	147
18	96	京成電気軌道	2	722	40	247	川根電力索道	1	131
19	99	九州電灯鉄道	3	698	41	272	愛知電気鉄道	1	101
20	108	兆昴鉄道	1	584	42	281	大阪高野鉄道	1	61
21	117	神戸姫路電鉄	1	538			42社	146	72,802
22	119	金剛山電気鉄道	3	526					

第三に、鉄道業であるが、表2-15のように四二社を数える。満鉄のみが隔絶した大取引先であって、三〇〇万円を超える売約先七社のうち日本内地企業は阪急、阪神のみで、五社が満州、朝鮮、中国所在企業であることが注目される。鉄道業でも公称一〇〇〇万円以上の企業は多く、八社が表2-15に登場しない（東武鉄道、王子電気軌道、伊那電気鉄道、富士身延鉄道、大阪鉄道、新京阪鉄道、阪神国道電軌、伊予鉄道電気）。ここでも中庄川水力電気、富山電気、中国合同電気、四国水力電気、熊本電気、朝鮮電気興業）、全体としては大手をかなり含むものの、中規模電力企業以上の半分程度が大口先である模様である。一回限りの取引は二三社であり、三〇社が二回以上となっている。瓦斯会社では公称一〇〇〇万円以上で登場しないのは広島瓦斯のみであり、大阪・東京両瓦斯の件数が多い。

規模以上の半分程度が大口先となっているようである。件数では満鉄の四一件は別格で、大阪電気軌道、阪急、南海鉄道が一〇件以上の準常連で、一件のみが二二社で半数を占めている。

第四に製造業・鉱業であるが、表2-16のように合計六三社を数え、その内訳は鉄鋼業五社、化学工業一〇社、鉱業一〇社、その他製造業三八社である。いずれも単独で、多額の売約ではなく、三菱造船三八六万円、日本石油三六三万円が最大クラスであった。著名な大企業であっても、売約額が少額なことが注目される。製造業には数多くの企業があり、機械部がそれらを網羅していたとは到底言い難い。公称一〇〇〇万円以上の企業では、鉄鋼業で日本鋼管が漏れ、化学工業で大日本セルロイド、帝国火薬工業、大阪アルカリ、星製薬、鉱業で三菱鉱業、久原鉱業、大日本炭鉱、磐城炭鉱が抜けている。製造業ではセメントのほとんど（小野田、浅野、土佐、大分各セメント）、製粉（日本、日清両製粉）、麦酒のすべて（大日本、麒麟、帝国各麦酒、日本麦酒鉱泉）、製糖（明治、塩水港、新高、北海道各製糖）、製紙（富士製紙、樺太工業、日本紙業）、その他（秋田木材、東京電気、森永製菓、日東製氷）が登場しない。これ以外にも非上場の財閥系企業が数多く漏れている（後述）。反面、表2-16ではのちに大企業に成長していく著名企業がかなり多く含まれていることも事実である。むしろ多方面の諸企業と広く取り引きしていることを評価すべきかもしれない。

第五に、商業その他は表2-17のごとくである。商業では三井物産の内部取引一三件と三菱商事一件が目に付くが（内容は後述）、自動車輸入の梁瀬商事、レール取扱の五十嵐商店と大島商店、冷蔵機械の葛原商店が、件数も多く金額も上位にある。商社であれば三井物産と競合する立場ともいえるが、それぞれ輸入に当たっての特殊な事情が絡んでいるのであろう。その他では新聞社・印刷業者が七社あり、建設業者が三社あるのが目に付くが、それ以外は雑多である。

第六に、官庁・地方団体は表2-18のごとくである。前述のように陸軍・海軍・鉄道省が最大級の大口であるが、

表2-16 製造業・鉱業の大口先

順位		業種コード	会社名	件数	金額(千円)
業種	全体				
1	36	5	八幡製鉄所	6	2,699
2	90	5	日本製鋼所	4	810
3	92	5	九州製鋼	3	763
4	109	5	北海道製鉄	3	572
5	241	5	東洋製鉄	1	138
鉄鋼業計			5社	17	4,982
1	101	6	日本窒素肥料	4	648
2	122	6	北海曹達	3	510
3	137	6	揖斐川電化	2	420
4	180	6	電気化学工業	1	266
5	186	6	木曽電気興業	1	253
6	195	6	東北電化	2	236
7	229	6	神奈川コークス	1	150
8	229	6	大日本人造肥料	1	150
9	272	6	日本電化工業	1	100
10	280	6	宇治電気化学	1	64
化学工業計			10社	17	2,797
1	27	7	日本石油	8	3,625
2	78	7	北海道炭鉱(汽船)	6	1,083
3	105	7	宝田石油	1	605
4	153	7	住友別子鉱業所	3	361
5	162	7	三井鉱山	3	321
6	178	7	北海炭鉱	1	272
7	210	7	住友炭業(所)	1	193
8	219	7	古河鉱業	1	172
9	235	5	中野興業	1	144
10	244	7	貝島鉱業	1	134
鉱業計			10社	26	6,910

逓信省以下は大きくない。地方団体では大阪・東京・神戸・横浜の市電が車両・レールなどを多額に売約しているのが目立つ。市役所名義の中にはレールもあり、それ以外は掘削機・鉄管等主として土木工事関係である。第七に、満州、朝鮮、台湾、中国等を一括したのが表2-19である。いかなる商品を売約したか興味が持たれるので、併せて示すが、機関車・レールなど鉄道用品、汽罐、発電機、掘削機などと並んで武器弾薬がみられる。暹羅政府以外はいずれも一回限りの取引であった。

133　第二章　大正後半期における機械取引

順位業種	順位全体	業種コード	会社名	件数	金額(千円)
1	21	8	王子製紙	12	4,261
2	25	8	三菱造船	7	3,683
3	41	8	川崎造船所	8	2,367
4	42	8	大阪鉄工所	2	2,314
5	50	8	浦賀船渠	1	1,994
6	60	8	朝鮮製糖	1	1,500
7	60	8	大和製糖	1	1,500
8	64	8	台湾製糖	4	1,458
9	97	8	石川島造船所	2	717
10	98	8	日ノ出セメント	1	715
11	106	8	汽車製造	3	604
12	116	8	湯浅蓄電池製造	2	543
13	126	8	日本橋梁	1	467
14	130	8	芝浦製作所	3	440
15	148	8	横河橋梁製作所	2	386
16	151	8	シャリング工場	3	382
17	155	8	帝国製糖	1	355
18	156	8	古河電気工業	2	350
19	173	8	東京計器製作所	4	298
20	181	8	藤永田造船所	1	263
21	184	8	北満製粉	2	257
22	189	8	共同建材製作所	2	243
23	191	8	南満製糖	1	239
24	200	8	久保田鉄工所	1	226
25	213	8	東京製綱	1	187
26	215	8	新潟鐵工所	1	185
27	218	8	東洋工業社	1	175
28	221	8	北越製紙	1	170
29	247	8	作山鉄工所	1	130
30	250	8	梅田機械製作所	1	129
31	252	8	乾鉄線	1	128
32	253	8	大阪染工	1	123
33	254	8	東洋製糖	1	120
34	254	8	大日本製糖	1	120
35	264	8	日本光学工業	1	110
36	272	8	東京スタンダード製靴	1	100
37	272	8	浅野造船	1	100
38	285	8	日本フェルト	1	50
その他計			38社	81	27,389
合計			63社	141	42,078

　海外、とくに中国との兵器取引については、次のような事情があった。

　「〔中国方面の〕軍器引合ハ前季来極メテ有望ナルモノナリシニ拘ラズ本年二月以降――帝国政府ノ外交方針上支那南北ノ妥協成立迄一切軍器ノ供給ヲ中止セルタメ湖北督軍納一八〇万円ノ既製品ノ如キモ契約残部約四〇万円ハ一時積出ヲ中止スルノ巳ムナキニ至リ、又吉林、湖南両督軍ヨリ夫々纏マリタル引合ヲ受ケタルモ遂ニ正式契約ヲ締結スルニ至ラズシテ仮契約ノ儘トナリ居レリ」（八年上期、一二五頁）

表2-17 商業その他の大口先

順位 業種	順位 全体	業種コード	会社名	件数	金額(千円)
1	11	9	梁瀬商事	21	6,280
2	19	9	五十嵐商店	14	4,453
3	23	9	三井物産の部・支店	13	3,879
4	66	9	葛原商店	6	1,429
5	68	9	大島商店	7	1,409
6	138	9	中島商事	2	415
7	203	9	松昌洋行	1	208
8	204	9	朝鮮産業	1	207
9	206	9	安全索道商会	1	204
10	247	9	稲葉商会	1	130
11	259	9	三菱商事	1	116
12	272	9	浅香本店	1	100
商　業　計			12社	69	18,830
1	47	10	大阪毎日新聞	5	2,002
2	63	10	ゼームス・スチユアート社	1	1,464
3	83	10	博益公司	1	960
4	85	10	大阪朝日新聞	2	943
5	87	10	R.G.E.Co.	1	900
6	111	10	難波又三郎	2	563
7	113	10	豊田平吉	1	550
8	118	10	凸版印刷	1	536
9	123	10	東京朝日新聞社	1	495
10	127	10	平和商会	1	463
11	132	10	住友本店	1	435
12	167	10	清水組	2	317
13	169	10	精美堂	2	300
14	201	10	宇都宮金之丞	1	223
15	211	10	日高拓殖	1	191
16	222	10	大林組	1	165
17	226	10	中日実業公司	1	156
18	229	10	福沢桃介	1	150
19	229	10	東京日々新聞	1	150
20	237	10	博文館	1	140
21	265	10	大阪医科大学病院	1	108
22	272	10	中外興業	1	100
23	279	10	竹中工務店	1	84
24	283	10	田中隆	1	60
その他計			24社	32	11,455
合　計			36社	101	49,115

　確かに機械部としては津浦鉄道、京綏鉄道で大きな受注を喜んだが、中国の内乱のため「当部売掛金ノ回収ニ不尠

　また、「対支引合ハ依然列国禁輸申合ノ厳存スルアリテ見送ルノ外無ク、又墨国ヨリノ引合ニハ対米関係ト応ジ難キ所ヨリ、目下ノ引合先トシテハ唯一ノ暹羅政府アルノミ」(一一年上期、四八〜九頁)と、対中国禁輸の中で暹羅政府への期待が大きかったことが語られている。

表2-18 官庁・地方団体の大口先

順位		業種コード	会社名	件数	金額（千円）
業種	全体				
1	1	12	陸軍	54	24,778
2	2	12	海軍	71	24,296
3	4	13	鉄道省	28	14,717
4	74	13	逓信省	6	1,325
5	182	13	内務省横浜土木事務所	1	260
6	196	13	煙草専売局	2	234
7	239	13	復興局	1	139
中央官庁計			7団体	163	65,749
1	13	14	大阪市電気局	14	5,963
2	20	14	東京市電気局	11	4,276
3	45	14	神戸市電気局	4	2,193
4	55	14	京都市役所	2	1,712
5	95	14	樺太庁	2	723
6	135	14	大阪市役所	1	427
7	140	14	釧路市役所	2	407
8	168	14	名古屋市役所	1	315
9	185	14	釧路築港	1	255
10	191	14	横浜市電気局	2	239
11	193	14	東京市役所	1	237
12	235	14	石狩治水事務所	1	144
13	242	14	仙台市電気局	1	137
地方自治体計			13団体	43	17,028
合計			20団体	206	82,777

齟齬ヲ来タセルハ、最モ明カナル影響ナリ」（一一年上期、一三三〜一四頁）と悩む面もあった。

なお、中国への兵器売り込みには泰平組合という三井物産・大倉組の秘密組合があったことを付け加えておこう。他方、ロシヤ政府向軍用電線も一回限りの売約であるが、「藤倉住友両社ト提携シ且ツ露西亜『ゼネラル』電気会社ト協力シテ大倉組ニ対抗シ非常ナル努力ノ結果遂ニ当社ノ手ニ注文ヲ獲得セルモノ」であった（八年下期、一八頁）。

表2-19 その他の大口先

順位		業種コード	会社名	件数	金額(千円)	発註内容
業種	全体					
1	102	15	官佃渓坤圳組合	1	635	車両及部分品
2	208	15	延海水利組合	1	202	渦巻喞筒
3	234	15	下南水利組合	1	146	灌漑用喞筒及汽罐3組
1	59	21	朝鮮鉄道局	1	1,543	機関車
2	250	21	朝鮮総督府	1	129	ドラグライン掘削機
3	270	21	朝鮮総督府土木局	1	105	汽罐
4	125	22	台湾総督府	1	476	スチームショベル5台他
5	142	22	台湾鉄道部	1	404	機関車
6	190	23	奉天省長	1	242	38式歩兵銃2000挺及実包
7	120	24	支那銀行団	1	513	機関車及部分品
8	136	24	北京交通部	1	423	電線他
9	148	24	福州督軍	1	386	歩兵銃及実包
10	188	24	東三省兵工廠	1	246	5英噸発煙硫酸製造装置
11	211	24	膠州鉄道	1	191	43キロ軌条及付属品
12	217	24	支那無線電信局	1	179	発電機
13	239	24	粤漢鉄道	1	139	機関車及部分品
14	24	25	暹羅政府	2	3,690	榴霰弾20万発, 歩兵銃
15	110	25	露国ゼネラル電気	1	568	軍用電線
			計 18	19	10,217	

(2) 泰平組合は、陸軍の中古兵器の中国売込みのために、陸相が三井物産と大倉組を仲介した秘密組合であった。その存在は、第七回支店長会議において飯塚青島支店長が現地で自由な取引を希望したのに対し、安川常務がその成立経緯とその利益を次のように述べていることで知られる。

「元来支那人ハ例ヘバ三井ナラバ三井ノミヲ信頼シ居ラバ宜カランモ、モシ都合ナル先ヨリ買入ヲ為スハ状態ニシテ、其結果日本全体ノ大不利益ナル所ヨリ、陸軍大臣中心トナリ泰平組合ヲ組織スルニ至リ同時ニ販売区域モ定メラレタルモノナルカ、青島店ハ戦争後大ニ発展シ大倉以上ノ勢ヲ以テ進ミタル為……不便ナル感ヲ抱カル、ナランモ、三井トシテハ又他ノ方面ニ於テハ反対ニ其区域ヲ定メルタメ青島ニ於ケル大倉以上ノ利益ヲ得ツ、アル箇所モナキニ非ズ、結局共通的ニ当社モ利益ヲ得ツ、アル次第ナリ」（同議事録、一一〇頁）

中国側が三社に打診して最有利な条件を求めるのはむしろ当然であり、「日本全体の大不利益」というのは陸軍、物産、大倉組の利益に他ならない。安川の説明は他の地域でも同様な共同行為の存在を暗示しているようである。

(1) 業種別は、筆者が主要な業種・地域を意識してきめたもので、次のようである（第二章、三章共通）。

(1) 業種別は、筆者が主要な業種・地域を意識してきめたもので、次のようである（第二章、三章共通）。

一、繊維業
二、電力業
三、瓦斯業
四、鉄道業
五、鉄鋼業
六、化学工業
七、鉱業
八、その他製造業
九、商業
一〇、その他

(2)

一一、陸軍
一二、海軍
一三、中央官庁
一四、地方自治団体
一五、その他団体

二一、朝鮮所在企業
二二、台湾 〃
二三、満州 〃
二四、中国 〃
二五、その他海外 〃

同組合は陸軍中古兵器の中国売り込み窓口として長く機能したが、のち昭和一四年に陸軍の斡旋で昭和通商㈱に改組され、この時点で三菱商事も参加した（『立業貿易録』二四九〜五〇頁）。

3 契約内容

(1) 超大口先の事例

さて大口売約先の契約内容はいかなる商品であったか。九五八件すべてを掲げるわけには行かないので、超大口先と財閥関係だけを示し、若干のコメントを試みたい。

① 陸軍の事例

表2-20は陸軍の五四件の内訳であるが、当然のことながら四九件までが兵器・軍用品で、それ以外は諸機械工具雑品・電気機械に属し、四件は大阪砲兵工廠（工作機械等三件、ターボゼネレーターと配電盤）、一件が陸軍被服本廠（製靴機械）であった。四九件の発注先は技術本部、航空部（のち航空本部か）、東京砲兵工廠、大阪砲兵工廠、兵器本部、医務局など多くの部署に分かれていた。そのうち航空部が二八件、一五三六万円（陸軍全体の六二％）を占めている。

発注内容の中心は飛行機関係で、三一件、一九〇一万円（七七％）を占め、飛行機自体、機体、発動機、無線機などが含まれている。それ以外では機関銃等三件、自動車五件、トラクター二件、探照灯三件など雑多である。そして毎期のように発注があり、物産にとって好得意先であったことに間違いがない。

「（海軍が）海外ヨリ飛行機ヲ購入スル場合、常ニ掛官ヲ派遣スルカ或ハ駐在監督官ノ手ヲ経ルヲ以テ、当社ハ一切之ニ与ラザルニ反シ、陸軍ハ航空機ノ制式ヲ仏国ニ採リ飛行機、発動機共専ラ仏国製ヲ使用シ其購買ノ如キ、初

表 2-20　大口先の事例——陸軍

(単位：千円)

決算期	商品名	発注先	発注内容	金額
1920.10	7 兵器・軍用品	陸軍・海軍	中島式飛行機 35 台、ロ号甲型飛行機 15 台	720
1920.04	7 兵器・軍用品	陸軍技術本部	探照灯	145
1922.04	7 兵器・軍用品	陸軍技術本部	航空射撃砲及弾丸	131
1920.10	7 兵器・軍用品	陸軍航空部	「ローン」80 馬力発動機 50 台	240
1920.10	7 兵器・軍用品	陸軍航空部	中島式飛行機機体及螺旋機 30 台分	338
1920.10	7 兵器・軍用品	陸軍航空部	飛行機付属品予備品 11 台	449
1920.10	7 兵器・軍用品	陸軍航空部	飛行機 91 台, 発動機 120 台, 予備品 131 台	2,450
1921.10	7 兵器・軍用品	陸軍航空部	無線電信受信機他	120
1921.10	7 兵器・軍用品	陸軍航空部	発動機	580
1921.10	7 兵器・軍用品	陸軍航空部	飛行機	2,090
1922.04	7 兵器・軍用品	陸軍航空部	二式飛行機機体 50 台	573
1923.04	7 兵器・軍用品	陸軍航空部	ニューポート飛行機	152
1923.04	7 兵器・軍用品	陸軍航空部	飛行機	175
1923.04	7 兵器・軍用品	陸軍航空部	発動機	279
1923.04	7 兵器・軍用品	陸軍航空部	ニューポート飛行機	677
1923.10	7 兵器・軍用品	陸軍航空部	写真自動車 4 台	102
1923.10	7 兵器・軍用品	陸軍航空部	ローヌ発動機 20 台	110
1923.10	7 兵器・軍用品	陸軍航空部	甲式 3 型飛行機機体 25 台	286
1923.10	7 兵器・軍用品	陸軍航空部	ニューポール飛行機 15 台	338
1924.04	7 兵器・軍用品	陸軍航空部	甲式 4 型戦闘機機体 10 台	220
1924.04	7 兵器・軍用品	陸軍航空部	甲式 4 型戦闘機 30 台	925
1924.10	7 兵器・軍用品	陸軍航空部	ゴリヤット爆撃機 2 台	253
1924.10	7 兵器・軍用品	陸軍航空部	甲式 4 型戦闘機体 15 台	295
1924.10	7 兵器・軍用品	陸軍航空部	ニウポール 29 型 40 台	931
1924.10	7 兵器・軍用品	陸軍航空部	甲式 4 型機体 55 台	1,123
1925.10	7 兵器・軍用品	陸軍航空部	甲式 4 型戦闘機 7 組	138
1926.04	7 兵器・軍用品	陸軍航空部	甲式 4 型戦闘機体 43 台	800
1925.10	7 兵器・軍用品	陸軍航空本部	ブレゲ 19 型飛行機	118
1925.10	7 兵器・軍用品	陸軍航空本部	ゴリヤット爆撃機	248
1925.10	7 兵器・軍用品	陸軍航空本部	甲式 4 型戦闘機機体	1,186
1926.10	7 兵器・軍用品	陸軍航空本部	落下傘	164
1918.04	7 兵器・軍用品	陸軍省	飛行機諸口	2,235
1920.04	7 兵器・軍用品	陸軍省	飛行機用無線電信機	134
1920.10	7 兵器・軍用品	陸軍省	無線電信機	265
1923.04	7 兵器・軍用品	陸軍省	探照灯	202
1920.04	7 兵器・軍用品	陸軍省医務局	患者用自動車(英国製)	480
1920.04	7 兵器・軍用品	陸軍省医務局	患者用自動車(仏国製)	590
1919.04	4 諸機械工具雑品	陸軍大阪砲兵工廠	Pitch Measuring Machine etc	225
1921.10	4 諸機械工具雑品	陸軍大阪砲兵工廠	水圧搾伸縮機他	365
1921.10	4 諸機械工具雑品	陸軍大阪砲兵工廠	旋盤他	454
1919.04	3 電気機械	陸軍大阪砲兵工廠	ターボゼネレーター及同用配電盤	164
1922.04	7 兵器・軍用品	陸軍大阪砲兵工廠	水圧形成機	150
1920.04	7 兵器・軍用品	陸軍東京砲兵工廠	発動機	268
1921.10	7 兵器・軍用品	陸軍東京砲兵工廠	探照灯	230
1921.10	7 兵器・軍用品	陸軍東京砲兵工廠	自動車	460
1924.10	4 諸機械工具雑品	陸軍被服本廠	製靴機械 51 台	212
1920.04	7 兵器・軍用品	陸軍兵器本廠	飛行機運搬契約	447
1920.10	7 兵器・軍用品	陸軍兵器本廠	飛行機及付属品運搬費	440
1921.10	7 兵器・軍用品	陸軍兵器本廠	自動車	370
1924.04	7 兵器・軍用品	陸軍兵器本廠	ホルト 5 トントラクター 10 台	134
1924.04	7 兵器・軍用品	陸軍兵器本廠	ホルト 5 トントラクター除雪機付 10 台	145
1926.04	7 兵器・軍用品	陸軍兵器本廠	機関銃 100 挺・実包 20 万発	296
1926.10	7 兵器・軍用品	陸軍兵器本廠	機関銃	101
1919.10	7 兵器・軍用品	陸軍砲兵工廠	発動機運ぶ	55
	合計	54 件		24,778

表 2-21 大口先の事例——海軍

(単位：千円)

決算期	商 品 名	発 注 先	発 注 内 容	金額
1919.04	4 諸機械工具雑品	海軍	工具	140
1919.10	4 諸機械工具雑品	海軍	重油蒸留装置	730
1919.10	7 兵器・軍用品	海軍	探照灯用炭棒	66
1919.10	7 兵器・軍用品	海軍	転輪羅針儀	275
1920.04	7 兵器・軍用品	海軍	転輪羅針儀	658
1920.10	7 兵器・軍用品	海軍横須賀工廠	ろ号甲型飛行機体及付属品	150
1919.10	7 兵器・軍用品	海軍艦政局	蓄電池	130
1921.10	7 兵器・軍用品	海軍艦政本部	ロ号甲型飛行機体 75 基	1,305
1920.10	7 兵器・軍用品	海軍経理局	ローン発動機予備品 70 台分	161
1920.10	7 兵器・軍用品	海軍経理局	不揮発性装薬製造機械	192
1922.04	4 諸機械工具雑品	海軍呉工廠	ボーリングマシン 1 台	150
1918.04	4 諸機械工具雑品	海軍工廠	機械工具類	596
1918.04	4 諸機械工具雑品	海軍工廠	起重機	328
1919.10	7 兵器・軍用品	海軍航空部	飛行機用機関予備品	230
1920.10	7 兵器・軍用品	海軍佐世保工廠	潜水艦用電池基板	411
1920.10	7 兵器・軍用品	海軍省	特別契約(第1)	1,638
1920.04	7 兵器・軍用品	海軍省	特別契約(第2)	463
1920.04	7 兵器・軍用品	海軍省	特別契約(第3)	321
1920.10	4 諸機械工具雑品	海軍省	レボルビングショベル	222
1922.04	3 電気機械	海軍省	6175 KW ターボジェネレーター 1 台	1,055
1922.04	7 兵器・軍用品	海軍省	発電機送信装置 3 基	1,020
1922.04	7 兵器・軍用品	海軍省	水上単葉飛行機機体 6 台	105
1923.10	7 兵器・軍用品	海軍省	電器基板 7840 個	166
1923.10	7 兵器・軍用品	海軍省	90 糎探照灯 9 台	189
1923.10	7 兵器・軍用品	海軍省	電器基板 10168 個	198
1923.10	7 兵器・軍用品	海軍省	電器基板 10168 個	205
1923.10	7 兵器・軍用品	海軍省	電器基板 10168 個	205
1923.10	7 兵器・軍用品	海軍省	アブロ式飛行機 30 台	527
1924.04	7 兵器・軍用品	海軍省	横廠式水上飛行機 30 台	560
1924.04	7 兵器・軍用品	海軍省	90 糎探照灯 5 基	130
1924.04	7 兵器・軍用品	海軍省	90 糎探照灯 5 基	130
1924.10	7 兵器・軍用品	海軍省	ハンザ式水上機 20 台	415
1924.10	7 兵器・軍用品	海軍省	須式 90 糎探照灯 6 台	218
1924.10	7 兵器・軍用品	海軍省	ハンザ式水上機 20 台	167
1924.10	7 兵器・軍用品	海軍省	ハンザ式水上機 6 台	125
1924.10	7 兵器・軍用品	海軍省	須式 90 糎探照灯 3 台	109
1924.10	7 兵器・軍用品	海軍省	潜水艦用基板 44 号型(乙)	202
1924.10	7 兵器・軍用品	海軍省	須式 90 糎探照灯 3 台	109
1924.10	7 兵器・軍用品	海軍省	潜水艦用基板 44 号型(乙)	209
1924.10	7 兵器・軍用品	海軍省	潜水艦用基板 52 号型	175
1924.下	7 兵器・軍用品	海軍省	潜水艦用基板 44 号型(甲)	172
1925.04	7 兵器・軍用品	海軍省	アブロ式水上機機体 30 台	534
1925.04	7 兵器・軍用品	海軍省	ハンザ式水上機機体 30 台	689
1925.04	7 兵器・軍用品	海軍省	複式ジャイロコンパス 2 組	194
1925.10	7 兵器・軍用品	海軍省	無線送信機	382
1925.10	7 兵器・軍用品	海軍省	電器基板	147
1925.10	7 兵器・軍用品	海軍省	電器基板	293

141　第二章　大正後半期における機械取引

1925.10	7 兵器・軍用品	海軍省	探照灯		253
1926.04	7 兵器・軍用品	海軍省	13式水陸用練習機機体11基		213
1926.04	7 兵器・軍用品	海軍省	ロレーヌ450馬力発動機2基		130
1926.10	7 兵器・軍用品	海軍省	ローレン発動機		275
1926.10	7 兵器・軍用品	海軍省	探照灯		403
1926.10	7 兵器・軍用品	海軍省	須式羅針儀		234
1926.10	7 兵器・軍用品	海軍省	水上偵察機機体		189
1926.10	7 兵器・軍用品	海軍省	須式主転輪儀		118
1918.04	7 兵器・軍用品	海軍造兵廠	火薬用石炭酸		310
1918.04	7 兵器・軍用品	海軍造兵廠	ジャイロコンパス		110
1919.10	7 兵器・軍用品	海軍造兵廠	探照灯3口		749
1920.04	7 兵器・軍用品	海軍造兵廠	探照灯用炭素棒		132
1920.10	7 兵器・軍用品	海軍造兵廠	探照灯付属品予備品18基		566
1921.10	7 兵器・軍用品	海軍造兵廠	22号型電器基板8400個		166
1921.10	7 兵器・軍用品	海軍造兵廠	ス式90糎探照灯従動装置付9基		332
1921.10	7 兵器・軍用品	海軍造兵廠	22号型電器基板7840個		156
1921.10	7 兵器・軍用品	海軍造兵廠	ス式探照灯従動装置17基		102
1921.10	7 兵器・軍用品	海軍造兵廠	2次電器595基		372
1922.04	7 兵器・軍用品	海軍造兵廠	44号型電器基板他		202
1922.04	7 兵器・軍用品	海軍造兵廠	44号型電器基板他		171
1922.04	7 兵器・軍用品	海軍造兵廠	22号型電器及付属品480基分		284
1922.04	7 兵器・軍用品	海軍造兵廠	ス式探照灯14台		517
1922.04	7 兵器・軍用品	海軍造兵廠	ス式探照灯33台		726
1922.10	7 兵器・軍用品	海軍造兵廠	潜水艦用基板、セパレーター		790
合　計		71件			24,296

② 海軍の事例

海軍の七一件に及ぶ売約内容は表2-21のごとくであるが、発注先が単に海軍（五件）、海軍省（四〇件）と記している件数が多く、その部局別は不明である。造兵メハ大使館付武官ト仏国陸軍トノ間ニ直接行ハレテ、当社ハ唯其運搬ヲ請負ヘルニ過ギザリシガ、大戦後派遣武官モ漸次帰朝シタルト、陸軍ノ直接購入ニハ種々不便ナル事情モアリテ、現在ニテハ全部当社ノ手ヲ経ルコト、ナレリ」（大正九年下期、四一～二頁）以上のような取扱方法の差が、陸軍の飛行機類の取扱いが多く、海軍のそれが少ないことを結果している。

機械部は陸軍がフランス製飛行機採用を決定して以来、その輸入にかかわっていたが、大正九年上期に早くも先を見越して中島飛行機と手を結んでいる。すなわち「陸海軍ガ将来飛行機ノ補給ヲ内地製品ニ求ムル意向アルヲ確メタルニ依リ中島飛行機製作所ト一手販売ノ契約ヲ締結セリ従ッテ来季ニ於テハ陸海軍ヨリ相当注文ヲ引受ケ得ル見込ナリ」（九年上期、三二頁）と。

廠（一六件）、各海軍工廠（五件）、艦政本部（二件）、経理局（二件）、航空部（一件）の名義があるが、陸軍同様、現実の発注部署は多岐にわたっていたのかもしれない。一件当たりの金額は陸軍より細かく、内容も多岐にわたっている。すなわち、前述の理由から飛行機関係は陸軍より少なく、一七件（六一九万円）であり、海軍らしく蓄電池を中心とする潜水艦関係一九件（四六五万円）、探照灯関係一六件（四七三万円）、羅針儀関係五件（一三四万円）などが目立つ。

機械部は仏国ノトー社蓄電池製造権を湯浅蓄電池製造へ、米国スペリー社の探照灯、同ジャイロスコピックコンパス社のジャイロコンパス製造権を東京計器製作所に仲介して取得させ、それら製品の販売権を得ている。そして「スペリー」式探照灯ハ海軍指定品ニシテ海軍ニ対シテハ当社ガ販売代理ヲナス東京計器製作所ニ於テ製作スル事（九年上期、三三頁）となったのである。

海軍の場合、艦船用品（蓄電池を除く）、探照灯、ジャイロコンパス、サブマリンシグナルなどが取扱品の主なものであったが、「海軍省ガ紐育ニ監督官事務所ヲ設置シタル以来、同所ヲ通シテ直接購買ヲ為スガ為メ、当部ノ手ヲ経ルコトゝナド稀ナリ」ということであり、それも「仮令海軍ノ手ニテ直接買入セラル、場合ト雖モ、当社之ガ代理店タル関係上規定ノ口銭ヲ得ルモノトス」という扱いであった（大正九年下期、四一頁）。このような仕組みのため、機械部の売約高、取扱高に計上されない直接取引があり、それらを上乗せすれば、実質的には陸軍の売約高を超え、海軍が最大の顧客であったといえよう。

海軍で採用しているスペリー式探照灯は、遅蒔きながら陸軍でも使用することになっていく。すなわち「陸軍ヨリハ従来殆ンド注文ヲ見ザリシガ、欧州戦場ニ於テ野戦用、要塞用トシテ使用セラレタル探照灯ガ、効果著シカリシヨリ俄ニ其制式ヲ定ムベク……高光度ノ探照灯ハ総テ『スペリー』式ヲ採用スルコトニ、大体決定シタル模様ナレバ、今後相当ノ注文ヲ見ルベシ」（一〇年上期、三七～八頁）と。

③ **鉄道省・通信省の事例**

鉄道省・通信省の事例は表2-22のごとくであるが、鉄道省では機関車、車両関係七件（二九三三万円）、軌条関係が六件（六六三万円）が主であって、車輪、汽罐、発電機、信号機、制動機、排雪装置、蓄電池、掘削機、架空索道、鋼鉄材材料など多岐にわたっているが、パワーズ統計機械として一二五万円を発注しているのが目立っている。他方、通信省では大きな発注はなく、電線類が中心であった。

④ **満鉄の事例**

満鉄も陸海軍に次いで超大口先であったが、その内訳は表2-23のごとくである。発注は満鉄名義だけでなく、撫順炭鉱、鞍山製鉄所、京鉄局名義もあるが、少額である。内容は機関車七件（一〇三五万円）、車両五件（二八五万円）、軌条等三件（一六九万円）など鉄道関係が全体の六四％を占めるが、それ以外で電気機械、諸機械工具雑品に属する多岐な発注がみられる。たとえば、鉄選炭装置、濾水装置、乾燥（？）装置、汽罐、発電機、工作機械、瓦斯発生炉製造権、エキスカベーター、ショベル、橋桁・建築材料など、満鉄が単なる鉄道運営企業ではないことの反映であろうか。四〇件の中には一回四〇〇万円を超える多額の取引が二件含まれ、大正七、八年に売約が集中していたことが知られる。

⑤ **鐘紡の事例**

件数、金額の多い鐘紡の事例を紡績大手の代表として示せば、表2-24のごとくである。発注では鐘紡名義がほんどを占め、上海、青島、東京各工場名義が一件ずつあるが、鐘紡名義にも工場別が含まれているのかもしれない。

表2-22 大口先の事例――鉄道省・通信省

(単位：千円)

決算期	商 品 名	発 注 先	発 注 内 容	金額
1919.04	5 鉄道用品	鉄道院	貨車用車輪	1,204
1919.10	5 鉄道用品	鉄道院	車両及付属品	308
1919.10	5 鉄道用品	鉄道院	軌条及付属品	2,455
1920.10	2 機関・汽罐	鉄道省	汽罐8基	256
1920.10	3 電気機械	鉄道省	発電機2基	204
1921.10	3 電気機械	鉄道省	電気機関車2台	360
1924.10	3 電気機械	鉄道省	60トン貨物用電気機関車4台	832
1924.04	4 諸機械工具雑品	鉄道省	貨物自動車50台	294
1924.10	4 諸機械工具雑品	鉄道省	ドラグライン掘鑿機2台	104
1926.04	4 諸機械工具雑品	鉄道省	パワース統計機械	1,250
1926.04	4 諸機械工具雑品	鉄道省	架空索道約6哩	138
1920.04	5 鉄道用品	鉄道省	車両及部分品	392
1920.10	5 鉄道用品	鉄道省	車両及部分品	233
1920.10	5 鉄道用品	鉄道省	信号機	222
1920.10	5 鉄道用品	鉄道省	軌条及付属品	154
1921.10	5 鉄道用品	鉄道省	信号機	310
1921.10	5 鉄道用品	鉄道省	制動機	260
1921.10	5 鉄道用品	鉄道省	車両及部分品	165
1922.04	5 鉄道用品	鉄道省	軌条及付属品	1,490
1923.04	5 鉄道用品	鉄道省	軌条及付属品	1,223
1923.04	5 鉄道用品	鉄道省	排雪装置	196
1924.04	5 鉄道用品	鉄道省	軌条及付属品10830トン	1,164
1924.10	5 鉄道用品	鉄道省	T型蓄電池用品4点	101
1925.04	5 鉄道用品	鉄道省	T型及I型蓄電池9点	135
1925.10	5 鉄道用品	鉄道省	三汽笛機関車	643
1925.10	5 鉄道用品	鉄道省	蓄電池他部分品	232
1925.10	5 鉄道用品	鉄道省	軌条及継目板	141
1921.10	6 鋼鉄材料	鉄道省	鋼鉄材料	251
鉄 道 省 計		28件		14,717
1919.10	2 機関・汽罐	通信省	汽罐	126
1920.10	4 諸機械工具雑品	通信省	鋼線	220
1920.10	4 諸機械工具雑品	通信省	鉄塔金物	250
1921.10	4 諸機械工具雑品	通信省	電線電信用品	150
1919.10	3 電気機械	通信省	電纜	518
1919.10	7 兵器・軍用品	通信省通信局	蓄電池	61
通 信 省 計		6件		1,325

第二章　大正後半期における機械取引

表2-23　大口先の事例——満鉄

(単位：千円)

決算期	商品名	発注先	発注内容	金額
1920.04	2 機関・汽罐	南満州鉄道	汽罐他	533
1918.04	6 鋼鉄材料	南満州鉄道	建築材料	1,145
1920.04	6 鋼鉄材料	南満州鉄道	橋桁材料	606
1924.04	6 鋼鉄材料	南満州鉄道	鋳鋼製フレーム740個	161
1918.04	4 諸機械工具雑品	南満州鉄道	リム式瓦斯発生炉製造権	50
1920.10	4 諸機械工具雑品	南満州鉄道	鑿井機	145
1920.10	4 諸機械工具雑品	南満州鉄道	エキスカベーター5台	600
1921.10	4 諸機械工具雑品	南満州鉄道	濾水装置	100
1921.10	4 諸機械工具雑品	南満州鉄道	乾？装置	140
1921.10	4 諸機械工具雑品	南満州鉄道	バーチカルレトルトプラント	467
1923.10	4 諸機械工具雑品	南満州鉄道	103C電気ショベル1組	133
1924.10	4 諸機械工具雑品	南満州鉄道	鉄選炭装置	1,404
1926.10	4 諸機械工具雑品	南満州鉄道	ショベル	121
1918.04	5 鉄道用品	南満州鉄道	車両及部分品	153
1918.04	5 鉄道用品	南満州鉄道	電気機関車	473
1918.04	5 鉄道用品	南満州鉄道	電気機関車	473
1918.04	5 鉄道用品	南満州鉄道	軌条及付属品	918
1918.04	5 鉄道用品	南満州鉄道	機関車及部分品	4,117
1919.04	5 鉄道用品	南満州鉄道	電気機関車	292
1919.10	5 鉄道用品	南満州鉄道	機関車	4,204
1920.04	5 鉄道用品	南満州鉄道	車両及部分品	643
1920.04	5 鉄道用品	南満州鉄道	車両及部分品	1,312
1920.10	5 鉄道用品	南満州鉄道	車両及部分品	176
1921.10	5 鉄道用品	南満州鉄道	車両及部分品	381
1923.04	5 鉄道用品	南満州鉄道	軌条及付属品	311
1924.04	5 鉄道用品	南満州鉄道	車輪車軸740個	240
1924.04	5 鉄道用品	南満州鉄道	ミカド型機関車5台	645
1926.04	5 鉄道用品	南満州鉄道	80封度軌条及付属品40哩	456
1926.10	5 鉄道用品	南満州鉄道	車両	182
1918.04	3 電気機械	南満州鉄道	電動機	63
1918.04	3 電気機械	南満州鉄道	5000キロ発電機	360
1918.04	3 電気機械	南満州鉄道	6250キロ発電機	450
1921.10	3 電気機械	南満州鉄道	変圧器8台	100
1924.10	3 電気機械	南満州鉄道	汽罐4台	272
1925.04	3 電気機械	南満州鉄道	電動機他	315
1926.04	3 電気機械	南満州鉄道	貨車用73噸電気機関車2台	148
1918.04	2 機関・汽罐	南満州鉄道(撫順)	汽罐ストーカー他	83
1924.04	4 諸機械工具雑品	南満州鉄道(鞍山)	フィルター8台	106
1924.04	4 諸機械工具雑品	南満州鉄道(鞍山)	シンタリングマシン11台	110
1924.04	4 諸機械工具雑品	南満州鉄道(鞍山)	シンタリングマシン4台	360
1923.10	6 鋼鉄材料	南満州鉄道京鉄局	橋桁160連	432
	合計	40件		23,380

表2-24 大口先の事例——鐘紡

(単位:千円)

決算期	商品名	発注先	発注内容	金額
1920.04	2機関・汽罐	鐘淵紡績	汽罐	290
1920.10	2機関・汽罐	鐘淵紡績	汽罐	62
1920.10	2機関・汽罐	鐘淵紡績	汽罐他12基	295
1921.10	2機関・汽罐	鐘淵紡績	汽罐	530
1920.10	3電気機械	鐘淵紡績	ターボゼネレーター1基	107
1919.10	1紡織機	鐘淵紡績	紡績機(英国製)2万錘	1,200
1920.04	1紡織機	鐘淵紡績	紡績機3口	6,000
1920.10	1紡織機	鐘淵紡績	針布	55
1922.04	1紡織機	鐘淵紡績	真空掃除機	145
1923.04	1紡織機	鐘淵紡績	撚糸機	180
1923.04	1紡織機	鐘淵紡績	織機	204
1923.04	1紡織機	鐘淵紡績	混打綿機	230
1923.04	1紡織機	鐘淵紡績	織機	600
1923.04	1紡織機	鐘淵紡績	紡機	880
1924.04	1紡織機	鐘淵紡績	仕上機	120
1924.04	1紡織機	鐘淵紡績	仕上機	131
1924.04	1紡織機	鐘淵紡績	紡機	160
1924.04	1紡織機	鐘淵紡績	絹紡機	200
1924.10	1紡織機	鐘淵紡績	織機144台	150
1925.10	1紡織機	鐘淵紡績	自動紡機	116
1926.04	1紡織機	鐘淵紡績	絹織機60台	110
1926.10	1紡織機	鐘淵紡績	織機	210
1922.04	1紡織機	鐘淵紡績(上海)	絹織機	256
1922.04	1紡織機	鐘淵紡績(青島)	紡機20352錘	1,323
1924.04	1紡織機	鐘淵紡績(東京)	紡機20000錘	400
	合計	25件		13,954

発注内容では紡機七件(一〇〇八万円)、織機六件(一二三二万円)で綿関係が圧倒的であるが、絹紡機・絹織機三件(五七万円)もある。撚糸機、混打綿機、仕上機、真空掃除機(計五件、八一万円)のほか、汽罐・ターボゼネレーター(五件、一二八万円)のような基礎部門での使用もある。すべてが生産設備であり、相当な能力増強と思われる。そして大正八、九年に紡績機を一気に七二〇万円注文しているのが目立つ。こ

第二章　大正後半期における機械取引

表2-25　大口先の事例——日本電力

決算期	商品名	発注内容	金額
1923.10	2 機関・汽罐	凝汽装置	285
1923.10	2 機関・汽罐	汽罐他	799
1925.10	2 機関・汽罐	スチーム，パイピング	165
1922.04	3 電気機械	5000 KVA 変圧器 7 台	273
1922.04	3 電気機械	5万 KVA 変圧器 7 台	1,150
1923.04	3 電気機械	配電盤及変圧器	202
1923.10	3 電気機械	発電機・水車	1,512
1923.10	3 電気機械	5000 KVA 変圧器他	212
1923.10	3 電気機械	変電所装置	194
1924.04	3 電気機械	10000 KVA 変圧器 2 台	476
1924.04	3 電気機械	5000 KVA 変圧器 3 台	119
1924.10	3 電気機械	汽罐他 8 台	1,240
1925.04	3 電気機械	コンバート型ストーカー 4 台	224
1925.10	3 電気機械	ロバルコ，システム	252
1926.04	3 電気機械	29000 馬力水車 2 台	444
1926.04	3 電気機械	20000 KVA 発電機 2 台	620
1926.10	3 電気機械	変圧器	600
1924.04	4 諸機械工具雑品	索道装置	118
	合　計	18 件	8,885

こでは省略したが、大日本紡、東洋紡でも基本的には同様な傾向であって、大幅な紡機の増設が実行されている。大口本紡では日本レーヨンの人絹機械を大日本紡名義で発注していること、東洋紡では人絹機械、絹紡機の比重が大きいことに違いを見せている。

⑥　日本電力の事例

件数、金額が大きい日本電力の事例を電力大手の代表として示せば表2-25のごとくである。発電機・水車三件（一二五八万円）、汽罐関係四件（二四九万円）などの発電設備に対し、変電所・変圧器関係八件（三三二万円）も少なからぬ比重である。大同電力、東京電灯でも変圧器関係が大きく、東邦電力、宇治川電気では発電関係が大きく、また、日本水力では発電機が大部分で六三三万円、発電用鉄塔・碍子が二七五万円、早川電力では発電設備がほとんどを占めていた（五二六万円）というように、電力会社

によってかなり内容に違いがある。

そして発注の時期も日本電力では大正一一～一三年に集中しているが、次のように他社は必ずしも同時期とは限らない。

「電気事業界ハ電力需要ノ激増ニ伴フ水力電気ノ増設並ニ渇水期ニ備フル為ノ対策トシテ火力発電所ノ急設頻々トシテ現ハレ、変電所方面ノ需要亦盛ニシテ早川電力、岐阜電力、東邦電力、東京電灯等ノ幾多大口注文ヲ獲得セルヲ以テ近来珍シキ好成績ヲ収メタリ」(一四年上期、四頁)

(1) 飛行機の型式が判明しないものもあるが、中島式二件 (一〇六万円)、ニューポール四件 (二一〇万円)、ゴリヤット爆撃機二件 (五〇万円)、甲式四型戦闘機七件 (四六九万円)、甲式三型一件 (二九万円)、二式一件 (五七万円) プレゲ一九型一件 (二二万円)、不明五件 (七三九万円) であった。

(2) 海軍での型式は、ろ号甲型二件 (一四六万円)、ハンザ式水上機四件 (一四〇万円)、アブロ式水上機二件 (一〇六万円)、その他五件 (一三〇万円) などであった。

(3) 「機械部考課状」では海軍受注の説明の中で、直接発注分についてしばしば次のような言及をしている。

「当社ガ総代理店タル『スペリー』及ビ『サブマリンシグナル』両社ニ対スル、海軍ノ直接購入約五拾八万余円ヲ加算スレバ、実際ノ売約高四百八拾八万余円ニ上ルモノトス」(一〇年上期、三六頁)

「海軍ヨリ当社ノ代理セル『スペリー』社ニ直接注文セル、六拾七万余円ヲ加算スレバ、売約総額約四百貮拾壱万余円トナル訳ナリ」(一〇年下期、三三頁)

(2) 財閥・コンツェルン系の事例

最後に大口先からいわゆる財閥・コンツェルン系企業を拾い出してみよう。三井財閥の中核企業の一つである三井物産が、いかにかかわっていたかに関心が持たれるからである。表2-26は大口先を三井 (一〇社)、三菱 (三社)、

住友（三事業所）、古河（二社）、安田、川崎、浅野、日窒（各一社）に分類したものである。逆にこれ以外には該当企業が見当たらない。これら二二社が物産にいかなる商品の入手を依存したかを知るために、発注内容も併せて示した。

① 三井

三井物産では船舶部・造船部で必要とした汽罐・エンジンや、造船所で使用する起重機・鋳鉄管・鋼板を供給し、大連・青島支店を通じて鉄管類を輸出し、倫敦支店扱いで懐中電灯用ランプを輸出した。また鶴見での石炭荷役装置の受注もある。一件ずつは大きくないが、合計して三八八万円は大口ランキング二三位に登場するほどであった。多くの売約が大正七、八年のものである。

鐘紡は前出したので省略し、王子製紙は一二件四二六万円で二一位であった。抄紙機、パルプ製造機械が大部分を占め、それに付随しての汽罐・電動機・発電機などであった。北海道炭砿汽船では汽罐・発電機・変圧器と軌条であり、東洋レーヨンでは人絹機械増設によるもの、芝浦製作所は工作機械、日本製鋼所は鉄鋼材料、台湾製糖・電気化学では電気機械など、それほど特殊なものではない。三井全体で六〇件、二七七二万円といえば、他の財閥等を遙かに引き離した多額であった。

② 三菱

三菱造船が七件、三六八万円で二五位にあり、ほとんどが造船用の鋼材であった。名義に三菱造船所と三菱長崎造船所とがあり、後者は明確であるとしても、前者は三菱造船全体なのか、やはり長崎なのか曖昧である（神戸にも造船所があるが）。また三菱商事自体からも発動機一七基の注文を受け、日本光学からも光学機械・硝子の受注がある。九件、三九一万円といえば三井を除く他財閥で三菱商事がありながら物産経由の入手とはいかなる事情であろうか。

表2-26　大口先の事例──財閥・新興コンツェルン

(単位：千円)

決算期	商品名	発注先	発注内容	金額
(三井系)				
1925.10	2 機関・汽罐	三井物産船舶部	デイゼルエンジン	250
1918.04	2 機関・汽罐	三井物産造船部	機関	240
1918.04	2 機関・汽罐	三井物産造船部	汽罐	420
1926.10	2 機関・汽罐	三井物産造船部	デイゼルエンジン	220
1918.04	6 鋼鉄材料	三井物産造船部	鋳鉄管	107
1919.10	6 鋼鉄材料	三井物産造船部	鋼板	288
1918.04	4 諸機械工具雑品	三井物産造船部	起重機	177
1919.10	6 鋼鉄材料	三井物産大連支店	鉄管	504
1919.10	6 鋼鉄材料	三井物産大連支店	内地製鉄管	231
1920.04	6 鋼鉄材料	三井物産大連支店	鋼鉄管(輸出)	365
1919.10	6 鋼鉄材料	三井物産青島支店	内地製鉄管	347
1918.04	3 電気機械	三井物産倫敦支店	懐中電灯用ランプ	60
1926.10	4 諸機械工具雑品	社内臨時受渡調査	鶴見石炭荷役装置	670
	小　計	13件		3,879
1918.04	5 鉄道用品	三井鉱山(三池)	軌条及付属品	104
1919.10	3 電気機械	三井鉱山	水車	104
1924.04	4 諸機械工具雑品	三井鉱山	ジンクミル1台	113
	小　計	3件		321
1919.10	1 紡織機	鐘淵紡績	紡績機(英国製)2万錘	1,200
1920.04	1 紡織機	鐘淵紡績	紡績機3口	6,000
1920.10	1 紡織機	鐘淵紡績	針布	55
1922.04	1 紡織機	鐘淵紡績(青島工場)	紡機20352錘	1,323
1922.04	1 紡織機	鐘淵紡績(上海工場)	絹織機	256
1922.04	1 紡織機	鐘淵紡績	真空掃除機	145
1923.04	1 紡織機	鐘淵紡績	紡機	880
1923.04	1 紡織機	鐘淵紡績	織機	600
1923.04	1 紡織機	鐘淵紡績	混打綿機	230
1923.04	1 紡織機	鐘淵紡績	織機	204
1923.04	1 紡織機	鐘淵紡績	撚糸機	180
1924.04	1 紡織機	鐘淵紡績(東京)	紡機20000錘	400
1924.04	1 紡織機	鐘淵紡績	絹紡機	200
1924.04	1 紡織機	鐘淵紡績	紡機	160
1924.04	1 紡織機	鐘淵紡績	仕上機	131
1924.04	1 紡織機	鐘淵紡績	仕上機	120
1924.10	1 紡織機	鐘淵紡績	織機144台	150
1925.10	1 紡織機	鐘淵紡績	自動紡機	116
1926.04	1 紡織機	鐘淵紡績	絹織機60台	110
1926.10	1 紡織機	鐘淵紡績	織機	210
1920.04	2 機関・汽罐	鐘淵紡績	汽罐	290

第二章　大正後半期における機械取引

1920.10	2 機関・汽罐	鐘淵紡績	汽罐他12基	295
1920.10	2 機関・汽罐	鐘淵紡績	汽罐	62
1921.10	2 機関・汽罐	鐘淵紡績	汽罐	530
1920.10	3 電気機械	鐘淵紡績	ターボゼネレーター1基	107
	小　計	25件		13,954
1920.04	2 機関・汽罐	王子製紙	汽罐他	173
1920.10	2 機関・汽罐	王子製紙	汽罐他2基	58
1925.10	2 機関・汽罐	王子製紙	汽罐	120
1918.04	3 電気機械	王子製紙	電動機	63
1920.04	3 電気機械	王子製紙	発電機他	387
1918.04	4 諸機械工具雑品	王子製紙	パルプ製造機械	950
1919.04	4 諸機械工具雑品	王子製紙	製紙機械	240
1920.10	4 諸機械工具雑品	王子製紙	86吋抄紙機2台	720
1920.10	4 諸機械工具雑品	王子製紙	パルプ製造機械	420
1924.10	4 諸機械工具雑品	王子製紙	マガジングラインダー2台	120
1925.04	4 諸機械工具雑品	王子製紙	新聞紙抄紙機械	800
1925.10	4 諸機械工具雑品	王子製紙	サルファイトパルプ機械	210
	小　計	12件		4,261
1924.10	3 電気機械	北海道炭砿(汽船)	6000kw用ボイラープラント	410
1924.10	3 電気機械	北海道炭砿(汽船)	6000kwターボ発電機	149
1925.04	3 電気機械	北海道炭砿(汽船)	3500KVA変圧器6台	134
1924.04	4 諸機械工具雑品	北海道炭砿(汽船)	空気圧搾機他6台	124
1925.04	5 鉄道用品	北海道炭砿(汽船)	60封度軌条及付属品10哩	122
1926.04	5 鉄道用品	北海道炭砿(汽船)	60封度軌条及付属品13.1哩	144
	小　計	6件		1,083
1920.04	3 電気機械	芝浦製作所	Pressboord, Miea, Fibre Cell Combric	200
1920.10	3 電気機械	芝浦製作所	電気雑品	130
1924.10	4 諸機械工具雑品	芝浦製作所	平削機1台	110
	小　計	3件		440
1926.04	1 紡織機	東洋レーヨン	人絹機械	2,839
1926.04	2 機関・汽罐	東洋レーヨン	汽罐3台	137
	小　計	2件		2,976
1919.10	4 諸機械工具雑品	日本製鋼所	起重機	120
1918.04	5 鉄道用品	日本製鋼所	車両及部分品	121
1922.04	6 鋼鉄材料	日本製鋼所(呉)	油槽材料3332トン	466
1921.10	6 鋼鉄材料	日本製鋼所(呉)	建築材料他	103
	小　計	4件		810
1920.04	3 電気機械	台湾製糖	発電機他	230
1922.04	3 電気機械	電気化学工業	5000KVAオルタネーター2台	266
	三井系合計	70件		28,220
(三菱系)				
1918.04	6 鋼鉄材料	三菱造船所	造船材料(内地品)	908
1920.04	6 鋼鉄材料	三菱造船所	鋼鉄材料2口	696

1920.04	6 鋼鉄材料	三菱造船所	鋼鉄材料		1,459
1920.10	6 鋼鉄材料	三菱造船所	鋼鉄材料		176
1924.04	6 鋼鉄材料	三菱造船所	造船材料		133
1920.10	6 鋼鉄材料	三菱長崎造船所	鋼鉄材料		125
1922.04	6 鋼鉄材料	三菱長崎造船所	鋼鉄製品		186
	小 計	7件			3,683
1926.04	7 兵器・軍用品	三菱商事	イスパノ300馬力発動機17基		116
1919.10	4 諸機械工具雑品	日本光学工業	光学用諸機械及硝子		110
	三菱系合計	9件			3,909
(住友系)					
1920.10	4 諸機械工具雑品	住友別子鉱業所	ベルトコンベヤー		127
1923.04	4 諸機械工具雑品	住友別子鉱業所	スチールボール		122
1924.10	3 電気機械	住友別子鉱業所	2000kwターボ発電機他		112
	小 計	3件			361
1923.04	6 鋼鉄材料	住友本店(住友合資)	鉄骨		435
1921.10	3 電気機械	住友炭業(所)	ターボゼネレーター2台		193
	住友系合計	5件			989
(安田系)					
1918.04	1 紡織機	帝国製麻	麻糸紡績機(米国製)		56
(古河系)					
1920.10	3 電気機械	古河鉱業	起重電動機		172
1920.10	4 諸機械工具雑品	古河電気工業	海底電線製造機		200
1920.10	4 諸機械工具雑品	古河電工(横浜電線)	海底電線製造機		150
	古河系合計	3件			522
(川崎系)					
1920.10	3 電気機械	川崎造船所	発電原動機2基		107
1919.04	4 諸機械工具雑品	川崎造船所	工具		120
1918.04	6 鋼鉄材料	川崎造船所	鋼鉄管類		670
1918.04	6 鋼鉄材料	川崎造船所	鋼鉄材料		180
1919.04	6 鋼鉄材料	川島造船所	ボイラーチューブ		129
1920.10	6 鋼鉄材料	川崎造船所	建築材料		690
1920.10	6 鋼鉄材料	川崎造船所	錨鎖		325
1920.10	6 鋼鉄材料	川崎造船所	タイヤー		146
	川崎系合計	8件			2,367
(日窒系)					
1925.04	3 電気機械	日本窒素肥料	5800馬力水車2台		109
1925.04	3 電気機械	日本窒素肥料	4000KW交流発電機・配電盤2台		144
1925.04	3 電気機械	日本窒素肥料	ロータリーコンバーター2台		180
1925.10	3 電気機械	日本窒素肥料	回転変流機		215
	日窒系合計	4件			648

(浅野系) 1926.10	4 諸機械工具雑品	浅野造船	喞筒，浚渫機	100
総　　計				36,811

③　その他

住友は住友本店、住友別子鉱業所、住友炭業所の名義になっているが、大正一〇（一九二一）年に住友合資会社が設立され、大正期では別子鉱業所も炭業所もその直営部門であったから、厳密には住友合資一社と修正すべきものである。表2-26は考課状の記載通りにしてあるが、三つの事業所からの発注と解しておく。別子鉱業所・炭業所は所内で使用する設備であったが、本店名義は鉄骨のいずれにせよ全部で五件、九九万円であまり多くない。

川崎造船所は三菱造船と同様に鋼鉄材料が過半を占めるが、内容はやや異なり多岐にわたっている。八件、二三七万円は住友より多く、三菱に次ぐ。建築材料や錨鎖、発電用原動機なども含まれている。

古河では古河電気工業が海底電線製造機を二セット発注し、古河鉱業が起重電動機を発注したが、事実上大正九年下期の一括発注のみとみてよい（五二万円）。

日本窒素肥料の四件はすべて電気機械の発注であり、三件が大正一四年下期の同時発注で、金額は六五万円、浅野系の浅野造船はポンプ・浚渫機一〇万円に過ぎない。

以上のごとく財閥系は三井を除きさすがに少ない。しかし全くないわけではなく、三菱、川崎両造船所が鋼鉄材料を発注しており、住友、古河、浅野、安田、日窒も少額ながら無関係ではなかった。なぜ他財閥・コンツェルンが物産に発注したのか。契約内容からでは物産が販売権を有していた商品かどうかは判明しない。もう少し別な面からの追求が必要であろう。

第三節　反対商および金融

1　反対商との競合

(1)　競合の具体的事例

ところで機械部は無競争で受注できたわけでは決してない。物産内部では競合する同業者を反対商と呼んでいるが、機械分野での競争相手と熾烈な受注合戦を繰り広げていたのである。そのことについて「機械部考課状」でもしばしば言及がある。そのいくつかを示してみよう。

(イ)　満鉄鞍山製鉄所へのスイスズルザー社製ガルベ型汽罐六台（八三万円）の売約では、「由来同所ヘハ鈴木商店好関係ヲ有シ居リ前回四台ノ注文モ同商店ノ奪フ所トナリタルガ今回ハ大連支店ノ尽力ニ依リ当社ノ手ニ注文ヲ獲得セルモノ」（八年上期、一三頁）という。

(ロ)　電気機械の「大小ノ引合陸続相踵ギ其間高田、大倉、三菱、日立等有力ナル反対商ノ激甚ナル競争アリシニモ不拘、尚能ク大同電力注文変圧器百拾貳万余円ヲ始メ、数多ノ大口売約ヲ収メ(た)」（一〇年下期、九頁）という。

(ハ)　「支那銀行団ノ引合ニ係ル、機関車四十一台入札ニハ、英、米、独、白等三十六社ノ競争行ハレタルガ、結局為替関係最モ有利ナリシ白耳義製造家ニ大部分ヲ拉シ去ラレ、当社ハ漸ク五台ヲ落札シ得タルニ過ギザリシガ如キ、以テ其ノ一斑ヲ推スニ足ルベシ。尚従来当社ニ落札スルノ例ナリシ山東鉄道ノ引合ガ今季『ボールドウィン』社ニ其大半奪ハレシガ如キ今後大ニ警戒ヲ要スルモノナリ」（一〇年下期、一二五～六頁）

(ニ)　「鉄道省ヨリ屢々纏マリタル引合出デ、……之ニ対スル鈴木、高田、大倉等ノ競争頗ル激烈ナルモノアリテ、少

㈭「(陸軍納仏国製飛行機及び発動機の)商内ニ就キテハ反対商三菱商事会社モ、種々画策スル所アリシ模様ナレド効果無カリシガ如シ」(同、一二六頁)

㈬「電気事業界ノ隆興ト共ニ、他方内外製造家並ニ同業者ノ活躍愈々著シキヲ加ヘ就中高田、大倉、『シーメンス』日立等ノ対立ハ当部ノ一大脅威ニシテ、引合毎ニ激烈ナル競争ニ会シ、為メニ商内ヲ逸シタル事例勘ナカラズ」(一一年上期、五頁)

㈯「電気事業界ノ好景気ニ連レ高田、大倉、日立『シーメンス』其他内外製造家、並ニ同業者ノ活動亦漸ク顕著トナリ、就中大倉『シーメンス』等ハ、独逸製品ノ廉価ナル物ヲ提供シ来ルト他方高田、米賀、鈴木、日立等亦常ニ機敏ニ活動スルアリテ、為メニ当社ノ蒙レル影響勘ナカラズ」(同、一五〜六頁)

㈷「飛行機・発動機ニ就テハ「同業者トシテハ三菱、愛知時計、川崎、東京瓦斯電気工業等アリ、就中三菱ハ飛行機商内ニ最モ力ヲ注ゲル模様ニシテ、多数外国製造家ノ代理販売権ヲ獲得セント努メツヽアリテ、内地製品ニ於テハ当部ノ代理セル中島ノ敵ニ非ザルモ、輸入方面ニハ一大勁敵タリ」(同、四四〜五頁)

以上はノ具体的案件についての競争例であるが、物産としても殿様商売ではなく、反対商との競争に敗北することもあり、当然ながら商品分野によって競合する反対商が違っている。

(2) 反対商の続出

反対商は第一次大戦中に続出し、先発・後発入り乱れての受注競争が展開されたのは確かである。すなわち、第六回支店長会議(大正七年)では中丸機械部長は次のように述べていた。先発の三井物産からどう後発はみられていたか。

「欧州戦乱勃発以来商事会社若クハ類似ノ営業ヲ開始セルモノ殆ント雨後ノ筍ノ如ク、其内ニハ随分如何ハシキモノモアリト雖モ又三菱、古河、浅野、内田、常磐商会ヲ始メ資力、基礎相当鞏固ニシテ将来ノ発展嘱目ニ値スヘ

「商事会社トシテ当社ガ是迄殆ント独占的ニ覇ヲ商界各方面ニ唱ヘタルモノニ当社ガ絶大ノ信用ト大資本トヲ擁シ、且ツ大規模ノ組織及ヒ連絡ニ依リ能ク世界ノ大勢及ヒ事状ニ精通シ最モ敏活ニ商内ヲ為シ得タル一因ルモノナリト雖モ、……財界ニ於ケル成功者ノ続出ハ又当社特色ノ一ナル資本ト信用ニ対シ漸次ニ侵蝕ヲ試ミントスルノ気運ニ向ヒツ、アルハ蔽フヘカラサル事実ニシテ、当社タルモノ大ニ考慮ヲ要スヘキモノアルト同時ニ又将来ニ対シ慎重画策スヘキノ秋ナリト信ス」（同頁）

そこでは群小は問題にしないが、信用、資本力、組織を誇る先発の物産に、同様な基盤を持つ同業者が出現してきたことに警戒感を示し、激烈な競争を予想している。

ただ先発の取引状況に後発の無謀な行動が影響し、迷惑していることも付け加えている。すなわち「偶々機械商内ノ比較的確実ニシテ有利ナルニ着目シ、機械類ノ仲介業ヲ目的トスル商事会社各地ニ勃興シ、就中最近ニ於テハ茂木、阿部、渡辺、渋沢、三菱各商事会社、浅野物産会社等ヲ主トシ、其他一二年ヲ経タルモノ及ヒ小資本ニテ此種商社ハ枚挙ニ違アラス、此等ハ何レモ短時日ノ経験ヲ以テ無謀ノ取引ヲ敢テシ往々ニシテ当社商内ニ妨害ヲ加フル憂アレトモ未タ甚シキニ至ラス」（一三八〜九頁）と。

そして先発同業の状況については次のように観察している。

「従来当部商内ノ反対商トシテ最モ強敵タリシ高田、大倉ハ時局発生後独逸品ノ輸入杜絶ノ為メ大打撃ヲ被リ高田ノ如キ先頃内部ニ紛擾ヲ生シ商売振稍々振ハサルノ観アリシカ、最近亦製鉄所問題ノ為メ大倉ト共ニ一大痛棒ヲ喫シ、今後此方面ニ於テモ当分ノ内ハ大ナル活動ヲ為スコト困難ナラント想像セラル、只当社ガ幸ニシテ此不慮ノ渦中ニ捲キ込マレサリシハ会社全体ノ為メ殊ニ慶賀ニ堪ヘサル次第ナリ、従ツテ当社ニ取リテハ有利ナル現象ヲ馴

第二章　大正後半期における機械取引

致シツ、アルモノト云ハサル可カラス、只鈴木商店ノミハ益々辛辣ナル怪腕ヲ振ヒ今次ノ船鉄交換時（問）題ニ就テモ常ニ陣頭ニ立チ采配ヲ振リツ、アルハ大ニ注目スヘキ事ナリトス」（二二九頁）

しかし大戦終了後になると、反対商への見方が変化する。中丸の後任の機械部長山本小四郎は、第八回支店長会議（大正一〇年）で次のように述べている。

「戦時中並戦後ノ好況時代ニ大小ノ商事会社無数ニ簇出シ一般ノ商売ニ当ルト同時ニ機械ノ仲次業ニモ手ヲ染ムルモノ亦夥カラス、三菱、古河、久原ノ如キ大資本家モ亦其内ニシテ、是等ノ資本家ハ機械商売ハ非常ニ利益アルモノト思惟シ此商売為スニ至リ、其他ニ茂木、内田ノ如キ二三流ノ会社モ数多アリ、大ニ当社モ競争ヲ受ケ妨害セラレタル次第ナルカ、併シ機械商売ハ是等ノ者ノ考フルカ如ク容易ナルモノニ非ス、是等ノ会社ニ於テ濫リニ盲進シ注文ヲ取リタル結果其後ノ不景気ニ遭遇シ非常ニ窮境ニ陥リシヲ見テ其容易ナラサルコトヲ証シ得ヘシ、此点ヨリスレハ以前ヨリ此道ニ入リ居リ過去ニ於テ尊ムヘキ経験ヲ有スル高田、大倉、米貿、『フレーザー』ノ如キハ遉カニ前述新会社ノ如ク突飛ナル行動ニ出テサリシ為メ、此変動ニ際シテモ比較的打撃モ少キカ如クニテ、即チ当社ノ打撃ハ少カリシト略ホ同様ノ状態ニアルカ如シ、勿論高田、大倉其他ノ者ニ於テモ一般ノ景気ニ洩レス昨年来ハ受ケサルヤ明カナリトス、而シテ前述新設会社ノ或ハ倒壊シ或ハ屏息シタルヘク、従テ目醒シキ活動ヲ為サ・ルハ事実ナレトモ、勿論高田、大倉、三菱、古河等ノ如キニ比シ大ナル打撃ハ勿論ニテ、是等ノ無謀ナル競争ノ為メニ苦痛ヲ受クルコトナキハ誠ニ仕合トスル所ナリ、同時ニ高田、大倉、『フレーザー』、米貿ノ如キモ我社ト同一地位ニ立ツヲ以テ、今後ハ真面目ナル競争者カ正々堂々競争ノ位置ニ立ツヘキニ依リ我々ハ是等ノ者ニ対シ充分警戒ヲ加ヘテ対戦セサルヘカラサルナリ」（同議事録、九〇〜一頁）

新参者が甘い気持ちで機械取引を無謀に展開した結果、破綻・撤退していったことを冷笑し、先発業者は経験があ

るので自重したから傷が浅く、以後は先発同志による同一土俵での競争を予想している。しかし新たな事態が機械取引に生じてきたことも見逃せない。

第一は、三菱財閥を背景とする三菱商事の存在が物産にとっても脅威となったことである。三菱商事は三菱合資会社営業部の業務を継承して大正七（一九一八）年五月に独立したが、機械部が設置されたのは同九年四月であった。早くも大正七年の第六回支店長会議で、早くも箕輪長崎支店長は現地の事情を次のように説明し、悲観的であった。

「長崎ハ半季百万円許ノ取扱ニシテ第一ノ得意先ハ長崎造船所ナルモ、御承知ノ如ク長崎造船所ハ地勢上今後其増設ヲ見ルコト困難ナリ、最近東洋製鉄ノ工場ヲ長崎ニ設置セシメントテ大分運動等ヲ為シタリシカ、……若シ此製鉄所ニテモ設立セラルレハ売込先モ更ニ増加スル次第ナリ、……三菱モ機械類ノ取扱ヲ開始セルヲ以テ、其事業緒ニ着クニ至ラハ三菱造船所ノ注文モ特別ノモノハ別トシ、他ノ競争者ニモ容易ニ取扱ヒ得ルモノハ漸次三菱商事ノ手ニ移リ行クヘク、長崎ノ機械商売ハ今後非常ニ発達シ行クコトハ近キ将来ニ於テハ見込ナク、……北九州ノ如ク発展ヲ見ルルコト困難ナルヘシ」（同議事録、一六二頁）

同時に武村取締役大阪支店長も次のように付け加えた。

「実際三菱関係ノ機械商売ハ漸次減少ノ傾向アリ、其他茂木モ亦商事会社ノ計画ヲ為シ、高田モ拡張シテ福岡ニ支店ヲ置ク模様ナリ、併シ機械商売ハ三菱、茂木ニテコレヲ開始シ果シテ利益ヲ得ルヘキヤ否ヤ問題ナリ、我々ハ今日ノ如ク多数ノ人ヲ置キ永年ノ経験ヲ以テ之ニ当リ居レトモ、余リ利益アルモノニ非ス、故ニ三菱、茂木ノ如キハ三五年ノ後ニハ此商売ヲ中止スルニ至ルナキヤ」（同頁）

武村は三菱商事の影響を認めつつも、機械商売が薄利なのを知って撤退するのではないかと楽観的であった。しかしながら三菱商事自身はどうであったか。同社の『立業貿易録』によれば次のようであった。

「本格的に機械取引を建設するためには第一に外国一流メーカーと取引関係を付けねばならぬ、此点に於て三菱

商事は恵まれた地位にあった。と言ふのは三菱造船会社が明治時代以来舶用機械、造船資材等を倫敦のストックン商会、グラスゴーのブラウン商会を通じて輸入していたが、大正四年には倫敦に合資会社の支店が開設せられて右の造船委託買付を継承し、同十年一月からは商事会社が倫敦支店の移管を受けた。其結果欧州一流メーカーとの永年の取引関係と、三菱に対する深厚な信用を相続したのである。……倫敦支店は第一次欧州大戦終結後（大正八年）他社に先んじて伯林に出張所を開設した。其頃独乙に派遣された陸海軍武官は同国の新鋭兵器に垂涎措く能はざるものがあったが、列国の手前自ら表面に立って之を購入することは遠慮せねばならなかった。そこで我社の出張員が頻りに利用された訳である。……御蔭で独乙のメーカー間に我社の存在を認識させたのみならず、永く独逸機械に関する限り他社の追随を許さぬ優越地位を築き上げたのである」（『立業貿易録』一八三頁）

販売権契約先は増大したものの、成約は寡々たるもので、三菱商事の機械部も「最初数年は業績極めて低調で機械部廃止説なども出た。大正十一年三菱電機会社の一手販売契約が成立して始めて存続の保証が出来たようなものである。それに大正末期は航空機及発動機の輸入が機械部を賑はしたのと、製鉄機械取引に付き仮令信用資力十分なる商社でも一朝一夕には取扱高の増大は期し難い」（同頁）とも記述している。

また、三井物産が強い紡織機械の分野では「我社機械部発足の頃は英米一流品は已に代理店関係が確立して割込の余地がなかった。自然我社が最初に取上げたのは国産の太田式織機と称せられるもので、製作者は株式会社日本機械製作所で……大正十一年一月一手販売契約が締結され（た）」（二六一頁）と述べているが、確かに三井はプラット社、高田はホワード社、大倉はドブソン社というように、先発商社は有力先と深い関係を結んでいたから、後発の三菱商事としてはこの分野での対抗は困難であったろう。

他方、鉄道用品の分野では次のような出発であった。

「機関車、貨車、客車等の取引は我社機械取引中相当重要な部分を占めるものである、但し内地に於ける之等の取引は鉄道省始め私設鉄道へも製造業者が直接納入するから、我社が取扱ふのは大体満州向丈である、蒸気機関車及貨客車は川崎造船所（のち川崎車両会社）製であり、電気機関車は勿論三菱電機製品である、後には三菱重工の満州向車両も代理販売した。我社の最初の取引は大正十二年吉長鉄道（吉林長春間、当時支那国有鉄道、満鉄委任経営）納川崎の蒸気機関車二台である、之れは同時に本邦製機関車を支那国有鉄道へ売込の嚆矢だといふ。爾来我社は川崎の満州代理店（手数料〇・七％平均）として車両、其材料及び橋桁の販売を委託され、太平洋戦争迄継続して巨額の取扱実績を挙げた」『立業貿易録』一五八頁）

現実には三菱商事は撤退することなく物産の強敵に成長していった。もう少し後の大正一五年の第九回支店長会議では鳥羽機械部長が同社を次のように認識している。

「三菱商事会社ハ造船、製鉄、内燃機、電気等ノ三菱系統其他ノ傍系会社ニ於テ製作スル各種機械材料類並数多ノ代理製造家製品ヲ取扱ヒ、絶大ノ資力ヲ以テ活動シ注文獲得ニハ多大ノ犠牲ヲモ辞セズ、殊ニ電気機械、汽罐、機関類等ニ対シテハ機械部トシテ大ニ恐ルベキ勁敵ナリ、尚ホ同社取扱品ノ大部分ハ同社ノ兄弟会社又ハ傍系会社ノ製品ナルヲ以テ、或ル場合ニハ製造上ノ利益迄モ犠牲トシテ競争シ来リ、当社ノ経験ニ依リ勝ヲ譲ルノ止ムナキコトアリ、故ニ当社ハ現状ノ儘ニテ経過シ同社ニ漸次経験ナル利器ヲ与フル時期ニ至ラバ将来実ニ恐ルベキモノアリト謂フベシ」（同議事録、一二三頁）

確かに三菱商事が経験を積めば、三菱系企業製品を全面的に拡大する可能性があり、まさに物産を脅かす強敵であり得よう。先発の同業者高田商会・大倉組より手強い存在に上昇しつつあったのである。物産としても対抗意識を持たざるを得なかったといえよう。

第二章　大正後半期における機械取引

　第二は、製造業者自身の販売進出である。それは物産にとって彼等が反対商になることを意味する。山本機械部長は大正八年の第七回支店長会議の席上「戦時中内地製品ガ外国品輸入困難ノ為メ非常ニ発達シ、電気器具類、鋼索等ハ進ンテ海外迄輸出スル様ニナリタル結果内地製造家カ自家製品ヲ以テ競争スル場合発生シ来リタリ、例ヘハ電気機械ニテハ大阪電灯製作所、奥村電気、川北電気、日立製作所ノ如キ又機械工具ニテハ池貝鉄工所等有力ナル競争者現出シタル次第ナリ」（八五頁）と述べ、さらに同一〇年の第八回支店長会議でも製造業者が反対商に転化している模様を次のように述べた。

　「機械商売ノ反対商トシテ内地製品ニ付テ言ヘハ、製造家自身競争者トナル場合多ク、例ヘハ電気機械ノ日立製作所、大阪電灯製作所、明電舎、川北ノ如キハ芝浦乃至GEノ競争者ニシテ、又製糖機械ニ於テハ月島製作所、神戸製鋼、蓄電池ニ於テハ日本蓄電池、帝国蓄電池ト云フカ如キモノアリテ、是等ノ者相当発達シ来ラハ我々ノ競争者トシテ製造家自身我々ニ反対ノ地位ニ立ツヘキ者ナレハ、我々モ此点ニ付テハ以前ヨリ大ニ注意ヲ払ヒ有力ナル製造家アレハ其ノ製造家ト資本関係其他ノ点ニ於テ結合シ其代理店ヲ我手ニ収ムルコトニ努力シ今日迄既ニ関係ヲ結ヒタル者アリ、今後モ此方針ヲ以テ進ミタキ考ナリ」（九一頁）

　ここでは具体的に会社名が例示されており、自家販売を阻止できない以上、彼等以外の有力製造業者を取り込む方針だという。後任の鳥羽機械部長も第九回支店長会議で次のように同趣旨を繰り返した。

　「三菱、古河、久原、川崎等ノ如ク自カラ工場ヲ有スル者トノ競争ニ付テハ当社ハ非常ニ不利益ノ立場ニ陥ルベシ、要スルニ当社機械部ハ今日迄ハ古キ歴史ト、信用ト、経験トニ依リ隆盛ヲ来シタルモノナレドモ、三菱商事ノ如キ傍系ノ製造工場ヲ有スルモノ又ハ住友、古河、川崎、久原ノ如ク製造家ニシテ自己製品ノ販売ニ従事スルモノ多キヲ加ヘ来ルヲ以テ当社今後ノ商売モ意ヲ安ンズル能ハズ、之レガ対策トシテ将来如何ニセバ機械部商売ヲ発展シ得ルヤヲ考フルトキハ、勢ヒ当社其製品ヲ『コントロール』シ得ベキ強キ関係アル工場ヲ有スルコト、又ハ優良

ここでは直営工場や傍系会社製品を持つ三菱商事、古河商事、久原商事、川崎造船所に対する不利の認識と、製造会社の直接販売への危機感がある。もっともこの後、古河・久原の両商事は没落することになるが、特に三菱商事は三菱系企業製品の広がりから三井物産にとって強敵となっていく。そして鳥羽が指摘する〈物産支配が可能な製造業者〉を創出すること、外国企業から製作権の買収、共同投資による販売権獲得などは、いずれも従来の機械部長が提唱してきたことにほかならない。対策を推進するよりも危機的事態の進行が早いことへの焦りさえみられる。

もちろん製造業者との関係強化はこの時に始まったわけでなく、先発同業者も同様に対処していた問題である。中丸機械部長時代に、彼は「欧米ノ例ニ徴スルニ大商事会社ノ多クハ是レカ基礎ヲ生産事業ノ上ニ置キ以テ永遠ニ基礎ノ鞏固ヲ計ラントスルモノ漸ク多ク、此方法ハ単純ナル『コンミッション、マーチャント』ニ比シ商内ノ基礎遙カニ安全ニシテ猥リニ他ノ侵蝕ヲ許サ、ルヲ以テ最モ理想的ノモノニシテ、殊ニ機械商内ノ如キ一層其必要ヲ感セスンハ非ス、即チ大倉、高田若シクハ茂木、鈴木等ハ争フテ各種工業ニ投資ヲ試ミ三菱、久原等ノ工業家カ自家工業ノ立脚地ノ上ニ商売ノ基礎ヲ置クコトニ勉メツ、アルハ此間ノ消息ヲ伝ヘテ余リアリ」(第六回支店長会議録、一一四～五頁)と説明していた。ただ、物産が同業者と同様に製造業者支配のために積極的投資を展開するかとなると、歯切れが悪くなる。

「三井家ノ事業トシテハ他ノ一般者流ト異リ日本富豪ノ主班トシテ単ニ自己ノ利益ノミヲ考フルヲ得サル事情アルヲ以テ、利益以外少クトモ国家的ノ立場ニ就キ相当考慮ヲ払フコト必要ニシテ、尚ホ世間ザラニアルモノ及ヒ小

ナルモノヲ製出スル製造家ニシテ金融ニ苦ミ居ル者アレハ之ニ投資スルヲ一策トス、其他海外ニ於ケル一流製造家製品ノ製作権ヲ買収スルコト、並外国一流製造家ト共同出資ニ依リ内地ニ工場ヲ新設シ其販売権ヲ当社ノ手ニ収ムルコト亦対策ノ一ナルベシ、尤モ此場合ニ於テモ現在代理権ヲ有スル一流製造家トハ成ルベク絶縁セズ尚ホ進ンデ良好ナル製造家ト好関係ヲ結ブニ力ヲ尽スベキハ当然ト考フ」(二二六頁)

第二章 大正後半期における機械取引

資本者ノ地盤ヲ侵スカ如キ事業ハ可成注意シテ避クヘキコト勿論ニシテ、少クトモ或ル特色ヲ有シ同時ニ大資本家的事業ヲ選ヒテ考慮ノ内ニ置クヘキ事ヲ要ス」（一二五頁）

すなわち、第一章でも触れたように、三井のプライドを口にしているが、以後も製造業者に深入りして、責任を取らされることを恐れる物産幹部の意向が続いているからであろう。結果的には、三井の名の下に製造業者取込みが積極的に展開されたとは思えない。後任の山本も鳥羽も製造業者をいかに傘下に取り込むかを言い続けねばならなかったのである。

ただ、全く動きがないわけではなかった。中丸自身プラット社、バブコック社との提携話があったことも紹介している。

「三井家ノ事業トシテ紡織機械製造ノ如キモ亦最モ適当ナルモノ、一トシテ数フルヲ得ヘシ、……此際当社ト多年関係最モ深キ英国『プラット』社ト相提携シ、是レカ製造工場ヲ内地ニ設立スルヲ得ハ同社在来ノ信用及ヒ技術ヲモ利用シ得ヘク、将来ノ成功必スヤ見ルヘキモノアリト信ス、幸ヒ倫敦支店長ヲ通シテ『プラット』社ヨリ戦後共同経営ノコトニ付キ申込ヲ受ケタルヲ以テ、目下此問題ニ付キ折角交渉ノ端ヲ開クヘク用意シ居レリ、此外『バブコック』社ヨリモ戦後提携問題ニ付キ非公式ニ相談ヲ受ケ居レリ」（同、一二九頁）

しかしプラットとの共同経営は実現せず、のちに東洋バブコックは設立され、物産と結合する。中丸は事業会社への投資として

「一、事業ノ種類及ヒ性質頗ル重要ノモノニシテ会社カ絶体ニ株数ノ過半数ヲ保有シ置クヲ必要トスルモノ

二、次ニ会社自身カ過半数ノ株ヲ占メサルモ三井系ニ於テ過半数ノ株ヲ保有シ置クヘキモノ

三、別ニ投資ヲ為サス唯一時資金ノ融通ヲ為スニ止ムルモノ」

の三種類を挙げ、「臨機応変ノ処置ヲ要スル場合多キヲ以テ、右投資カ物品代金ノ前払及ヒ売掛金ノ猶予位ニ止マル

場合ニハ毎期ニ、三十万円位迄ヲ限度トシ其処置ヲ部限リノ責任ニ任セラル、ナラハ、部ニ於テハ機宜ニ応シ最モ有利ニ是ヲ活用シ得ルルコト、ナリ、依ツテ得ラルヘキ利収ノ如キモ決シテ尠ナカラサルヘキモノト信ス」と述べている（同、一三一～三頁）。このように具体的に主張しているが、どれだけ採用されたか明らかでない。また、中丸は「内外製造家ノ中間ニ立チテ此等製造権ノ譲渡ニ関シ尽瘁シ最近成功シタルモノ」として

一、新潟鐵工所　　Diesel Engine 製造権　（価格約　　二〇万円）
二、福沢桃介　　　電気製鉄炉製造権　　　（同　　　　一五万円）
三、湯浅蓄電池　　蓄電池製造権　　　　　（同　　　　四六万円）
四、東京計器　　　探照灯製造権　　　　　（同　　　一・五万ドル）
　　　　　　　　　コンパス製造権　　　　（同　　　三・五万ドル）
五、松昌洋行　　　黒田式コークス釜　　　（代金　　一二〇万円）

を挙げ、「製造権ノ買収ノミナラス、進ンテ製造家ヲ幇助シ内地ニ於テモ優秀ナル機械類ノ発明アル時ハ其製造家ト常ニ密接ナル関係ヲ保持スルコト必要ナリ」と述べている（一三六～八頁）。確かに湯浅蓄電池、東京計器などは物産傘下に入っている。

（反対商への短評）

最後に機械部として強く意識していた反対商（同業者・製造業者）を挙げておこう。大正一五年の第九回支店長会議の席上、鳥羽機械部長がコメントしたものである。ただし、三菱商事は前述しているのでここでは繰り返さない

（以下、同議事録、一二一～三頁）。

「鈴木商店ハ神戸製鋼所製品、英国『メトロポリタン、ビッカース』社ノ電気機械類、其他軌条等ヲ取扱ヒ年額六、七千万円ノ取扱ヲ為シ、現在ニ於テハ三菱ヲ凌駕シ当社ニ次グノ位置ニアリ、同社ハ当社並三菱商事会社ノ問屋業

164

ヲ主トスルニ反シ、場合ニ依リ投機的商売ヲ為シ、其活動潜航艇式ニシテ、一度目標ヲ定ムル時ハ利益ヲ度外視スルモ止マザル勢ヲ以テ競争ヲ為セリ、唯同店ハ金融相当ニ苦シキ立場ニ在リ台湾銀行ノ監視ヲ受ケ居ルヲ以テ、今後急激ナル発展ハ如何乎ト考フ

「大倉組ハ電気機械、紡績機械、蓄電池、其他各種機械ノ取扱ヲ為シ、多年ノ経験ト相当地盤トヲ有スルヲ以テ是亦警戒スベキ同業者ノ一ナリ」

「株式会社高田商会ハ合資会社高田商会ノ社員ノ一部ニテ資本金三百万円、四分ノ一払込ヲ以テ各自ノ経験ヲ以テ旧高田商会ノ地盤ニ依リ取引ヲ為シ居ルガ、漸次取引先ノ同情ヲ買ヒ、製造家モ旧高田商会ト同様其製品ノ販売ヲ委託スル有様ニテ順調ニ向ヒ居レバ、今後相当注意スベキモノナルベシ」

「『ウエスチング、ハウス』ハ高田商会ノ破綻後自社製品販売ノ目的ヲ以テ創立セラレタルモノニシテ、現在ニテハG・E社、芝浦製品ノ競争者トシテ相当活動シ居レドモ、高田商会発展スルニ至ラバ漸次其販売ヲ同商会ニ委託スルニ非ズヤト察セラル」

以上は物産が同業者として意識している者への短評であるが、警戒するものの三菱商事ほどには恐れていない。高田商会が破綻したことは、物産にとって幸いであったろう。製造業者で反対商に転化した者に対する短評としては次の諸社がある（一二三〜四頁）。

強敵鈴木商店が苦境にあること、

「川崎造船所ハ自社製機関車、貨客車、自動車其他ノ販売ヲ為シ其活動侮リ難キモノアリ、就中支那、朝鮮地方ニ於ケル客貨車、陸海軍用飛行機等ニ就キ活躍シツヽアリ」

「日立製作所ハ電気機械、水車、機関車、客貨車其他各種機械材料ノ製作販売ニ従事シ、同社製電気機械類ハ品質第二流ニ属スルモノナレドモ、二割安値ノ為メ電気商売ニ付テハ勁敵タリ」

「富士電機会社ハ古河及独逸『シーメンス』ノ出資ニ依リ大正十二年創立セラレ、電気機械器具製作工場ヲ有シ、

「シーメンス」社製各社電気機械類、探照灯、水量計等ヲモ取扱ヒツ、アリ、今後同工場ノ能力増加ト、独逸ニ於ケル対外貿易復活ニ従ヒ電気機械類ニ付テハ侮ルベカラザルモノタルベシ」

「愛知時計電機会社ハ海軍ノ指定工場ニシテ海軍飛行機及兵器ノ製造販売ニ従事シ、殊ニ最近ハ飛行機製作ニ全力ヲ注ギ相当注文ヲ有シ居リ、是赤機械部商品ニ対シ三菱、川崎ニ次グ強敵ナリ」

それ以外の有力競争者としては次の諸社を挙げている（一一四頁）。

電気機械——日瑞商会、米国貿易、東洋電気、「イングリッシュ、エレクトリック」社、奥村電気商会、川北電気企業社等

紡績機械——稲畑商店、「ハンター」、「サミュル」、「ジャーデン」、遠州織機、野上式織機会社等

電線——古河電気工業、住友電線、

機関車——「セールフレーザー」、汽車製造、日本車輌等

車台——住友鋳鋼所、日本車輌、汽車製造

汽罐——「ズルツァーブラザー」

エレベーター米国貿易

自動車——「フォード」、石川島造船所（1）

このように大正後半期には物産機械部にとって反対商は新旧の勢力交代をはらみながら俄然広がり、競争が激化して、物産とて安心は許されなくなっていた。

（1）大正八年での山本機械部長が反対商として挙げたのは次の諸社で、鳥羽部長の時代と若干違っている（「第七回支店長会議議事録」八五～六頁）。

第二章　大正後半期における機械取引

　「(A)　機械類仲介者
　　範多商会、鈴木商店、安部商店、茂木商店、千代田組、山武商会、大倉組、磔々商店、高田商会、葛原商会、アンドリユース・ジョージ、ヒーリング、セール・フレーザー、サミュール
　(B)　機械製造家
　　池貝鉄工所（機械工具）
　　日本電池（電池）
　　大阪電灯製作所、奥村電機、川北電気企業社、三菱造船所、日立製作所（電気機械）」

2　機械部の金融

　第一章では機械部の金融については材料がなく問題にし得なかったが、第七回支店長会議で山本機械部長が珍しく金融の問題に触れているので、断片的ではあるが機械部の金融について整理してみよう（以下、同議事録の引用頁を表示）。まず、山本は「東京機械部ノ金融ハ本店各部同様総テ本部ニ委託シ居リ、直接銀行等トハ取引セサル故本部借越金ノ全部カ東京機械部ノ使用資金ニナル訳ナリ」（八六頁）と定義している。機械取引の金融は東京機械部が統轄していると推測されるが、本部借越金の規模は第一次大戦開始当時、すなわち大正三、四年頃までは二〜三〇〇万円で、その大部分は得意先からの受取手形であって、売掛金として固定したものは少なかった。機械部の発展と共に借越金の規模は増加し、七年五月末には約八六〇万円、八年四月末九三〇万円、七月末一四〇〇万円に達した。その内訳は
　　商品勘定四一〇万円、取引先勘定（売掛金）五二三万円、受取手形三四六万円、貸付金三四〇万円、諸貸借勘定並損失準備金（貸方）二一八万円
であった。借越金の膨張は大戦時の営業拡大の反映であるが、山本はその内容についてもかなり詳しく説明しており、

当時の機械部金融の仕組み・実状を示すものとして興味深い。以下勘定ごとに説明をみよう（八七～八頁）。

商品勘定（四一〇万円）

「手持品ハ比較的僅少ニシテ輸入並ニ内地製作ノ機械工具類約二拾四万円ナリ、此商品勘定ノ大部分ハ輸入品ニシテ是レハ品物延着ノ為メ受渡ノ遅延、苦情又ハ積出数回ニ亘リ全部ノ受渡結了スル迄入金セサルモノモアリテ倫敦、紐育ノ仕入店ヨリ積出ト同時ニ取組ミ来レル荷為替ヲ期日ニ至リ銀行ニ支払ハサル可ラサルニ、一方請求未済トナリ居ルカ為メ自然勘定ヲ増加スル次第ナリ」

売掛金（五二二万円）

「（七）年五月頃ハ二百万円内外ナリシカ取扱高ノ増加ト共ニ漸次増加シ、本年四月五百万円、最近七月二八五〇二十万円トナレリ、此売掛金ノ増加ハ取引先ノ内ニ休戦ノ影響ヲ受ケテ金融逼迫ノ向モ出来多少回収困難ノ点モアレトモ、大体ニ於テ休戦以来欧米製造家ノ製造能力漸次恢復シ船腹亦豊富トナリシ結果、戦時中註文シタル諸機械材料類続々積出シ来リ、輸入商品ノ取扱高激増シタルカ主ナル原因ナリトス」

受取手形（三四六万円）

「（七）年五月末所有高二百十二万円、本年四月末二百八十五万円、七月末三百四十六万円ニシテ、以前ハ延払契約ニ依リ手形ヲ受取ルモノアリシモ近来ハ甚タ少ナク、現在ニテハ北満製粉ノ一ケ年延払拾七万円一口丈ケナリ、但シ延払ノ契約ナクシテ先方金融ノ都合ニヨリ已ムヲ得ス書換継続ヲ承諾セサル可ラサルモノ相当ニ多ク、此ノ金額常ニ二百万円位アリ」

貸金勘定

「支那津浦鉄道賃貸借契約並ニ武漢電話工事等其主ナルモノニシテ、前者十五ケ年後者十ケ年ニ亘リテ回収サル、モノナリ」

そして「今日迄ハ幸ヒニ売掛金ノ回収不能、手形ノ不渡等ノ為メ損失ヲ蒙リタルモノナケレトモ、今後取引先ノ信用状態ニ就テハ十分慎重ナル取調ヲ為シ出来ル丈ケ資金ノ固定セヌ方針ヲ取ル積リナリ」(八七頁)という状況であった。さらに次のようにも希望を述べている。

「機械商売ハ……註文確定シテヨリ機械ノ受渡迄ニ勘カラサル時日ヲ要シ、五ヶ月六ヶ月ハ無論ノ事長キハ一年モ一年半モ要スル場合アリ、……種々様々ノ理由ノ下ニ代金全部ノ支払ヲ受クル迄ニハ中々時日ヲ要スル有様ナリ、……機械商売ノ得意先ハ各種製造工業会社カ主モナル故自然代金ノ支払ニ約手ヲ以テスル者多ク、成ルヘク約手ヲ謝絶スル方針ナレトモ已ムヲ得サル場合モアリ……部下ヲ督励シテ契約条件ヲ充分注意セシムルハ勿論、機械受渡後ハ一日モ速ニ代金ヲ入金スル様極力御尽力アラン事ヲ希望シテ已マサル次第ナリ」(八八頁)

要するに機械部の資金需要は、受取債権(売掛金・受取手形)か、未請求段階のため手持商品の形となっているのが大部分である。資金融通を前提としなければ受注し得なかった中国関係の長期貸付金はむしろ例外であった(もっともそれも営業の一形態ではあるが)。したがって機械部の資金需要は、ほとんどが注文主からの未回収分であり、製造業者への機械部独自の投資はみられない。製造業者を取り込むための投資は機械部の金融でなく、全社的問題とされるのであろう。そして大戦前と後では取扱高激増が多額の資金需要をもたらしていることが注目される。おそらく物産全体の営業資金需要の増大に機械部は大きく影響したであろう。

　　　小　括

本章での考察結果をまとめておこう。
第一は、機械部の人員・組織についてである。本章の時期では機械部は成長して本店本部、営業部に次ぐ人員規模

で、現業各部の中では最大級であった。ただ、機械部の人員が増加したとはいえ、物産全体での比重は明治四〇年も大正八年も三・三％で変わりなく、全体の人員膨張に比例していたといえよう。機械部は事務掛と現業掛を持ち、統轄の機能を担い、東京・大阪などの支部の機械掛と共に営業部隊を形成した。反動恐慌の後、統轄方法や取引縮小を反映して機械部の人員も縮小に転じ、一五年には一二五五人へと変化した（八年は一二六六人）。統轄方法や組織はすでに定着して大きな変化はみられない。機械部長は中丸、山本、鳥羽と交代するが、機械に素人だった中丸が、後任には機械畑が必要と強調し、部員の不遇を代弁するなど、物産幹部の認識不足を批判したことが注目される。

第二は、機械取引の推移であるが、他商品とは異なった動きであることが見逃せない。機械は物産の五大商品のひとつであるが、順位はよく変動する。第一次大戦中機械取引は膨張するが、一〇年をピークに以後急速にしぼんでいった。もちろん大戦中は英・独製品の輸入は途絶し、米国へ代替品を求め、機械の国産化に拍車が掛かった。大戦により目玉商品のプラット社紡機やバブコック社製汽罐類が輸入できず、戦後になっても膨大な受注残は、解消に多大な時間を要した。その上戦後になって注文取消、支払不能などへの対処に機械商は苦しむが、物産は軽微であったという。

大正後半期における取引の膨張、そして縮小というコースは、当然に機械部の利益の増減につながったが、物産営業のうちでは利益源泉としては生糸に次ぐ重要性を持った。商品別には紡績機械、雑種機械、汽罐類の順で好利益であったものの、電気機械は利益率一％以下の薄利であり、鉄道用品は赤字であった。ただ、この時期には鉄道用品の比重は国産品使用傾向から著しく縮小し、いわゆる機械が圧倒的な比重を占めるまでに変化している。すでに大正後半期から、国産化進展に伴う輸入取引縮小が懸念され、物産内でも対策が話題になっていった。すなわち、紡機・電機以外の商品の代理店獲得、機械工業部門に子会社新設、小型商品への進出がそれである。

第三は、売約先の特徴である。この期間に判明した売約案件は九五八件、名寄せすると二八五の売約先が登場する

が、その超大口では陸軍、海軍、満鉄の三者が並立し、繊維（特に大日本紡、鐘紡、東洋紡が上位）、電力（特に日本水力、日本電力、東京電灯が上位）の諸企業が続く。鉄道省もそれらに伍す存在であった。陸海軍納入では輸入飛行機が中心となり、海軍では潜水艦用蓄電池、探照灯が加わる。湯浅蓄電池、東京計器製作所に製造権を世話し、機械部は両社と深く結合することになる。

財閥・コンツェルン系企業への取引では、三井がさすがに多い。三菱、住友、古河、安田、川崎、浅野、日窒の計二三社へ納入しているが、他系列企業がなぜ物産に依存したのかは実証に至らない。おそらく多くは物産の持つ代理店契約のためと想像されるが、自系列に強力な機械商がない場合には物産の営業力によって受注したのかもしれない。

第四に、物産の反対商の動向である。第一次大戦では機械取引に旨味を期待して多くの新規参入をみたが、物産も最初は警戒していたものの、多くの参入者の失敗を冷笑し、高田、大倉組など旧来の同業者との競争を重視する姿勢に戻るが、最初軽視していた三菱商事が予想に反して強敵であると脅威に思うようになっていった。それだけでなく、製造業者の直接販売進出の傾向も現れた（たとえば川崎造船所、日立製作所、富士電機製造、愛知時計電機など）。したがって物産内でも危機意識が芽生え、新事態への対策として製造業者との関係強化、投資による支配の必要が主張されるようになったのである。

以上のように、大正後半期の機械部は大戦による取引増大＝好利益を謳歌した後、取引減退の下、国産化の進展だけでなく、三菱商事の登場、製造業者の直接販売の脅威にさらされ、高田商会・大倉組との競争だけで済まさぬ厳しい環境への対応を迫られたのである。

第三章　昭和戦前期の機械取引

第一節　昭和戦前期における機械取引推移

1　機械部の役割と職制

まず、昭和戦前期における三井物産の機械取引に関与した組織、人員を考察しておこう。表3-1によれば、昭和二（一九二七）年一〇月時点における機械関係の組織は、本部機構である機械部と東京・大阪・門司・上海・倫敦・紐育の六支部、名古屋・小樽・三池の内地三支店、台北・京城・大連・天津・青島の海外五支店の機械掛から成り、専任二四七人、兼任一三三人の陣容であった。大正末期とほぼ同様である。やや詳細にみれば、機械部五支部は営業であるが、商務掛一一人以外はいわゆる本部としての諸機能を果たしていたと思われる。機械部自体は専任・兼任五七人で、東京支部が断然大きく専任・兼任九八人を擁し、同じく大阪三七人、紐育一五人、倫敦九人、門司七人、上海五人と続き、支部合計で一七一人を数える。支店といっても全支店に機械掛が置かれているわけでなく、一～八人の規模で、支店の機械掛を合計しても三二人に過ぎない。

昭和七年一〇月時点では、支店合計は三四人でほとんど変わらず、機械部本部がやや増えて六二人、支部が一四三

表 3-1　機械部の人員配置 (1) (昭和2～13年)

部・支店名	掛名	昭和2年10月 人員	兼任	7年10月 人員	兼任	13年9月 人員	兼任
機械部 東京支部	役席	55	2	60	2	37	1
	総務	3		3		4	
	庶務	7		4	1	7	
	調査	4		10	1	3	
	商務	5		3		4	
	勘定	11		14		11	
	その他	18		20		17	
	横須賀出張員	5		3		2	
		2		2			
	計	97	2	94	4	115	9
同 大阪支部	役席	2		7		1	
	電気1部	12		13		9	
	電気2部	10		15	1	11	
	機械	22		14		9	
	鉄道	10		12		7	
	紡織(紡織雑機)	11		10		10	
	鉱山					9	
	原動機	6	1	5		7	
	勘定	12		10		9	
	随列所				1		
	工作機械					13	
	航空機					8	
	特殊機器					6	
	輸出					9	
	商品					7	
	その他					3	
	計						
	役席	34	23	29	1		1
大阪支部	紡織	2	3	1			
	雑機材料(機械)	11	2	7	1		
	電気	10	1	6			
	その他	8		12			
		1		1			
		2		2			

部・支店名	掛名	昭和2年10月 人員	兼任	7年10月 人員	兼任	13年9月 人員	兼任
同 門司支部	役席	5	2	4	2	10	1
	電気	3	1	2	1		1
	機械	2	1	2		10	1
同 上海支部	役席	4		2		4	
	一般		1		1		1
	機械						
同 倫敦支部	役席	8	1	4	1		1
	一般						
同 紐育支部	役席	14				5	
	一般			2		3	
横須賀出張役							
同 大連支部	役席						
	一般					9	
	機械						
同 名古屋支部	役席		1				1
	一般						
	機械						
名古屋支店	機械	8		9			1
小樽支店	機械	4		1		1	
三池支店	機械	1	1	4	1	2	
台北支店	機械	1		1		5	
京城支店	機械	4		4		7	
大津支店	機械	6		3			
大連支店	機械	4		5		4	
新京支店	機械(機械金物)					6	
青島支店	機械(機械雑貨)	3				2	
盤谷支店	機械						
支店計		162	9	133	10	183	17
物産全体	役席	14		2			
	一般						
	機械						
支店計		30	2	32	2	33	1
		247	13	225	14	253	19
合計	総人員	3,009		2,935		3,524	
	うち兼務者	2,609		2,505		3,287	

(備考)
1. 「三井物産株式会社職員録　第22版」(昭和2年10月),「同 第27版」(7年10月),「同 第35版」(13年9月)より作成。
2. 掛名の( )内は7年10月あるいは13年9月時点の呼称。兼任は人員の外数。神戸派出員

人へとかなりの減員となった。全体で二〇人の減であるが、東京支部は不変で、大阪支部で減員となる。昭和二年一〇月時点の二六〇人に復元しているが、支店合計は三四人で不変、機械部本部が三八人へと大幅な減員、支部合計が一八九人へと大幅な増員となっている。しかし名古屋・大連両支店の機械掛が支部に昇格しており、それを考慮すれば支部・支店共に増強されたのである。そして個別にみれば新京・盤谷両支店で掛が置かれ、多くの支部・支店で少しずつ増強が計られていた。中でも東京支部の二六人増強は大きい。本部の減員には商務掛の廃止（一四人）があって、おそらく支部・支店に配置換えが行われたと思われる。

全体としてみれば、営業部隊は東京支部に約半分が配置され、次いで大阪支部であって、両部に重点的に配置されていたことが知られる。いうまでもなく機械掛が置かれていなくても、支店での機械取引が皆無とはいえず、他掛で多少は手掛けられた可能性は残る。その意味での考察は、機械取引にかかわった全員ではないが、主業務としていた者という意味で重要な把握といえよう（逆に、京城・天津・盤谷支店では「機械金物掛」「機械雑貨掛」のように機械専任でない場合も考慮しなければならない）。そして表3-1右欄下にみるように、三井物産全体の人員がいったん減少し、そして増加していく中で、機械部関係人員はその取扱高推移と比例せずに八・六％、八・一％、六・八％と比重低下を見せている。

その後、昭和一六年三月から九月の間に各部の組織変更があり、全面的に支部制が廃止され、本部、支店とも課制が採用された。機械部でも支部が支店の課に編成替えされた。表3-2は戦時末期に近い昭和一八年九月時点の機械部の人員配置である。

機械部は東京支部を吸収したので、本部機能と営業機能を合わせ、多くの課を擁することになっている。電気、機械は細分化され、花形の航空特機課が新設され、工具雑機課、タンガロイ係も発生している。専任・兼任計で一五一人となり、全体二四七人の六割を占めている（もっとも所属未定四四人を含んでいるが）。

表3-2　機械部の人員配置(2)(昭和18年9月)

部・支店	課名	役職	兼任	社員	兼任
機械部	役席	10	4		2
	総務	5		5	
	企画	1	3	1	
	研究	2			
	電気第1	2		4	
	電気第2	2		6	
	機械第1	2		7	
	機械第2	2		9	
	機械第3	2		10	
	工具雑機	1		4	
	航空特機	2		5	
	会計	2		15	
	タンガロイ係	1		1	
	所属未定			44	
	計	34	4	111	2
大阪支店	機械	2		9	3
	電気	2	1	7	
	機械輸出	1		1	
	計	5	1	17	3
名古屋支店	機械	2		6	
	電気	2		2	
神戸支店	機械	1		3	
呉出張所	機械金物	1			

部・支店	課名	役職	兼任	社員	兼任
門司支店	機械	2		2	
三池支店	機械	1		1	
台北支店	機械金物	2		2	
高雄支店	機械	1		1	
京城支店	機械金物	2		2	
新京支店	機械	1		2	1
奉天支店	機械金物	2		5	
	計			10	
大連支店	機械第1	1		5	
	機械第2	2		5	
天津支店	機械金物	2		4	
北京支店	機械金物	2		2	
青島支店	機械	1		2	
上海支店	機械	2	1	2	
広東支店	機械金物	2		1	
河内支店	機械金物	1		3	
西貢支店	機械金物	1		1	
盤谷支店	機械	2		3	
昭南支店	機械	1		1	
	支店合計	35	2	55	4
	総計	69	6	166	6

(備考)「三井物産株式会社職員録　第46版」(昭和18年9月)より作成。兼任は役職または社員の外数。

第三章　昭和戦前期の機械取引

大阪支店でも機械関係は一八人、奉天支店一二二人を除けば各店の機械関係は数人に過ぎない。課とはいうものの二人しかいない支店もある。そして「機械課」（全支店で二一課）ではなく、「機械金物課」が八課あり、戦時体制下に取扱高が急増した金物と機械が兼ねられるケースが多くなっている。昭和一三年九月時点と比較すると、日本軍のアジア侵略にともなう、物産の支店新設、そして機械課設置が北京、広東、河内（ハノイ）、西貢（サイゴン）、昭南（シンガポール）と増加している。機械関係の人員二四七人は物産総人員の五・一％で、一三年時点より一層比重を低めている。

ところで大正末期の機械部長は鳥羽総治であったが、昭和前期ではどう推移したろうか。

「三井物産株式会社職員録」によれば大正一五年一〇月時点では、鳥羽部長の下に副部長赤井久義と三人の部長代理（浅田美之助、国安卯一、本村精三）がいた。機械部東京支部は鳥羽が支部長を兼務し、本村が支部長代理であり、機械部大阪支部では大阪支店次長の赤井副部長が大阪支店長であり、支部長代理も兼ねる体制であった。昭和三年一〇月時点では浅田部長代理が東京支部長となり、国安に代わって三好広が副部長となっている。同五年一〇月時点では鳥羽に代わって浅田が機械部長に昇格し、東京支部長も兼ねた。機械部・東京支部の下で、赤井は引き続き大阪支部長代理を兼ねていた。同九年時点では館野竹之助が東京支部長代理に加わり、同一〇年時点では長年にわたり大阪支部を担当してきた赤井副部長が名古屋支店長に転じ、代わって館野が機械部副部長に昇格、東京支部の部長代理に多田長雄、大阪支部長代理に永井八郎が加わった。同一一年一〇月時点では浅田に代わって本村が機械部長に昇格、館野・多田・永井八郎が副部長で、永井が大阪支部長代理を兼務した。そして同一四年九月には本村に代わって館野が機械部長・東京支部長になり、幹部も入れ替わっている。

以上のごとく、機械部長は鳥羽総治→浅田美之助（五年）→本村精三（三年）→館野竹之助へと数年ずつで交代し、

幹部を構成してきた副部長が昇格する慣例が形成されている。東京支部長は機械部長が兼ね、副部長等が支部長代理を兼ね、大阪支部は機械部副部長の一人が支部長代理を兼ねることによって意志疎通を図っていたものであろう。概していえば機械内部での昇進人事が成立したのである。鳥羽は大阪高商卒であったが、浅田・館野は京都帝大の理工科卒、本村は米スタンフォード大卒、赤井は大阪高工卒で、判明した限りでも幾人も理工系が機械部トップに座るようになっている。

(1) 三井物産の職員表では、種別として月給者、見習、待命、嘱託、罷役、船員等に分類され、合計が「総人員」と称されている。機械部人員の摘出では、種別に関係なく名簿記載者すべてを対象としたから、「総人員」と対比させるべきであろう。表3-1では「総人員」のほか参考までに「月給者」も掲げておく。

(2) この時点の総人員は四八一四人であるが、すでに造船部、船舶部が別会社として独立し、両部に属する者（船員が多い）は移籍した後であるから、「総人員」の内容は移籍前とはかなり変化している。したがって移籍による総人員減少のため、機械部の比重はむしろ高まるべきなのに現実には逆となっている。

(3) 以下、幹部の経歴等を判明した限りで掲げておこう。⑨は『人事興信録』第9版（昭和六年六月）、⑪は『同』第一一版（昭和一二年三月）を示す。

浅田美之助　明一二生、同三八京都帝国大学理工科大学卒、三井物産入社、昇進して機械部長、湯浅蓄電池、三機工業、三昭自動車（取）、東洋キャリア工業（監）⑨　なお、⑪では三昭自動車会長、三井物産、東洋オーチスエレベーター、湯浅蓄電池製造、津上製作所（取）、東洋キャリア（監）

本村精三　明一五生、同四二米スタンフォード大卒、三井物産入社後、電気掛主任、機械部長代理、副部長を経て機械部長、日本バルブ製造（取）、東洋バブコック（監）

赤井久義　明一四生、大阪高工船用機関科卒、三井物産入社、機械部副部長・大阪支店次長から名古屋支店長に転じ、取締役、三新プライウッド会長、赤羽商店（代）、村山石炭、関西製絨所、東洋編織、沼津毛織（取）⑪

三好広　明一六生、三井物産機械部副部長で退職（昭一〇）して津上製作所常務に転じ、日本バルブ製造（取）、奉天造兵廠、

2 物産全体における機械取引の比重

昭和戦前期の三井物産全体の取扱高はいかなる推移をたどったか。表3-3は、大正一五（一九二六）年下期～昭和一八（一九四三）年下期の商内別取扱高推移である。

三井物産全体の取引高は、大正八（一九一九）年度の二一億円をピークに大幅に縮小した後、一五年度は一一・八億円にまで回復したが、昭和期に入っても横這いないし微増が続き、世界恐慌下に再び落ち込んで、昭和六年度には八・四億円にまで縮小した。七年以降急速な回復に転じ、一二年度は二三億円で大正八年度を超え、一六年度は三八・六億円に達した。準戦時体制から戦時体制に移行するにつれ、取扱高は急膨張したのである。

商内別にみた特徴は時期によってかなり変化する。昭和初期では「内国売買」がやや多く、「輸出」、「輸入」、「外国売買」が拮抗していたが、準戦時体制期からまず「内国売買」の比重を増し、戦時体制期では「輸出」の比重が低下し、次いで「輸入」も低下、さらに太平洋戦争直前から「内国売買」の比重も低下して、「外国売買」の比重が急増した。

他方、機械部の商内別取扱高をみると表3-4のごとくで、全社の動きと基本的傾向は同様であるが、増減幅は機械の方がやや大きく、そして増加テンポが速いといえる。それだけ機械取引の方が戦時経済の波に敏感であり、設備投資拡大を反映していたといえよう。表3-5はそのことをよく示している。ただ、昭和初年では「輸入」が取扱高の五割を超え、「内国売買」が約三五％であったのに、世界恐慌下に「輸入」の比重が急低下し（金額自体も急減）、戦時体制直前の昭和一一年では僅か一割弱にまで落ち込んでいる。代わって「内国売

ウシオ製作所重役のことあり。[11]

館野竹之助　明二〇生、同四四京都帝国大学理工科大学卒、三井物産入社、大阪、神戸、倫敦支店を経て機械部副部長。[11]

表 3-3 物産全社の商内別取扱高の推移（昭和戦前期）

(単位：百万円, %)

年度	輸出 金額	比率	輸入 金額	比率	国内 金額	比率	外国間 金額	比率	合計 金額	比率
大正15年	280	23.7	280	23.7	293	24.8	328	27.8	1,182	100.0
昭和2年	275	23.5	270	23.1	327	28.0	295	25.3	1,168	100.0
3	294	23.2	283	22.4	422	33.3	266	21.1	1,265	100.0
4	308	23.3	282	21.3	467	35.2	267	20.2	1,324	100.0
5	224	20.7	222	20.6	387	35.8	247	22.9	1,081	100.0
6	174	20.7	139	16.5	323	38.4	206	24.5	842	100.0
7	233	24.6	155	16.4	359	37.9	201	21.2	948	100.0
8	261	21.2	239	19.4	495	40.1	238	19.3	1,233	100.0
9	306	20.4	269	17.9	590	39.3	334	22.3	1,500	100.0
10	376	21.2	350	19.7	666	37.5	382	21.5	1,774	100.0
11	373	20.8	349	19.4	695	38.7	380	21.1	1,797	100.0
12	413	17.6	489	20.8	890	37.9	554	23.6	2,346	100.0
13	367	15.3	512	21.4	1,083	45.2	432	18.0	2,394	100.0
14	488	16.7	522	17.9	1,273	43.7	631	21.7	2,914	100.0
15	551	15.9	675	19.5	1,189	34.4	1,030	29.8	3,446	100.0
16	508	13.2	740	19.2	1,201	31.1	1,408	36.5	3,858	100.0
17	264	8.0	462	14.0	1,140	34.5	1,441	43.6	3,307	100.0
18	236	6.0	370	9.4	1,217	30.8	2,132	53.9	3,955	100.0

〔備考〕『稿本三井物産株式会社100年史 上』449頁第14表，571頁第9表，706頁第13表より計算の上作成。

買」の比重が逐年上昇して、八年では六割を超え、「輸出」「外国売買」の比重も二割にまで上昇した。戦時体制下で輸入はいったん二四％にまで回復し、以後急低下するが、末期には七割にまで反転上昇した。「輸出」、「外国売買」はともに一割台を維持し、「内国売買」が戦時体制下にいったん比重低下をみせ、以後急低下するが、末期には七割にまで反転上昇した。後述するように、昭和初期では外国製機械の輸入需要が強く、機械部はその要望に応えていたが、次第に国産化が進み、「内国売買」で済む場合が増えたことが底流にある。さらに太平洋戦争直前までの生産力増強のための駆け込み輸入増加を経て、開戦後の輸入困難―相手国の輸出禁止によって急減していったものである。「内国売買」が昭和六年の三三五六万円を底に一八年の二億六四六一万円まで八倍の規模拡大であり、ほぼ毎年増加を続けたのに対し、「輸出」と「外国売買」は類似した傾向であるが、約六倍の増加であった。

表3-6によれば、大正期末の物産取扱五大商品は、生糸、石炭、砂糖、金物、機械の順であったが、昭和初期には機械が砂糖、金物を抜いて第三位に上昇している。そして同表からは昭和六〜九年度のどの時点で変化したか不明であるが、とにかく九年度以降は順位が大きく変化している。すなわち、九年度では生ゴムが第四位に入り、金物が第一位となり、機械は第二位か第三位であり、石炭、砂糖、生糸の順に変化した。九年度では生ゴムが第四位に、第四位麦粉、第五位生ゴムのように、嘗ての五大商品に割り込んでいる。戦時体制が深まるにつれ、生ゴムは国内にない戦略物資として重視され、反面、生糸は輸出困難、砂糖も不要視されて行くからであろう。物産の取扱商品の構造は決定的に変化したわけである。

機械部取扱品目のうち、軌条及付属品、鉄鋼材料は昭和一二年上期に金物部に移管されたので、同期から機械部での取扱いは皆無となり、同期の売約高減少を結果している（同期の「考課状」）。

いずれにせよ機械取引は軍需産業の拡大を反映しての需要急増によって、昭和戦前期で再び脚光を浴びる存在となったのである。

表 3-4 機械部商內別取扱高推移（昭和戰前期）

(取扱高半期別金額)　(単位：千円)

決算期	輸 出	輸 入	内国売	外国売	合 計
大15/上	2,201	20,403	14,075	1,663	38,341
/下	2,412	25,738	13,602	1,115	42,866
昭2/上	2,795	25,410	15,727	1,419	45,351
/下	3,179	20,452	13,927	1,567	39,124
3/上	2,136	21,812	21,077	1,377	46,402
/下	2,246	22,580	19,754	3,107	47,687
4/上	2,155	20,528	24,885	2,056	49,624
/下	2,595	21,460	25,599	4,799	54,454
5/上	3,923	26,948	25,260	3,303	59,433
/下	3,678	21,838	24,367	3,082	48,966
6/上	3,864	13,039	14,654	3,925	35,482
/下	4,082	8,245	17,908	3,938	34,173
7/上	1,991	8,292	18,591	2,821	31,694
/下	2,951	6,761	21,836	1,266	32,814
8/上	4,672	8,165	28,773	3,887	45,497
/下	10,111	8,722	29,973	819	49,625
9/上	8,764	8,265	39,374	764	57,167
/下	14,249	12,624	44,317	712	71,902

(取扱高年間金額・構成比)

年間	輸 出	輸 入	内国売	外国売	合 計
大15	4,613 (5.7%)	46,141 (56.8%)	27,677 (34.1%)	2,778 (3.4%)	81,207 (100%)
昭2	5,974 (7.1%)	45,862 (54.3%)	29,654 (35.1%)	2,986 (3.5%)	84,475 (100%)
3	4,382 (4.7%)	44,392 (47.2%)	40,831 (43.4%)	4,484 (4.8%)	94,089 (100%)
4	4,750 (4.6%)	41,988 (40.3%)	50,484 (48.5%)	6,855 (6.6%)	104,078 (100%)
5	7,601 (7.0%)	44,786 (41.3%)	49,627 (45.8%)	6,385 (5.9%)	108,399 (100%)
6	7,946 (11.4%)	21,284 (30.6%)	32,562 (46.7%)	7,863 (11.3%)	69,655 (100%)
7	4,942 (7.7%)	15,053 (23.3%)	40,427 (62.7%)	4,087 (6.3%)	64,508 (100%)
8	14,783 (15.5%)	16,887 (17.8%)	58,746 (61.8%)	4,706 (4.9%)	95,122 (100%)
9	23,013 (17.8%)	20,889 (16.2%)	83,691 (64.8%)	1,476 (1.1%)	129,069 (100%)

182

10/上	19,134	13,602	50,500	1,172	84,408	10	(22.4%)	36,524	(16.0%)	26,064	(58.9%)	95,825	(2.7%)	4,393	(100%) 162,805
10/下	17,390	12,462	45,325	3,221	78,397										
11/上	20,448	8,728	51,907	2,728	83,811	11	(25.5%)	43,580	(9.5%)	16,292	(61.7%)	105,278	(3.3%)	5,576	(100%) 170,726
11/下	23,132	7,564	53,371	2,848	86,915										
12/上	19,877	11,015	48,217	4,999	84,108	12	(22.0%)	39,508	(14.8%)	26,585	(58.3%)	104,773	(5.0%)	8,945	(100%) 179,811
12/下	19,631	15,570	56,556	3,946	95,703										
13/上	26,579	24,769	64,827	4,491	120,666	13	(22.1%)	54,474	(22.5%)	55,468	(50.5%)	124,595	(5.0%)	12,425	(100%) 246,961
13/下	27,895	30,699	59,768	7,934	126,295										
14/上	25,845	34,415	74,713	15,394	150,368	14	(16.6%)	51,893	(23.9%)	74,820	(48.8%)	152,952	(10.7%)	33,628	(100%) 313,295
14/下	26,048	40,405	78,239	18,234	162,927										
15/上	24,933	25,643	88,710	29,782	169,068	15	(16.7%)	54,020	(15.7%)	50,936	(53.1%)	172,079	(14.5%)	46,795	(100%) 323,830
15/下	29,087	25,293	83,369	17,013	154,762										
16/上	23,912	33,496	84,910	17,704	160,022	16	(17.8%)	60,893	(16.2%)	55,614	(54.2%)	185,671	(11.8%)	40,490	(100%) 342,668
16/下	36,981	22,118	100,761	22,786	182,646										
17/上	24,358	7,024	101,770	21,661	154,813	17	(18.1%)	54,678	(4.6%)	13,803	(65.9%)	199,083	(11.4%)	34,565	(100%) 302,129
17/下	30,320	6,779	97,313	12,904	147,316										
18/上	20,621	8,037	109,589	15,171	153,418	18	(12.8%)	47,489	(4.1%)	15,309	(71.4%)	264,612	(11.7%)	43,420	(100%) 370,830
18/下	26,868	7,272	155,023	28,249	217,412										

〔備考〕 各期「事業報告書」より計算の上作成。千円未満四捨五入。

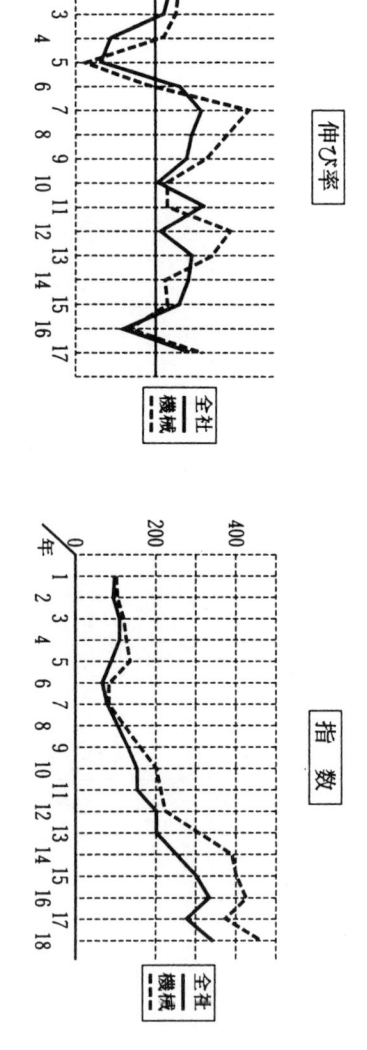

表 3-5　全社・機械の取引高比較（昭和戦前期）

(金額単位：百万円)

年度	金額 全社	金額 機械	指数 全社	指数 機械	対前年伸び率 全社	対前年伸び率 機械
大正15年	1,182	81	100	100	―	―
昭和2年	1,168	84	99	104	−1%	4%
3	1,265	94	107	116	8%	11%
4	1,324	104	112	128	4%	10%
5	1,081	108	91	133	−22%	4%
6	842	70	71	86	−28%	−36%
7	948	65	80	79	11%	−7%
8	1,233	95	104	117	23%	47%
9	1,500	129	127	159	18%	36%

年度	金額 全社	金額 機械	指数 全社	指数 機械	対前年伸び率 全社	対前年伸び率 機械
昭和10年	1,774	163	150	200	15%	26%
11	1,797	171	152	210	1%	5%
12	2,346	180	198	221	23%	5%
13	2,394	247	203	304	2%	37%
14	2,914	313	247	386	18%	27%
15	3,456	324	292	399	16%	3%
16	3,858	343	326	422	10%	6%
17	3,307	302	280	372	−17%	−12%
18	3,955	371	335	457	16%	23%

（備考）全社は『橋本三井物産株式会社100年史』449頁第14表、571頁第9表、706頁第13表、機械は各期「事業報告書」より計算の上作成。

伸び率

指数

185　第三章　昭和戦前期の機械取引

表 3-6　重要 5 大商品取扱高順位（昭和戦前期）

(単位：千円)

	生　糸		石　炭		砂　糖		金　物		機　械		小　計
大 15/10 期	①	88,385	②	64,619	③	58,081	④	45,766	⑤	42,866	299,717
昭 4/ 4 期	①	108,961	②	78,518	⑤	44,290	③	54,509	④	49,624	335,902
6/10 期	②	44,399	①	46,220	③	35,354	⑤	33,823	④	34,173	193,969
6 年度	①	101,458	②	98,649	④	68,781	⑤	65,773	③	69,655	404,316
9 年度	⑤	106,050	③	118,155	⑥	83,042	①	206,522	②	129,069	642,838
12 年度	⑥	109,958	④	162,603	⑤	118,266	①	448,463	③	179,811	1,019,101
15 年度	⑦	138,461	③	314,324	⑥	139,101	①	643,457	②	323,830	1,559,173

〔備考〕　『稿本三井物産株式会社 100 年史　上』449 頁、586-7 頁より計算の上作成。
　　　　　○印の数字は順位を示す。決算期は 6 カ月、年度は 1 年の取扱高。

3　機械取引の推移

(1) 売約高の推移

それでは「機械部考課状」「事業報告書」によって機械売約高の分析に移ろう（以下表 3-7 を参照）。前章ですでに説明したように、機械売約高は機械取引の先行指標ともいえ、取引実行を示す機械取引高や、未実行の契約残高を示す機械未決済高よりも、物産機械部の状況対応を的確に表すという意味で、その分析は有益である。その上、機械部の取引先を具体的に把握するためには、大口売約の記載を利用することが唯一の重要手段である。そこで大口売約先の分析に入る前に、本章も前章に倣ってまず売約高の推移を考察しておこう（以下の引用は当該期の「事業報告書」または「考課状」の記述である）。ただし売約高、取引高、売約残次期繰越高（機械未決済と同義）を関連させて考察する意義を否定するわけではなく、取引高、売約残次期繰越高の推移を巻末付表とした。参照されたい。

①　昭和初期

昭和二（一九二七）～五年の四年間で、売約高の大きな動きといえば二年下期、三年下期のやや大きな増加と、五年上、下期の大幅な減少である。二年下期の六六五万円の増加要因は「紡織機械著減セシモ電気機械、鉄道用品、兵器

表3-7 機械部売約高増減推移（昭和戦前期）

(単位：千円)

品目	大15/下末	昭2/上	2/下	3/上	3/下	4/上	4/下	5/上	5/下	6/上	6/下	7/上
機関及汽罐	1,893	98	1,353	−1,829	6,021	−3,801	1,104	−2,328	−352	−866	−774	1,352
発電電動機	175	465	1,600	−1,123	−632	−28	1,280	−1,137	−410	−103	421	−25
電気機械	3,848	337	3,544	−4,682	1,728	−485	608	−2,469	−1,128	−54	−119	−314
電気雑品	3,112	−412	319	−176	1,170	−12	−322	−354	−496	−553	−700	751
紡織機械	3,835	784	−3,152	3,145	−448	2,149	−593	−485	−4,153	122	1,037	234
紡織用雑品	2,631	−227	−265	778	28	1,382	39	−1,233	−1,901	494	2,215	−1,039
織布機械	864	−2,345	−2,832	934	−123	−197	250	−889	791	127	−68	−31
織布用雑品	1,628	700	1,470	−1,638	−558	3,016	3,089	−5,041	−1,338	497	−1,306	−112
工業用諸機械	1,975	−1,478	773	−90	−283	−48	725	−559	−671	−127	164	−38
鉱山用諸機械	1,594	1,327	−876	1,613	−1,062	2,792	−1,970	−1,767	1,796	−2,512	701	33
雑種機械	216	43	67	127	−141	333	−292	−319	−436	30	97	193
機械工具	3,185	366	−1,154	775	602	−2,558	251	−525	−153	−64	−154	102
自動車及諸車		210	−37	177	1,482	112	−528	−210	−192	−61	−31	106
機関車及部分品	155	2,063	−437	−313	503	301	−87	−347	381	−426	13	
軌条及付属品	3,134	−315	724	−430	−224	−2,160	−569	−475	−97	71	394	
車両及鉄道用品	1,930	−2,344	3,121	−91	−242	332	−1,418	771	−868	−475	−364	32
鋼鉄材料	6,945	−323		−1,405	2,626	−3,515	−280	−1,222	−841	−436	−532	704
鉄管類						2,095	−683	−165	−476	−244	66	228
兵器及軍用品	3,663		2,432	45	1,572	1,639	1,633	135	0	−1,512	204	1,980
合計	40,783	3,638	6,649	−3,872	9,983	1,441	1,659	−18,425	−11,629	−5,453	−106	4,561

187　第三章　昭和戦前期の機械取引

品目	7/下	8/上	8/下	9/上	9/下	10/上	10/下	11/上	11/下	12/上	12/下	13/上
機関及汽罐	235	−1,214	4,401	792	2,074	−1,306	1,152	−5,610	5,096	1,160	5,411	585
発電電動機	1,088	−796	2,289	−1,845	2,366	1,385	−1,639	3,571	−3,490	1,881	4,576	2,820
電気機械	1,317	661	616	3,391	−2,524	128	629	−856	539	1,983	1,140	826
電気雑品	484	126	67	494	865	533	301	−1,405	1,923	2,110	1,030	243
紡織機械	−2,400	4,115	3,999	−605	6,268	−8,347	−2,084	1,123	−208	18,098	−9,613	−9,503
紡織用雑品	3,974	−4,077	−543	985	2,130	−1,250	−1,438	−22	1,281	1,326	842	−4,603
織布機械	1,083	−725	−330	1,482	753	−1,888	−467	−268	2,245	2,716	33	−4,696
織布用雑品												
工業用諸機械	1,457	2,406	573	5,732	5,267	−815	589	−560	1,274	15,097	−4,723	−4,038
鉱山用諸機械	93	−84	404	497	189	−257	370	80	226	1,031	1,163	2,935
雑種機械	305	−15	492	751	617	1,558	5,455	−4,719	−1,536	6,696	−5,322	9,381
機械工具	901	−211	776	1,152	692	−575	−743	−751	1,563	4,339	780	2,496
機械雑品	308	274	−328	205	769	−102	668	104	−113	1,233	−1,055	1,105
車輌及鉄道用品	1,669	1,137	−1,805	4,793	−1,415	5,789	5,875	−1,644	3,765	−2,270	519	2,479
軌条及付属品	3,888	−3,904	8,544	−8,543	8,199	−8,304	4,538	−3,718	31	−2,028	3,098	−630
機関車及部分品	220	430	−417	475	835	146	−736	−63	1,123	−790	—	—
自動車及諸車	151	867	−50	77	751	−487	−218	−322	160	1,473	−465	−19
鋼鉄材料	242	2,385	−350	2,764	−542	3,914	−3,751	462	1,266	−9,209	—	—
鉄管類	201	−12	568	−507	370	−407	−335	651	−513	−213	247	472
鉄構及建築器材										2,544	274	146
兵器及軍用品											2,814	6,388
合計	23,362	−1,637	22,650	8,488	24,212	−16,383	−1,467	5,349	−4,921	62,372	15,194	6,387

品　目	13/下	14/上	14/下	15/上	15/下	16/上	16/下	17/上	17/下	18/上	18/下	18/下末
機関及汽罐	-8,214	14,791	-8,961	-2,016	-6,767	677	-84	2,102	648	3,775	-4,175	6,423
発電電動機	12,157	-17,593	-873	16,096	4,680	-2,601	230	4,141	-7,044	5,786	5,993
電気機械	2,369	12,375	-6,734	2,682	-21,675	-21,234	-8,553	4,205	1,010	3,950	15,474	29,850
電気雑品	-155	4,785	-108	664	10,090	9,750	1,497	-5,277	9,329	-6,177	4,543	18,003
紡織機械	1,488	-4,597	408	721	1,377	-1,665	-902	-218	519	352	-440	436
紡織用雑品	937	-500	1,545	-907	665	-2,362	957	-1,338	467	166	2,642
織布機械	-316	403	-531	420	-291	491	-597	-74	143	-137	1,983	1,989
工業用諸機械	4,183	22,679	3,954	-18,358	-10,975	16,961	-16,704	3,069	4,285	32,357	16,667	61,678
鉱山用諸機械	1,224	-124	5,018	-5,259	-1,296	-786	-615	4,205	4,780	-9,866	5,768	10,037
雑種機械	-1,583	4,595	4,364	-2,880	-610	387	4,755	-632	-3,057	6,634	-5,960	34,464
機械工具	2,842	11,993	2,265	10,194	-7,890	-19,263	-3,388	2,218	5,414	7,485	10,591	53,638
機械雑品	1,243	-89	293	640	3,455	-3,568	2,768	-1,728	1,773	6,128	30,877
自動車	871	-666	2,012	3,541	-6,060	277	-819	-478	753	-1,462	-5,055	9,600
機関車及部分品	6,124	-5,583	2,605	5,838	947	-4,298	-2,686	5,148	-4,508	3,330	172	626
車両及鉄道用品	6,734	-4,448	5,738	3,697	-4,720	1,168	1,263	349	1,559	-7,673	14,145	25,350
鉄骨及建築器材	5,867	-2,476	-2,169	4,091	-3,781	5,910	-2,763	897	6,124	1,415	4,787
鉄管類	900	-1,163	2,156	200	-2,133	-20	1,873	2,137	-2,199	-618	1,868	12,464
兵器及軍用品	35,080	-10,417	-814	4,868	-35,737	7,134	-8,846	5,277	13,191	28,495	-31,511	47,445
合　計	71,753	14,777	10,168	29,991	-77,925	-22,915	-11,788	5,969	28,770	72,794	49,489	329,472

(備考)　各期「事業報告書」より計算の上作成。千円未満四捨五入。大正15年下期と昭和18年下期は残高を参考表示した。

及軍用品、製造工業諸機械、工具雑品及機関汽罐ノ売込増加ニ基因」した。その内訳は、電気事業界依然沈静ナリシモ至急工事ニ着手ヲ要スル昭和、天竜両発電所ノ外日本窒素、鉄道省等ノ大口約定成立ノ為」であり、機関では「日郵社優秀船用ディゼル機関ノ大口注文引受ノ為」であり、兵器軍用品は海軍の年度発注増加に基因した。三年上期の三八七万円減は前期の一時的要因が消えての減少であり、紡績機械のみは「綿業界依然不況ナリシモ深夜業廃止準備ノタメ新設拡張用紡機ノ大部分ノ注文ヲ獲得シ又自動織機ノ大口売行」によって増加した。三年下期は九九八万円の大幅な増加であったが、主因である機関の増加は「日郵社沙都線優秀船用ディゼル機関三隻分及大阪商船貨物用ディゼル機関三隻分等ノ特別大口注文引受ノ為」であった。五年上期の一八四三万円の激減は「世界的不況ニ伴フ内外需要ノ減退ニヨリ兵器及軍用品ヲ除ク凡テノ売約が減少セルニ因ル」とあり、特に工業用諸機械の減少が大きかった。紡績機械については「一般不況ニ加フルニ銀相場ノ奔落、印度綿業保護関税法案ノ通過ハ内地各紡績業者ニ甚大ナル打撃ヲ与へ、工場ノ新設拡張等見ルベキモノナク、曩タ比較的好採算ニ推移シタル支那紡績会社申新、上海紡、及裕豊等ヨリ相当纏リタル注文ヲ獲得シタルニ過ギズ」という状況であった。当時は「一般工業界ハ萎靡振ハズ、中外工業会社ノ破綻、工場ノ閉鎖等相継グノ状態ヲ呈シ、鉱業界亦沈衰ヲ極メタ」といい、鉄道用品でも「鉄道省並ニ民間鉄道及電鉄諸会社ハ整理緊縮ノ一途ヲ辿リ一斉購入ヲ手控セシ為商況閑散ヲ極メ売約従テ激減セリ」と説明されている。ただ兵器軍用品のみは「陸海軍ノ購入品多額ニ上リ対支兵器輸出ノ復活ト相俟チ商内相当活況ヲ呈シ売約高増加セリ」と異なっていたのである。

同年下期も続いて一一六三万円の大幅な減少であるが、事態は前期と不変、機関・汽罐では「火力発電所ノ新設拡張ハ殆ンド皆中止セラレ……造船界又未曾有ノ不況ニテ注文皆無ニ終レリ」といい、紡績機械でも「内地紡績界ハ高率ノ操短ヲ決議セル状態ニテ工場ノ新設又ハ拡張殆ンド皆無ナリ只在支紡績ハ比較的好況相当纏マリタル引合アリタルモ尚全体トシテ売約高激減」という事情であった。

② 準戦時体制期

　準戦時体制期に入っても、昭和六年～七年上期では目立った増減はなく、七年下期、八年下期、九年下期に激増を見る。六年上期（五四五万円減）であったが、機関・汽罐では「打続ク世界的ノ不況ニ伴ヒ内外需要ノ減退購買力ノ萎縮ニヨリ関係事業界ハ一層深刻ナル不振」であったが、機関・汽罐では「造船並発電所関係等何レモ需要極度ノ不振ニ加ヘ、各造船所ハ自社ノ有スル製造権ニ依ル機関ヲ使用セントスル為期中目星シキ注文ニ接セズ」という事情が発生している。鉄道用品では「内地鉄道事業ハ官民共ニ収益減ニ苦シミ、引続キ緊縮方針ノ一途ヲ辿リ新設、延長、改良工事ハ凡テ中止ノ状態ニテ本商内ノ不勢ハ特ニ甚敷ク、従テ売約高モ激減ヲ免レサリキ」であり、兵器軍用品も「内地製飛行機、発動機並計器類ノ陸海軍及民間会社商内ハ依然活気ヲ呈シ相当ノ売約ヲ見タルモ対支輸出兵器ハ今期ハ全ク不振ニ終リ」全体として減少となったという。六年下期（二一万円減）は全体として横這いであったが、繊維関係だけが増加となった。すなわち「期初ヨリ綿糸布共好況ヲ持続シ殊ニ昭和六年十一月以前ノ購入紡機ニ対シテハ操短率ヲ緩和セラル事トナリシ為メ増設計画相次ギ商況殷賑ヲ呈シ又織機及紡織用雑品ノ需要モ多カリシ故対支商内ノ不振ニモ拘ハラズ売約高増加」であった。七年上期の四五六万円の増加は「日支事変ニ因ル兵器及軍用品ノ売込、内国綿業活況ノ為メ紡績機械成約ノ増進」によるものであった。すなわち、汽罐の増加は山口県電気局用であり、兵器軍用品では呉海軍工廠上海事件ニ因ル在支紡績全休等ノ為メ」であった。
　そして七年下期の二三三六万円の激増は「兵器及軍用品ノ躍進ヲ初メ満州国鉄道用品、電気機械、雑種機械、紡績機械等増加ノ結果」であった。特に兵器軍用品では「満州事件費及補充計画予算案ノ臨時議会通過ニヨリ陸海軍ノ航空器材ノ大口注文相踵ギ加フルニ満州航空会社ノ大口成約ニヨリ……本商内開始以来ノ最高記録」であり、機械部売

約高の約三分の一に近かったのである。また繊維関係での増加は「為替暴落、輸出旺盛ノ為メ工場拡張、増錘計画ニ伴ヒ紡機織機ノ大口注文アリ雑品ニ於テハ各社増設ニ対スル針布、スピンドル、リング等殆大部分当社ノ手ニ引受ケタリ」という事情であった。すなわち、関西共同火力、満鉄を中心とする汽罐の受注増、「先行電力不足懸念ヲ生ジ発電所ノ新増設」、満鉄・三菱商事から軌条の特別大口注文などが重なったためである。九年上期においては、各種機械が一斉に好調であったものの、「政府及満鉄ノ予算年度関係ニヨリ兵器及軍用品並ニ軌条及付属品ノ両科目激減」、セメント機械、鉱山用機械の売約増は著しく、「産業全般ノ異常ナル好況ニ機械製造業者ハ何レモ注文殺到、製造設備ノ不足ヲ来タセル結果工作機械設備ノ改善拡充ヲ促シ機械工具ノ売約激増セリ」という状況であった。この期に「鉄管ハ金物部へ取扱一部移管ノ為メ減少」した。

八年上期（一六四万円減）は一服状態で、下期には再び七年下期並の大幅増加（二二六六万円）を記録した。

因みに三菱商事は三井物産の工作機械取扱について当時の状況を次のように説明している。

「三井は従来工作機械に付ては比較的冷淡であったが、此頃から急速に陣容を改め優秀メーカーの代理権を掻き集めた、（ノートンをはじめ数社が）我社に代理権を提供する意志はあったが、機械部が逡巡している間に昭和八年から九年にかけて三井に浚はれたものである。……三井は見る間に従来の立遅れを取戻し戦線を整備した」（『立業貿易録』二二七頁）

そして九年下期には再び二四二二万円の激増をみた。「内地産業界ハ依然トシテ活況ヲ持続シ加フルニ満州国ニ於ケル鉄道関係事業並ニ各種産業開発事業ノ進展ニ伴ヒ需要旺盛ヲ加ヘ」たからである。汽罐では「産業界ノ殷賑ニ伴フ急激ナル電力需要ノ増加ト九年夏期ニ於テ未曾有ノ渇水ニ悩マサレタル等ノタメ火力発電所ノ新設、拡張引続キ行

ハレ」たたための増加であり、繊維関係では「輸出ノ累増ニ繊維工業ハ全般ニ亘リ活況ヲ呈シ用機ノ拡張、能率化続行セラレタルニヨル」増加であり、鉄道関係では満鉄の軌条・車両などの特別大口契約による増加であった。兵器軍用品は引き続き大幅な増加であったが、工業諸機械は前期のようなセメント機械大口がなかったための減少であった。鉄道関係のみが満鉄の多額の発注で例外的に増加した。因みに「軍部ノ大口注文ハ多クハ年度始メニ決定セラル、関係上」売約高は下期が多く、上期はそれがないために減少となるのである。

一〇年下期は全体としては一四七万円の減少であったが、新設拡張の一段落のため「売約ノ減少モ亦止ムヲ得ザル次第」であった。雑種機械がシャム政府・ソ連向けで成約したことで増加し、鉄道関係の減少は満鉄向けの落ち込みが主因であった。一一年上期は五カ月決算であるが、「内地及満州国ニ於ケル各種事業ノ新設拡充計画モ一段落」したため、兵器以外の売約高は大幅な減少となった。特にシャム政府からの兵器・ソ連から起重機船等の大口受注があったので、全体では五三五万円の増加となったのである。

さらに「中島（飛行機）製品ノ軍部並民間向受註壱千壱百万円ヲ算シ」、前期を一九三〇万円上回る好成績を挙げた。なお、軌条の場合、昭和製鋼所の軌条工場が完成し、満鉄からの軌条注文を失うことになった。一一年下期は前期にみたようなシャム政府からの巨額受注がないため、兵器は大きく減少したが、「政府ノ低金利政策モ効キ企業界ニテモ漸次増設計画復活」して、汽罐売約の増加や、「朝鮮、満州、北支ニ於ケル原料及労賃安ヲ目当ニ内地紡績ノ進出」が繊維関係の売約増を招き、満鉄・朝鮮鉄道局への機関車・車両の売約増があって、結局全体では四九一万円減少に止まった。なお、軌条取扱は八月以降金物部に移管されたので、機械部の品目から消えていく。

そして昭和一二年上期は実に六二三七万円という巨額の増加であった。すなわち、「軍需工業始メ各種工業及動力方面ニ於ケル拡張新設、繊維工業ノ拡張等ニヨリ空前ノ高記録ヲ作リ特ニ輸入商内ニ於テ顕著」であった。確かに紡

③ 戦時体制期

一二年下期は「期央支那事変勃発以来国際収支是正ノ必要ヨリ為替管理、資金調整等非常立法続発セラレ之ガ直接、間接ノ影響相当甚大」であった。汽罐・原動機関係は内地の発電計画、満州国産業五カ年計画の実施、朝鮮諸工業の発展で需要旺盛であったが、紡織機械は日中戦争勃発の影響を受けて減少した。すなわち、「支那向ハ農産物豊作ニ因リ購買力増進シ稀有ノ活況ヲ呈シ天津及青島ニ邦人並ニ華人紡ノ新設、拡張計画続出シ数多ノ引合ニ接シタリシガ支那事変ノ勃発ニ因リ一頓挫ヲ来タセリ」と。それ以外の諸機械も結局、前期のあまりにも多額の売約要因が消えて減少し、全体としては七五万円の増加に止まった。翌一三年上期も紡織機械は平和産業抑制の影響を受けて、大幅な売約減が続いたが、諸機械・兵器の売約回復があって、全体として六三九万円増となった。なお、中島飛行機製品のうち陸軍向けの取引に変更され、機械部の取引からはずれた。

そして一三年下期以降一五年上期まで売約高は連年大幅な増加が続いた。特に一三年下期は七一七五万円という驚異績機械一八一〇万円、工業用諸機械一五一〇万円、兵器軍用品一五一九万円、雑種機械・機械工具一一〇四万円の各増加は多額である。ただ、汽罐は「常ニ国産ニ押サレ気味ナルハ一考ヲ要ス」「電気機械並部分品ハ輸出ニ販路ヲ求メントス」とあり、紡織機械では「期央以後註文殺到ニ因ル工場満腹ノ為メ逸註シタルモノ多カリシハ遺憾」ともいっている。工作機械でも「前期ニ引続キ自動車、飛行機、兵器、電機其他ノ機械製造工場ニ新設拡張相次ギ優秀工作機械ノ輸入著シク増加ノ傾向アリ当社ハ逸早ク米国ニ社員ヲ派シ買付ニ成功シ各需要家ノ満足ヲ注目ニ値ス」と誇っている。また「油井管ハ専ラ之ヲ輸入ニ仰ギシガ日本鋼管ニ於テモ十二吋迄ノ鋼管製作可能トナレルハ買ヒタリ」と警戒している。兵器軍用品のうちには中島飛行機製品の海軍向一二三三〇万円、陸軍二五〇万円、民間二五〇万円が含まれている。

くべき売約増で、兵器軍用品だけで三五〇八万円の増加であった。統制拡大強化のため「完成品並資材ノ輸入困難トナリテ当部商内窮屈」となったが、発電電動機、諸機械、鉄構及建築器材など、繊維と汽罐以外は軒並みに増加である。汽罐は輸入困難による打撃が大きく、繊維工業では「資材配給極度ニ制限セラレ且此種製造家ニ軍需品製造ヲ強要セラレ、アリ、新増設設備ハ凡テ許可制トナリ、輸入ハ禁止状態トナリ、只僅ニ輸出ニ進出スルノ一路ヲ残スノミ」という状況となった。好調の機械では、「工作機械ニ対スル註文殺到セルモ為替許可遅延ノタメ売約ヲ繰延ベタルモノ多シ」、また鉄道関係では「満、鮮、台方面ヨリ機関車、車両ノ註文輻輳シ製造家満腹、満鉄引合ニ於テハ遂ニ資材不足ヲ告ゲ、十数年来初メテ米国ニ発註スル等、材料統制強化ニヨル入手難裡ニ活躍」したという。兵器のうち海軍向けの中島製品成約が四三〇〇万円に達し、民間の大口註文は見送らざるを得なかった。

一四年上期の売約増加一四七八万円は「軍需産業ハ飛躍的発展ヲ遂ゲツ、アルモ資材ノ獲得困難及ビ外国為替資金難ノタメ内地並ニ輸入機械ノ購入ニ多大ノ困難ヲ感ジタ」中で、売約高の新記録を毎期更新し続けたのである。事業報告書の状況説明は、この頃から簡略化され、上記のような毎期のニュアンスは知り得なくなった。以下、表3-7の数字の変化をトレースしておこう。

一四年下期は一〇一七万円の増加であるが、諸機械・鉄道用品の増加の反面、機関・汽罐、電気機械の減少を含んでおり、一五年上期の二九九九万円の増加は、発電電動機、機械工具、鉄道用品の増加、工業用諸機械の減少を含んでいた。しかし大きな反動は一五年下期で、毎年増加を続けた売約高は七七九三万円の激減となったのである。最大の減少要因は兵器軍用品（三五七四万円減）で、発電電動機（二一六八万円減）、工業用機械（一〇九八万円減）も大きかった。機関・汽罐、機械工具、自動車も減少要因で、大きく増加したのは電気機械だけである。一六年上期（一三一二万円減）、一六年下期（一一七九万円減）と減少が続き、品目別の増減はめまぐるしく入れ替わっている。そして売約高全体が増加に転じたのは一七年上期（五九七万円増）からで、下期には二八七七万円増、さらに

一八年上期には七二七九万円増と、一三年上期の記録を更新する大幅な増加で、下期も四九四九万円増が続く。一七、一八年の増加の主役は、工業用諸機械、機械工具であって、兵器軍用品（増加基調が一八年下期になぜか激減、電気機械、雑種機械がそれに次ぐ。太平洋戦争下の必死の軍需生産に必要な機械類の売約増加が示されている。もちろん繊維関係の売約高は戦時体制下に横這いないし微減であり、機械以外の商品も増減を繰り返している。戦時体制初期における売約高の規模は一億五二〇〇万円（一二年下期）で、準戦時体制期の二四七七万円（六年下期）からみると驚くべき増加であった（六・一倍）。戦時体制下での売約高増加も著しく、一五年上期は二億八五〇八万円（一・九倍）であったが、一五年下期から一六年下期にかけて大幅に売約高は縮小し（太平洋戦争開始直前の一六年一億七二四五万円が底）、以後毎年増加して一八年下期三億二九四七万円に達した（一九年上期も三億四一三九万円の高水準）。短期間にしては激増というべきであろう。戦時体制末期には機械部は毎期記録を更新する盛況であったのである。

(2) 店部別推移

機械取引においては、時期によって取扱店部が変化している。昭和初期の不況期と準戦時体制期は異なるし、戦時体制期には一段と様相を異にする。ここでは売約高の店部別に検討する。

まず前半というべき昭和二（一九二七）～一一年の推移を表3-8でみよう。同表右欄下の合計にみるように、昭和初期の一億円前後から五年、六年は落ち込み半減するが、七年以降回復して九～一一年には一・八億円前後で推移している。店部を㈠本部、㈡国内店（支部を含む）、㈢台湾・朝鮮、㈣旧満州、㈤中国、㈥その他アジア（印度を含む）、㈦その他に分けてみると、昭和初期では機械本部と国内店との両者で八割以上を占め、国内店では大阪が圧倒的に大きく、名古屋がそれに次ぎ、海軍関係の呉・横須賀、そして門司が目立つ程度である。台湾・朝鮮や旧満州（まだ満州国は未成立であるが）、中国はそれぞれ数％であり、「その他アジア」、「その他」地域は無きに等しい。すなわち、

表3-8　機械売約高店別推移（その1）（昭和2～11年）

(単位：千円)

店部名	昭2	3	4	5	6	7	8	9	10	11
機械本部	42,598	43,500	40,629	30,385	21,146	34,794	51,047	70,107	69,731	61,997
石炭本部				45	77	59	62	55	31	23
営業部				1	1	2	3		3	1
小　計	42,598	43,500	40,629	30,431	21,224	34,855	51,112	70,162	69,765	62,021
（構成比）	44.6%	41.7%	34.2%	42.5%	42.9%	42.6%	41.0%	37.2%	39.1%	34.0%
小樽	889	1,322	936	574	407	366	324	522	881	628
函館	273	636	249	272	146	192	103	139	185	235
横浜	18	14	12	57	40	38	165	336	451	415
横須賀	1,509	1,882	1,443	381	417	887	1,359	1,938	2,299	2,625
名古屋	7,977	5,551	4,156	2,256	1,884	1,714	2,743	5,199	4,659	4,977
大阪	24,327	29,525	38,861	16,634	13,314	20,544	28,881	50,163	37,138	37,979
神戸			8	31	38	11	8	2	4	
門司	1,261	2,576	5,878	2,125	1,720	2,889	2,800	2,548	3,325	6,421
広島		0	4	18	6	31	25	50	221	31
呉	2,138	4,261	1,908	759	1,138	4,305	3,869	5,191	4,980	3,591
岡山	52	16	29	14	36	15	15	25	57	37
若松	0				15	15	8	13	12	9
長崎	247	560	303	160	88	132	116	143	170	610
佐世保	374	743	369	155	180	426	595	763	651	943
三池	143	106	133	129	101	57	97	150	257	200
小　計	39,208	47,192	54,289	23,565	19,530	31,622	41,108	67,182	55,290	58,701
（構成比）	41.1%	45.2%	45.7%	32.9%	39.5%	38.6%	33.0%	35.7%	31.0%	32.1%
台北	2,981	2,681	2,534	2,238	2,071	1,648	3,677	2,452	3,341	6,173
高雄				0	2	0	0	0		
京城	3,000	2,915	2,766	1,964	1,600	1,811	1,864	3,603	4,042	3,323
小　計	5,981	5,596	5,300	4,202	3,673	3,459	5,541	6,055	7,383	9,496
（構成比）	6.3%	5.4%	4.5%	5.9%	7.4%	4.2%	4.4%	3.2%	4.1%	5.2%
安東県	7	7	1	1	6	8	11	17	19	11
大連	4,064	5,126	13,108	6,122	2,155	7,998	18,416	31,353	26,607	19,167
奉天	474	3	32	16	53	1,299	2,782	2,362	3,626	3,091
長春（新京）	252	28	14	11	2	21	166	352	1,186	1,239
哈爾賓	7	2	12	2	0	7	21	28	158	312
牛荘			14	0		6	35			
営口								80	49	7
小　計	4,804	5,166	13,181	6,152	2,216	9,339	21,431	34,192	31,645	23,827
（構成比）	5.0%	4.9%	11.1%	8.6%	4.5%	11.4%	17.2%	18.1%	17.7%	13.0%

第三章　昭和戦前期の機械取引

天津	32	44	90	45	61	57	78	384	543	332
上海	2,618	2,585	4,765	6,780	1,966	940	1,576	3,176	2,928	3,531
青島	187	109	300	162	105	204	256	2,142	1,626	812
芝罘	6						5	1	2
広東	1		1		86			643	517	495
漢口		9	17	63	103	44	80	99	111	121
福州		3								
泗水				21	40	109	200	600	506	152
廈門				81	1		1	1	5	1
小　計	2,844	2,750	5,173	7,152	2,362	1,354	2,191	7,050	6,237	5,446
（構成比）	3.0%	2.6%	4.4%	10.0%	4.8%	1.7%	1.8%	3.7%	3.5%	3.0%
香港	21	7	7	6	29	26	23	11	7	4
盤谷（バンコック）	26	33		28	194	20	135	349	4,923	20,443
孟買（ボンベイ）	10	120	317	31	101	306	215	295	578	312
新嘉波（昭南）（シンガポール）		2	5		40	365	1,183	1,246	333	289
蘭貢（ラングーン）		2	2	3	0	10	58	24	67	31
スマラン			1	3	4	41	359	138	118	110
馬尼剌（マニラ）				1	30	187	99	114	61	89
メダン				2	1	27	79	303	163	145
西貢（サイゴン）						1	2	0	0	1
バタビヤ				11	15	25	246	273	364	188
カラチ				1	4	16	60	28	33	15
甲谷他（カルカッタ）					13	85	205	170	125	128
パレンバン							13	102	37	59
マドラス							2	34	218	127
マカッサ								97	120	71
小　計	57	164	332	86	431	1,109	2,679	3,184	7,147	22,012
（構成比）	0.1%	0.2%	0.3%	0.1%	0.9%	1.4%	2.2%	1.7%	4.0%	12.0%
倫敦（ロンドン）	1	11	0	1	1	8	36	64	97	167
紐育（ニューヨーク）					5	77	455	458	737	913
シヤトル				3						1
桑港（サンフランシスコ）						1	6	14	34	67
斯土寧（シドニー）							2	3	16	2
メルボルン								27	11	29
カサブランカ								6	9	4
テヘラン										1
小　計	1	11	0	4	6	86	499	572	904	1,184
（構成比）	0.0%	0.0%	0.0%	0.0%	0.0%	0.1%	0.4%	0.3%	0.5%	0.6%
合　計	95,491	104,379	118,903	71,591	49,440	81,820	124,558	188,394	178,372	182,683

〔備考〕　各期「事業報告書」より計算のうえ作成。表3-9も同様）。

日本内地店部に圧倒的に集中しており、なかでも機械本部と大阪支部が抜群であった。

しかし昭和四年は大阪支部、大連支店の一時的急増のために、機械本部より国内店の方が多く、翌五年は大阪・大連の落ち込みが著しく、機械本部が再び四割以上の比重を回復し、上海の一時的増加によって中国が一割に達した。六年以降、機械本部、大阪支部ともに売約高は増加し、機械本部は四割強、旧満州も一一％の増加もあって旧満州が二割弱にまで比重を増した。台湾・朝鮮や、中国、大連の著しい増加が目立ち、奉天、長春の増加もあってバンコックに大型の売約があって、一時的に「その他アジア」が一割を超えている。

一一年だけはバンコックに大型の売約があって、一時的に「その他アジア」が一割を超えている。

なお、昭和九年下期では門司支店の売約が激減したが、その理由は「日本製鉄八幡製鉄所用品ノ購買ガ同社東京本店ニ移管セラレタルト電力会社ノ拡張、新設計画今期実現ヲ見ルニ至ラザリシ等ニ依ルモノナリ」とある（同期の「考課状」）。また、昭和一二年上期に台北、京城両支店の売約高減少は「（その）前期ニ於テ夫々台湾電力納汽罐、朝鮮鉄道局納車両ノ大口売約アリタルト高雄、平壌、釜山ガ各々独立ニ売約高ヲ計上シタルニ依ル」ためであった（同期の「考課状」）。

売約高は一つ大型の成約があれば前年度より急増し、翌年は大型成約がなければ急減するから、波は避けられない。それでも準戦時体制期では、明らかに機械取引が活発化し、個別店では上下を繰り返しつつも、売約高全体は大きく増加した。国内店、台湾・朝鮮の取引店数は大して変わっていないが、特に中国、その他アジアで増加し、機械部の取引が地域的にも著しく拡大したことを物語っている。意外にも倫敦、紐育では「社内」取引はかなりあっても、表3‐8に登場する「社外」取引は無きに等しい。そして豪州、さらにカサブランカ、テヘランまで僅少ながら登場するのに驚く。

次に、戦時体制期を表3‐9でみよう。昭和一一年の売約高一・八億円は一二年一気に三億円に増加し、一四、一

五年には五億円、以後三・五億円の規模が格段に拡大していることに注目しなければならない。とにかく前半期の表3-8とは売約高の規模が格段に拡大していることに注目しなければならない。激しい増減ぶりである。

一三～一五年においては、機械本部は売約高の増加基調を保ち、四〇～六〇％の比重を占め、依然として中心的存在であるが、国内店の比重は、大阪支部の不振から他店の増加があるものの、三三％から一九％へと低下した。名古屋、横須賀、呉、門司の増加・維持に加えて、神戸、佐世保の浮上である。台湾・朝鮮では売約高自体は増加したが、比重は三～四％で変わらず、特に朝鮮で取引店が増加し、京城の増加が著しい。注目すべきは旧満州で、大連、奉天、長春（新京）の増加が大きく、比重は一五％から二三％へと上昇した。中国では、上海・青島の売約高に波があり、天津の増加、北京の登場があるものの、まだ比重は数％に止まっている。「その他アジア」でもバンコックの一時的受注（一二年）を除けば、紐育が一四年に多額の売約をみせただけでいずれも少額である。要するに、この三年間は、機械本部の大幅な売約増を中心に、旧満州の躍進、朝鮮、中国の増加に支えられた伸びであった。繊維依存の大阪の不振、海軍工廠関係の受注増加も指摘しておかねばならない。

なお、一三年上期では「大阪、青島、上海ノ激減ハ事変ノ影響ヲ如実ニ物語ルモノニシテ盤谷ノ減少ハ内地製造家ノ見積リ辞退乃至内地品高値ノタメ逸註セルニ依ルモノナリ」とある（同期の「考課状」）。

昭和一五年以降になると、機械本部の売約高は漸減して半分近くになり（比重は四六％→三一％）、国内店は金額横這いだが、却って比重は一九％から二九％へと増え、中国では北京を筆頭に上海・青島・天津などの増加によって、比重は五％から一五％にまで上昇した。他方、旧満州では大連・奉天の増減が激しいため、比重も二三％から一四％、一一％、一八％と揺れ動き、台湾・朝鮮でも京城の増加によって四０％は一〇％にまで高まる年もあった。「その他アジア」ではバンコックで多額の売約（後述のシャム政府関係）があった一六年だけ一時的に五％の比重になるが、他の年は取引店数が多いにもかかわらず一％程度に過ぎない。「その他」では太平洋戦争の発生で売約不成立となった。

表3-9 機械売約高店別推移(その2)(昭和12〜18年)

(単位:千円)

店部名	12	13	14	15	16	17	18	昭12〜18合計
機械本部	120,905	164,151	227,728	193,959	119,115	118,817	167,451	2,988,669
石炭本部								704
営業部	1	1	9					44
金物部						59		118
雑貨部							5	5
小　計	120,906	164,152	227,737	193,959	119,115	118,876	167,456	2,989,540
(構成比)	39.9%	42.2%	45.5%	39.4%	33.4%	30.8%	27.5%	38.1%
小樽	1,249	1,369	544	536	560	1,639	1,263	26,755
函館	195	81	487	211	335	3,169	2,522	16,338
新潟	0	12	12	23	48	72	123	457
横浜	826	294	647	602	234	1,235	318	11,086
横須賀	5,849	8,042	9,714	12,431	19,261	16,044	25,745	197,907
名古屋	8,245	8,057	14,657	18,062	11,819	15,781	28,640	264,114
大阪	65,859	77,140	40,482	52,140	35,871	26,517	135,311	1,326,061
神戸	0	5	3,352	7,214	10,309	7,527	12,504	69,522
門司	11,063	7,151	8,049	10,589	4,754	4,306	24,950	179,860
広島	34	53	30	28	446	1,365	1,936	6,620
呉	3,521	13,890	10,324	9,395	12,537	21,347	29,321	235,629
岡山	25	30	16	6	48	73	437	1,425
八幡							13	13
若松								144
長崎	1,071	1,500	139	33	0	507	1,470	13,028
佐世保	1,388	2,616	3,790	2,938	5,968	6,303	10,725	67,129
三池	529	629	1,181	1,633	1,203	1,769	1,306	17,940
小　計	99,854	120,869	93,424	115,841	103,393	107,654	276,584	2,434,028
(構成比)	32.9%	31.1%	18.7%	23.5%	29.0%	27.9%	45.4%	31.0%
台北	2,731	3,668	4,606	4,685	7,723	7,685	3,251	125,039
高雄	1,587	2,205	1,371	2,011	2,558	1,865	1,751	24,949
京城	4,224	11,803	12,569	31,944	23,923	13,917	19,004	269,540
釜山	163	71	158	253	1,454	1,285	622	7,390
平壌	791	443	1,844	2,347	928	711	1,559	15,687
清津	7	294	182	1,130	258	88	231	4,149
群山		165	63	45	2	5		560
咸興				62	239	96	41	835
小　計	9,503	18,649	20,793	42,477	37,085	25,652	26,459	448,149
(構成比)	3.1%	4.8%	4.2%	8.6%	10.4%	6.7%	4.3%	5.7%
安東県	14	24	344	52	126	148	74	1,666
大連	32,655	59,005	40,025	26,360	16,919	36,743	23,175	714,821
奉天	6,648	6,263	24,111	20,111	8,520	17,959	44,569	239,269
長春(新京)	4,844	9,345	49,069	23,578	8,769	12,015	14,523	236,305
哈爾賓	317	572	1,168	487	173	353	645	7,883
牛荘								110
営口	82	33	38	43	3,874	3,427	134	15,400
図們	33	26	0			122	5	367
牡丹江			2	188	154	311	136	1,446
斉々哈爾					92			184
錦州							3,010	3,010
佳木斯							8	8
小　計	44,593	75,268	114,757	70,819	38,627	71,078	86,279	1,220,469
(構成比)	14.7%	19.4%	23.0%	14.4%	10.8%	18.4%	14.2%	15.5%
天津	1,432	2,475	5,922	10,782	2,293	3,556	1,793	58,045
上海	9,733	1,355	4,329	8,846	7,857	6,079	5,125	143,253

201　第三章　昭和戦前期の機械取引

青島	4,686	548	4,367	6,292	4,938	11,637	4,784	81,526
芝罘		10	144	156	17	29	83	823
広東	83		28	53	206	31	231	4,519
漢口	594		115	148	455	38	53	4,047
福州								3
泗水	622	400	174	231	246		15	6,617
廈門	3			1	7	59	39	359
北京			8,303	24,728	22,291	35,070	25,644	206,428
済南			993	2,843	842	1,350	1,168	13,224
南京				581	1	9	16	1,198
海南島				48	243	227	168	1,204
仙頭				39	124	46	23	441
張家口					97	714	2,779	4,401
太原							255	255
徐州							12	12
石門							270	270
蕪湖							2	2
無錫							12	12
鎮江							28	28
開封							58	58
間島							5	5
小　計	17,153	4,788	24,375	54,748	39,617	58,845	42,563	526,730
（構成比）	5.7%	1.2%	4.9%	11.1%	11.1%	15.3%	7.0%	6.7%
香港	8	0				7	139	451
盤谷（バンコク）	7,109	194	1,492	3,200	12,878	2,121	7,193	113,483
孟買（ボンベイ）	650	414	799	1,383	1,026			13,114
新嘉坡（シンガポール）	443	35	35	9	3		78	8,054
蘭貢（ラングーン）	39	39	31	24	10		126	806
スマラン	13	40	59	192	124			2,404
馬尼刺（マニラ）	400	26	45	28	10		3	2,183
メダン	246	106	147	187	30			2,872
西貢（サイゴン）					123	957	1,396	3,564
バタビヤ	276	91	121	420				4,060
カラチ	16	2	6	7	3			382
甲谷他（カルカッタ）	357	88	459	768	1,299			7,394
パレンバン	55	14	38	52	96			932
マドラス	710	281	359	1,060	1,240			8,062
マカッサ								576
邑城					353			706
河内（ハノイ）					780	418	1,174	3,570
ジャカルタ							5	5
小　計	10,322	1,330	3,591	7,330	17,975	3,503	10,114	172,618
（構成比）	3.4%	0.3%	0.7%	1.5%	5.0%	0.9%	1.7%	2.2%
倫敦（ロンドン）	141	390	190	310	36			2,906
紐育（ニューヨーク）	667	3,038	15,023	6,423	283			56,158
シヤトル	0		1		2			14
桑港（サンフランシスコ）	63	22	60	88	72			854
斯土寧（シドニー）	10	7	7	15	0			124
メルボルン	33	21	46	220	411			1,596
カサブランカ	2				0			42
テヘラン	2				72			150
アレクサンドリア	3	2		1				12
小　計	921	3,480	15,327	7,057	876			61,856
（構成比）	0.3%	0.9%	3.1%	1.4%	0.2%	0.0%	0.0%	0.8%
合　計	303,252	388,536	500,004	492,231	356,688	385,608	609,455	7,853,390

資料的に把握できる最後の年は昭和一八年であるが、一七年の三・九億円から急増して六億円となるが、機械本部の増加（約〇・五億円増）もさることながら、大阪の一億円増を筆頭に、門司・名古屋・横須賀・呉・神戸・佐世保（合計〇・六億円増）などの軒並み増加によって、国内店は激増した。旧満州は若干増加、中国は若干減少、台湾・朝鮮は横這い、「その他アジア」ではバンコック以外は少額か売約零であった。太平洋戦争の最中には、「その他」地域は売約皆無、その他アジアも売約不成立か売約高が拡大し、中国だけは日本占領地に取引店が増加（売約額はいずれも僅少）したが、機械本部と国内店との合計によって売約高の七三％（前年は五九％）を占め、国内店二一・八億円（四五％）は機械本部一・七億円（二八％）を大きく上回ったのである。

昭和戦前期を通じて売約高の累年計を計算してみると（表3-9右欄の合計）、地域別では機械本部三〇億円（三八％）を筆頭に、国内店二四億円（三一％）と続き、旧満州一二億円（一六％）、中国五億円（七％）、台湾・朝鮮四億円（六％）であって、「その他アジア」「その他」の二地域は合わせても二億円強（三％）に過ぎなかった。店別には大阪一三億円は別格で、大連七億円が大きく、二億円台に京城、名古屋、奉天、長春、呉、北京が続く。一億円台には横須賀、門司、上海、台北、バンコックが並ぶ。

ところで各店部がいかなる機械本部取引を展開していたのかに興味が持たれるが、その期における増減の著しい店部についてのみ、原因となった商品名を列記している。ただ、期によって「著しい増減」の金額基準が異なっているので、統一的な列記とはいえないが、辛うじて「考課状」に店部別の売約高増減表があり、その期における増減の著しい店部を示す材料はない。表3-10は「考課状」に記載されている限りの「著しい増減」を整理したものであって、残念ながら全期間を網羅したものではない。(1)

第一に、もともと売約高の大きい機械本部・東京支部と大阪支部は、増減内容が多岐にわたり、取扱商品の種類が多いことを物語っている。当然のことながら売約高自体が小さい店部は同表には登場せず、したがって取引内容も不

明のままである。

第二に、呉は支店ではなく、出張員（のち出張所）が機械を取り扱っているが、いうまでもなく呉海軍工廠の受注であり、兵器軍用品が主体である。横須賀出張所も海軍工廠の所在地で兵器軍用品かと思ったが、鉄構及建築器材、電気雑品、機械雑品が主体である。名古屋支部では繊維関係、自動車関係、そして電気機械、工作機械など若干広い。門司支部では八幡製鉄所（のち日本製鉄）を含んでいると思われるが、機関・汽罐、発電用原動機、工業用諸機械、電気機械など工場設備投資主体である。小樽支店にも発電用原動機が一度だけ登場している。

第三に、満州（関東州を含む）では大連支部がなんといっても取扱高で抜群に大きく、南満州鉄道からの大口受注を担当していたと推測される。品目は機関車・車両・軌条など鉄道関係が中心を占め、機関・汽罐、発電用原動機、電気機械、工業用諸機械、鉱山用諸機械など幅広く取扱っている。奉天支店では車両及鉄道用品、電気雑品、機械雑品のほか兵器軍用品を取り扱い、新京出張所では雑種機械、電気機械、鋼鉄材料、鉱山用諸機械、機関・汽罐など幅広く、大連と平行して満州所在企業から受注していたと思われる。

第四に、朝鮮・台湾では京城支店がしばしば登場し、機関・汽罐、発電用原動機、電気機械、機関車・車両及鉄道用品、鋼鉄材料、工業用諸機械など幅広く取扱い、台北支店でも類似している（おそらく朝鮮総督府関係、日本窒素肥料関係、台湾総督府関係からの契約が含まれているのであろう）。中国では上海支部では繊維関係がほとんどであり、青島支店も繊維関係とそれに絡む機関・汽罐、発電用原動機、電気機械が主と思われ、天津支店では自動車・電気雑品も登場している。おそらく在華紡の設備投資関連が中心と推測される。

第五に、盤谷支店は特殊な立場にある。すなわちシャム政府・軍からの大口受注があり、兵器軍用品を中心として機関車・車両・軌条や、機械類まで取り扱っていた。

疑問なのは南満州鉄道や、日本窒素肥料の朝鮮進出からの受注が単独窓口なのか、複数店に分散しているかである

表 3-10　店別売約高増減内容（昭和 9 年／下～13 年／下）

（単位：千円）

昭和 9 年下期			
増加店	機械部・東京	11,193	兵器軍用品，機関・汽罐，発電用原動機，雑種機械，紡績機械，鉄山用諸機械
	大阪支部	6,831	紡績機械，紡織用雑品，織布機械，機械工具，発電用原動機，兵器軍用品
	呉出張員	1,530	兵器軍用品
	京城支店	1,039	機関・汽罐，発電用原動機，電気機械
	大連支部	2,841	軌条及付属品，機関車及部分品，鉱山用諸機械
	青島支店	1,951	機関・汽罐，発電用原動機，電気機械
同 10 年下期			
増加店	盤谷支店	2,741	雑種機械，車両及鉄道用品
	呉出張員	1,471	兵器軍用品
	台北支店	945	電気機械，車両及鉄道用品，発電用原動機，鋼鉄材料
	青島支店	731	発電用電動機，電気機械
	新京出張所	347	電気雑品，雑種機械，鋼鉄材料
減少店	機械部・東京	2,101	鋼鉄材料，発電用原動機，鉄管類，機関・汽罐，機械工具，機関車及部分品，紡織用雑品
	名古屋支部	1,451	雑種機械，鋼鉄材料，紡織用雑品
	奉天支店	1,173	車両及鉄道用品，電気雑品，機械雑品
	大阪支部	1,070	鋼鉄材料，紡織用雑品，紡績機械，機械工具，織布機械，工業用諸機械
	門司支部	845	工業用諸機械，電気機械，機関・汽罐
	小樽支店	517	発電用原動機
	京城支店	436	機関車及部分品，雑種機械，軌条及付属品，車両及鉄道用品
	上海支部	290	紡績機械，電気雑品
	大連支部	212	車両及鉄道用品，機関・汽罐
同 11 年上期			
増加店	盤谷支店	16,432	兵器軍用品，軌条及付属品，機関車及部分品
	門司支部	2,261	電気機械，発電用原動機，機関・汽罐
	名古屋支部	944	紡績機械，工業用諸機械，自動車及諸車
減少店	大連支部	7,023	軌条及付属品，車両及鉄道用品，工業用諸機械，機関車及部分品，電気雑品
	機械部・東京	2,626	機関・汽罐，機械工具，雑種機械，工業用諸機械，電気雑品
	大阪支部	1,996	機関・汽罐，電気機械，機械雑品，紡績機械，軌条及付属品，電気
	呉出張員	1,216	兵器軍用品
	青島支店	773	発電用原動機，電気機械
	京城支店	667	機関・汽罐，鋼鉄材料，発電用原動機，軌条及付属品
同 11 年下期			
増加店	大阪支部	5,903	機関・汽罐，紡織機械及同雑品，鋼鉄材料
	大連支部	6,820	機関・汽罐，電気機械，電気雑品，機関車及部分品，車両及鉄道用品，軌条及付属品
	京城支店	1,051	機関車及部分品，車両及鉄道用品，雑種機械，鋼鉄材料
	台北支店	1,761	機関・汽罐，鉱山用諸機械，鋼鉄材料
減少店	盤谷支店	20,084	兵器軍用品，機関車及部分品，軌条及付属品
	門司支部	583	機関・汽罐，電気機械
	呉出張員	429	機械雑品，兵器軍用品
同 12 年上期			
増加店	機械部・東京	29,496	機関・汽罐，発電用原動機，電気機械，電気雑品，紡績機械，紡織用雑品，工業用諸機械，鉱山用諸機械，雑種機械，工作機械，兵器軍用品

増加店	横須賀出張	1,502	電気雑品，機械雑品，鉄構及建築器材
	名古屋支部	1,883	電気機械，工作機械，自動車及諸車，兵器軍用品
	大阪支部	10,692	発電用原動機，電気機械，電気雑品，紡績機械，織布機械，紡織用雑品，工業用諸機械，工作機械，兵器軍用品
	門司支部	1,946	機関・汽罐，工業用諸機械
	大連支部	1,849	機関・汽罐，工業用諸機械，雑種機械，工作機械
	奉天出張所	2,356	雑種機械，機械雑品，兵器軍用品
	新京出張所	2,616	雑種機械
	上海支部	4,208	紡績機械，織布機械，紡織用雑品
	盤谷支店	8,893	工業用諸機械，兵器軍用品
減少店	台北支店	2,335	機関・汽罐，鉱山用諸機械
	京城支店	855	機関車及部分品，車両及鉄道用品
同12年下期			
増加店	青島支店	3,414	機関・汽罐，紡績機械
	大連支部	2,971	鉱山用諸機械，電気機械及同雑品
	京城支店	1,560	機関車及車両
	門司支部	1,334	汽罐，発電用原動機
減少店	盤谷支店	4,437	工業用諸機械，兵器軍用品
	上海支部	3,370	紡織機械
	新京出張所	1,624	雑種機械
同13年上期			
増加店	大連支部	10,458	雑種機械，車両及鉄道用品，機関・汽罐，電気機械
	機械部・東京	5,763	兵器軍用品，発電用原動機，工作機械，雑種機械，鉱山用諸機械（工業用諸機械，紡績機械は減少）
	呉出張所	4,416	兵器軍用品
	新京出張所	1,946	鉱山用諸機械
減少店	大阪支部	6,758	紡績機械，織布機械，紡織用雑品，兵器軍用品（雑種機械，工業用諸機械，鉄構及建築器材，機関・汽罐は増加）
	青島支店	4,019	機関・汽罐，紡績機械
	上海支部	3,561	紡績機械，織布機械，紡織用雑品
	盤谷支店	1,180	機関車及部分品，車両及鉄道用品
同13年下期			
増加店	機械部・東京	31,421	兵器軍用品，工業用諸機械，鉄構及建築器材，雑種機械，電気機械（発電用原動機，機関・汽罐，工作機械，自動車及諸車は減少）
	大阪支部	24,206	発電用原動機，兵器軍用品，工作機械，紡績機械（機関・汽罐，工業用諸機械，雑種機械は減少）
	京城支店	4,031	工業用諸機械，車両及鉄道用品，電気機械，鉄構及建築器材（機関車及部分品は減少）
	紐育支部	2,870	工作機械，兵器軍用品
	大連支部	2,461	機関車及部分品，車両及鉄道用品，鉄構及建築器材（機関・汽罐，雑種機械，電気雑品，電気機械，鉱山用諸機械は減少）
	新京出張所	2,233	鉱山用諸機械，鉄構及建築器材，電気機械，機関・汽罐
	天津支店	1,977	自動車及び諸車，電気雑品
	横須賀出張	1,216	鉄構及建築器材，機械雑品
	奉天支店	1,209	鉱山用諸機械（兵器軍用品は減少）
	上海支部	1,115	紡織用雑品
	呉出張所	1,084	雑種機械，機械雑品（兵器軍用品は減少）
減少店	門司支部	3,338	発電用原動機，機関・汽罐（鉱山用諸機械は増加）

が、ここでは確認できる材料がなかった。

（1）「考課状」に記載のあったのは表3-10に記載された決算期のみである。すなわち昭和七年下期、一四年上期、一五年上期には該当事項の記載がなく、二年上期～七年上期、八年上期～九年上期、一〇年上期、一四年下期、一五年下期以降は考課状自体が欠けている。

(3) 機械部の損益

① 機械部全体の損益

この時期の機械部の損益状況については、残念ながら資料が乏しい。幸いにも第一〇回支店長会議（昭和六年）の席上、浅田機械部長の説明があるので、まず昭和六年頃までの模様をみよう。

「機械部ノ純益ハ昭和三年上季ヨリ六年上季ニ至ル七期間ノ実績ハ最低百万円、最高百三十一万二千円、平均百十七万三千円ナリ、而シテ此内訳ハ東京四五二,〇〇〇円、大阪二八六,〇〇〇円、其他各店四三五,〇〇〇円ニテ、即チ以前ハ大阪ガ第一ナリシモ、最近ハ東京ト各地支店トガ多クナリ、大体何レモ四十四～五万円程度ニテ大阪ハ其中間ニ位ス、蓋シ其原因ハ大阪ハ電気機械及紡織機械商内ノ減少セシニ反シ、東京ハ飛行機、探照灯等即チ陸海軍及航空運輸方面ノ商内ガ新ニ起リタル為……景気ガ直レバ近キ将来ニ於テ理想トシテハ、東京五十万円、大阪四十万円、各支店六十万円合計百五十万円位迄伸展シタシ」（同議事録、二〇四頁）

ここからは従来東京支部より大阪支部が損益上すぐれており、そして昭和六年頃に逆転したことが知られる。準戦時体制期からの軍部発注増大の波に乗る東京と、電機・紡織の減退に影響される大阪との明暗が現れ、以後もその傾向が進展したのである。

次に昭和七年以降であるが、もともと「事業報告書」には記載がないので、「考課状」に依存するわけであるが、

表 3-11　機械部の損益推移（大7/上～13/下）

（単位：千円）

決算期	取扱高(a)	総益金(b)	b/a(%)	総損金	純益金(c)	c/a(%)	参考
昭7/上	(31,694)				(789)	2.5	
下	32,813	1,526	4.7	889	609	1.9	28
9/上	(57,168)				(905)	1.6	
下	71,902	1,994	2.8	862	1,017	1.4	116
10/上	(84,408)				(1,081)	1.3	
下	78,397	2,091	2.7	841	1,160	1.5	89
11/上	83,811	2,083	2.5	756	1,295	1.5	32
下	86,915	2,201	2.5	861	1,296	1.5	44
12/上	84,108	2,492	3.0	921	1,533	1.8	39
下	95,703	2,832	3.0	1,025	1,780	1.9	27
13/上	120,666	2,893	2.4	1,075	1,803	1.5	15
下	126,295	3,786	3.0	1,115	2,671	2.1	27

〔備考〕　1．各期「機械部考課状」より計算の上作成。千円未満四捨五入。
　　　　　2．（　）内は翌期の記述から逆算した。
　　　　　3．「参考」は経費不明店分総益金で、総益金(b)には含まれていない。

　入手できた「考課状」が少ないため、表3-11のように一部分しか判明しない。

　機械部の総益金は、取扱高の縮小時期に当たる昭和七（一九三二）年下期では一五三万円であって、最高を記録した大正九（一九二〇）年下期の四二九万円に対し三分の一強に過ぎない。取扱高に対する総益金の割合（総益率と称しておこう）は、四・七％であって、大正九年下期の七・五％には遠く及ばない。それでも昭和九年下期には取扱高は二倍以上に増加して七一九〇万円で、その限りでは大正期の最高六八二〇万円を超えるほどの伸びだが、総益金は一九九万円に止まり、大正後半期の水準（二〇〇～四〇〇万円）の漸く下限に近づいただけである。前記の総益率でも大正後半期が五～八％であったことと比較すると、二・八％はあまりに低い。その後取扱高は一三年まで増加基調を辿り、二倍弱の一・三億円にまで拡大したが、総益金は二〇〇万円台を漸増して、一三年下期だけが三七九万円に達したに過ぎない。取引高では大正後半期の水準を遙かに超えたにもかかわらず、総益金では同時期の最高額にはまだ及ばない。総益率は二～三％に止まっている。要す

るに取引マージンが薄くなったことを意味する。取扱商品によってマージンに差があろうから、商品構成の変化が反映しているかもしれない。

総損金は「本支部並ニ代理店ノ経費判明分」であって、「経費不明店分」の総損金は前掲「総損金」に含めず「参考」欄に別掲されている。総損金は昭和七〜一一年では横這いのため、純益金は昭和七年下期の六一万円を底に一〇〇万円台に乗り漸増する。しかし取扱高に対する純益金の割合（純益率と称しておこう）は昭和七年下期の一・九％より低下して一・三〜一・六％に止まっている。その水準は大正後半期における好調時五％台、最低時二・三％よりもかなり低かった。一二年、一三年では総損金が多少増加しても総損金も増大したので、それにつれて純益金が増加し（一五三万円から一八〇万円へ）、一三年下期には漸く二六七万円に達したが、大正九年下期の三一〇万円にはなおも及ばないものの、大正末期の一〇〇万円前後よりは好利益であった。しかし取引高が大正期より二〜三倍に膨張してのことであるから、決して多額とはいえ、純益率は一・五〜一・九％が続き、好利益の一三年下期でも二・一％に止まり、前章の大正後半期の最低時二・三％にも達しなかったのである。要するに、準戦時体制期以降、取引高は急膨張はしたものの、損益的にはマージン低下のため、大正後半期と比較して利益は薄くならざるを得なかったといえよう。

② 内地品と外国品の利益率比較

ところで機械部の取扱品を内地品と外国品に分けた場合、利益率にはかなりの差があった。前掲第一〇回支店長会議で浅田機械部長は次のように説明している。

「前期（昭和六年上期）ノ如キハ外国品ノ利益合計ガ内地品ノ利益ニ比ベ倍位ニ当リ、更ニ昭和三年上季ヨリ六年上季ニ至ル七期間ノ平均ヲ見ルモ、外国品ヨリノ利益ノ合計ハ内地品ニ比ベ一倍七分程ニ相当セリ、加之内国品

中比較的利益率ノ多キ兵器及軍用品ヲ除外セバ、外国品ヨリノ利益ハ二倍二分強ト成ルナリ、要之外国品ノ取扱ハ内地品ヨリ利益多キ訳ニテ、言葉ヲ換ヘテ云ヘバ内地品ハ口銭率悪ク、金嵩ガ張リテモ利益ハ少キモノナリ、……現今ノ如キ変態的情勢永続セバ、当部ハ外国品ノ減少ヲ内地品ニテ補フ事トスルモ尚且利益ノ減少ヲ見ルハ明カナリ」（同議事録、一二六頁）

「内地品ノ純利益率ハ取扱高ノ一・三九％、外国品ハ一・九五％ニテ其差〇・五六％、即チ外国品ノ方ガ甘味アルナリ、私ハ他ノ商内ノ事ハ承知セザルモ一・三九％ニシテモ一・九五％ニシテモ、是レガ純利益ナレバ機械部ノ商品ハ他部商品ニ比シテ利益率ガ高シト思フ、而シテ機械部商品ハ準備行為ニ時日ト経費トヲ要スルモ、愈註文サヘ取ルレバ大体必ズ利益アリ、損失ハ殆ンド之無キモノナ（リ）」（同、一〇五頁）

ここでは外国品の利益率が内地品よりかなり高いことが示され、外国品の輸入減少を内地品でカバーすると利益率低下が避けられないことも語られている。しかし内地品・外国品を問わず、他商品より利益率が高く、リスクの少ないことも付け加えられている。

そして機械部の営業方針としては、外国品重視は不変であるという。すなわち

「外国品取扱ノ前途ヲ悲観スベキヤト云フニ、私ノ考ニテハ成程内地ノ工業発達セシニハ違ヒ無キモ、出来ル種類自カラ限定サレ、其規模モ小サク、欧米先進国ニ比ベ発達ノ程度相違シテ居レリ、従而第一、内地ニテ製造出来ヌ類自カラ限定サレ、其規模モ小サク、欧米先進国ニ比ベ発達ノ程度相違シテ居レリ、従而第一、内地ニテ製造出来ヌ『ローリングミルマシーン』、『セメントミルマシーン』、『ディーゼルロコモチーブ』、人造肥料其他ノ『ケミカルプラント』等、第二、特許権ニ依リ保護セラル、モノ、第三、新規ノ発明品、第四、『キャパシチー』ノ大ナルモノ、例ヘバ『ターボーゼネレーター』二万五千『キロワット』以上ノモノ、第五、多量生産ニ依ラネバナラヌモノ、例ヘバ乗用自動車ノ如キモノ、其他特種ノモノ等ハ依然トシテ輸入ニ俟タザル可カラズ、又機械類ハ其設計ナリ方式ニ付各々特徴アルヲ以テ、現在ニ於テモ欧米先進国ハ相互間ノ相当輸出入行ハレ居ル事実モアルナリ、更ニ我国ノ

工場ハ大体規模小ナルモ、機械類ノ需要ハ間歇的ニ起ルモノ故猥リニ其拡張ヲ許サヾル事情モアルナリ

内地品ニテ日本ノ『オリヂナリティー』トシテ見ルベキモノハ誠ニ寥々足リ、豊田式自動織機、東北帝国大学ノ本多博士ト住友製鋼所ノ高木氏トノ共同発明タルK・S・『マグネットスティール』、其他ハ総テ外国品ノ模造ニ非ザレバ、外国ノ製造権ヲ買収シ製作セルモノニ過ギズ、製造権ヲ買収シテ拵ヘルモノハ暫ク措キ、其他ノ内地品ガ外国品ノ進歩発達ニ並行シテ進ム哉否ヤハ甚ダ疑問ナリ、私ハ恐ラク遅レルモノト観察セリ」(同、一二六頁)

ここでは物産の当時における認識、すなわち外国品の優越性・必要性と、内地品の力不足が述べられており、その上で当面の営業方針を次のように結論した。

「国産奨励ハ内地製造家ニ取リテハ誠ニ重宝ナ武器ナルモ、我々ニ及ボス影響ハ主トシテ官庁ノ商売ニテ、民間ハ品質ガ第一デ値段ガ之ニ次グ有様ナリ、内地品ハ世間ノ不景気ト国産奨励ノ応援アルガ為メ、実質以上ニ跋扈セル時期ト考ヘラレ、結局変態的状態ニテ、一朝景気ガ恢復セバ外国品ノ輸入ハ以前程デ無クトモ復活ヲ見ルベキモノト思ハル、我機械部ハ現今ノ情勢如何ニ不拘、其『ファンクション』ハ矢張外国品中心主義ニテ従来ノ地盤ヲ守ルト同時ニ、是非内地品ナラザルベカラザルモノトカ、或ハ内地品中見込ガ有リ、利益有リト信ズルモノ、開拓ニ尽力スル方針ガ適当ト考ヘラル」(同、一二七頁)

③　共通計算制度について

共通計算制度は第一章でも詳細に取り上げたが、その後はどうであったか。浅田機械部長は第一〇回支店長会議で次のように触れた。

「私ハ機械部位共通計算ガ徹底的ニ行ハレ居ル所ハ無シト思フ、又分配率ノ規定ノ如キモ極メテ公平ニ案ヲ樹ツ

しかし田島大阪支店長は自店の報告の中で、「共通計算果シテ巧ク行ッテ居ルヤト反問シタキナリ、但大阪ニハ問題無キモ大連、上海等ニテハ何ニモセザル本部ニ於テ口銭ヲ取ル事ハ果シテ可ナリヤト云フガ如キ疑問アルコト、思フ、自分ガ紐育ニ居リシ時モ、紐育店ニテ世話ヲシタル製造権ニ対シ相当ナル利益ノ来ルコト、思ヒ居リシニ、僅ニ Net profit ノ一〇％ヨリ外分配無カリシハ少ナキニ過グト思フ」（同、一二一頁）とクレームをつけている。

それに対して浅田は次のように反論を展開した。

「共通計算ノ問題ハ中々混ミ入リ居ルガ、紐育ニテ仕入レ東京ニテ販売スル場合ニ於テハ五〇％、五〇％ノ分配トナリ居レリ、若シ之レガ三店関係トナラバ仕入店（紐育）四〇％、販売店五〇％、中継店（東京）一〇％ト云フ原則ニナリ居ルナリ、而シテ中継店ノ口銭一〇％ト云フモノハ必ズシモ不合理ニ非ザルベシト思フ、或ハ中継店ノ必要ノ有無ニ付云為サルベキモ、以テ商内ノ円滑ヲ計リ居ル次第ナリ、……本部ニ於テ半期毎ニ受クル中継口銭ハ部並大阪二人手ト経験トヲ備ヘ、右ハ各店全部ニ充分ナル Facility ヲ備ヘ置ク事ハ到底望ミ難キ事ナルヲ以テ、本合計約七～八千円位ニシテ金額トシテハ大シタモノニ非ズ、従テ今日ノ東京トスレバ問題ニハ非ザルモ、併乍無口銭タラシムル事ニハ行キ兼ヌルナリ、……即チ無口銭ノ仕事ハ自然後廻シニナルト云フ事ハアリ得ベキ事ニシテ、人情亦止ムヲ得ザル事ト思惟セラル、ナリ、又本部ニ於テハ部長室及総務、勘定、調査等ノ各掛アリ、人件費其他ヲ合シ毎半期約八～九万円ヲ要シ居ル次第ナリ、是等ノ仕掛ニ於テハ主トシテ東京ノ為メニ仕事セル次第ナルガ、然シ全体ノ事務ノ約一割ハ各店ノ為メニモナリ居ルコト、思フ」（同、一二一～二頁）

その内容は制度の解説の繰り返しであり、結局、本部が中継店として口銭を取ることの弁解であった。そして批判

のポイントに対しては、「製造権ノ場合ニ差上グル口銭ハ一度御骨折願ヒタルモノニ対シ永久差上グルモノノル故、左ノミ悪クハ無シト思フ如何哉」（同、一二二頁）と答えた。

以上のことは、長年実施してきた共通計算制度に対し、支店側ではいつになっても自店の取り分が少ないことに不満が消えず、本部が「何ニモセザル」のに口銭を取ることへの根強い反発がくすぶっていたことを現している。それを本部が押し切る構図も変わっていなかったのである。

（1）総益金は「参考」欄の分を含めると、僅かながら大きくなるから、取扱高に対する総益率も僅かながら高くなるはずであるが、大勢には影響あるまい。

第二節 売約先の考察

1 売約先の全体における比重

前章と同様に売約高から売約先を抽出したが、「機械部考課状」を優先し、それがない期は「事業報告書」で補充した。なぜならば前者の方がより詳細に個別取引が記載されているからである。「はしがき」で述べたように依存資料によって、あるいは時期によって基準とされた売約額が不統一であるが、おおむね一件一〇万円以上が記載されて、一部の期で五万円以上となっている。ただし売約先の記載が得られるのは昭和二（一九二七）年上期から一四（一九三九）年上期までで、以後は報告が簡略化されて記載がないからである。それでも第二章と比較して本章の対象時期が長いこと、一〇万円以上が基準であるが、一部に五万円以上もあることが影響して、売約件数は二九三〇件（第二

章は九五八件)に達した。

表3-12は売約先の期別、商品別内訳であるが、その累計金額は一三・七億円で、機械売約額累計の六四・四％を占めるから、これら売約先の動向如何が機械取引全体を左右するものと考えられる（前章では五五％であった）。もっとも期別に売約先の比重を検討すると、昭和初期では五〇％未満の期が多く、二年上期、三年上期は三五％に過ぎず、七年以降七割前後の高率となっている（七年下期の八割、一四年上期の六割は例外）。概して「考課状」依存の時期が低率であるが、前述のように前者の記載がより詳細であること、また昭和二～五年の記載基準が一〇万円以上であることも若干影響していると思われる。

商品種類別にみると、二九三〇件のうち諸機械が八二一〇件（二八％）で最も多く、電気機械四九八件（一七％）、紡織機四三八件（一五％）、鉄道用品三三三件、鋼鉄材料三二四件（各一一％）、兵器軍用品二二一件、機関・汽罐二二〇件（各八％）と続く。金額では兵器軍用品が三億六四三五万円（二二％）が続き、電機機械、紡織機、鉄道用品、機関・汽罐が一億円台で並ぶ（一四～九％）。兵器軍用品は陸海軍のような超大口先の多額の契約を含むので件数は少なくても金額が大きく、一件当り金額は一六四一万円と桁違いに多額である。機関・汽罐が五七万円でやや大きく、超大口の満鉄を含む鉄道用品は、満鉄以外の契約が相対的に小さいためかそれに次ぎ、電気機械、紡織機、諸機械は三〇万円台で大同小異、鉄鋼材料、鉄管類、自動車は一〇～二〇万円で、売約高自体もあまり多くない。

そしてそれぞれの商品の売約推移をみると、兵器のみが昭和初期を過ぎると増加基調が顕著で、特に戦時体制直前から一段と増加額が目立ち、諸機械も兵器軍用品に準ずる増加ぶりであるが、それ以外は時期によって増減の波がみられる。一つには需要自体の反映であろうが、もう一つには努力して大きな受注があった後、翌期には同じような大

表 3-12　売約先合計の商品別推移（昭2/上～14/上）

(金額単位：千円)

	紡織機		機関・汽罐		電気機械		諸機械		鉄道用品		鋼鉄材料		鉄管類		自動車		兵器等		計(a)		総計(b)	a/b(%)
昭2.4	5	2,442	2	1,697	1	1,500	8	3,450	7	2,732	5	1,082					4	2,370	32	15,273	44,421	34.4
10	4	1,189	2	2,477	8	6,705	5	3,069	8	3,970	5	2,298	1	462			7	3,603	40	23,773	51,070	46.5
3.4	8	4,470	5	1,716	3	493	7	3,188	6	1,834	6	1,652					9	3,167	46	16,520	47,198	35.0
10	11	4,060	11	6,992	3	3,374	11	2,534	4	2,899	4	2,005					12	4,285	71	27,585	57,181	48.2
4.4	11	4,501	6	3,071	11	2,999	16	6,843	7	3,382	7	537	4	1,463		623	7	4,525	68	26,944	58,622	46.0
10	12	4,978	3	4,033	8	3,163	11	8,305	4	1,595	5	1,278	1	778		176	13	5,210	62	29,516	60,281	49.0
5.4	9	6,106	8	2,495	4	891	12	2,794	6	1,359	6	1,472	2	225			16	5,799	63	21,141	41,855	50.5
10	4	1,732	4	1,661	5	1,371	8	2,782	4	1,116	4	994	1	132			15	6,178	45	15,966	30,226	52.8
6.4	17	1,931	2	900	7	1,388	8	2,086	10	1,090	11	1,011	2	104			14	4,505	70	13,015	24,773	52.5
10	11	1,519	3	364	4	640	11	1,100	5	414	8	835	2	117			16	5,193	62	10,401	24,567	42.2
7.4	10	1,433	3	1,692	4	1,419	9	1,228	14	791	6	1,791	2	694		219	20	7,710	77	16,989	29,229	58.1
10	24	7,124	3	1,960	13	3,594	20	4,284	12	6,756	5	1,759	2	775		101	16	16,227	109	42,580	52,591	81.0
8.4	29	6,021	5	671	25	3,710	31	5,762	12	4,242	4	4,256	2	146			11	13,261	143	38,748	50,364	76.0
10	29	7,913	6	4,638	19	6,274	14	5,462	11	9,528	4	2,519	3	679		261	8	14,846	101	52,591	73,304	71.5
9.4	27	9,369	7	5,241	21	5,624	36	12,081	16	6,636	3	5,359	4	1,150			10	11,683	135	56,465	82,392	68.8
10	33	18,960	12	7,665	36	6,182	60	9,756	26	14,644	4	5,941		472		954	10	17,310	208	81,412	106,304	76.6
10.4	19	6,368	3	900	20	6,681	24	8,755	17	10,811		9,511					12	13,298	119	61,376	89,921	68.3
10	19	4,234	15	5,952	32	5,403	46	14,029	23	9,290	5	5,582	1	63		2	16	12,885	161	60,182	88,453	68.0
11.4	16	3,814	11	8,696	36	8,837	38	8,933	27	4,425	11	6,484	5	920		4	12	13,298	156	60,186	93,402	70.3
10	26	6,147	15	2,670	36	6,332	51	10,274	22	8,222	20	8,454	4	379		4	11	29,881	205	65,964	88,251	69.6
12.4	55	20,964	17	7,448	35	10,765	71	36,842	9	2,906	4	794	2	224		5	11	14,563	169	102,688	151,534	67.9
10	35	16,803	16	6,713	36	15,866	60	26,161	8	5,424	3	3,197	1	202		4	5	23,480	205	106,721	152,602	70.2
13.4	10	3,669	20	12,980	49	21,830	65	29,689	22	8,983	2	2,864				3	4	28,250	182	111,505	158,289	70.4
10	12	4,663	12	6,798	32	33,086	70	32,936	37	20,088	4	7,261		1,492		5	3	31,490	188	163,485	230,742	71.0
14.4	3	860	8	1,418	11	28,134	52	62,310	18	8,659	19	5,852	2	448		375	1	57,161	252	151,429	244,519	61.8
計	438	151,270	220	125,669	498	186,261	820	304,653	333	141,796	314	84,788	67	13,169	18	2,132	222	364,350	2,930	1,374,088	2,132,530	64.4
1件当り金額		345		571		374		372		426		270		197		118		1,641		469		

〔備考〕各期の「事業報告書」より計算のうえ作成。各欄の左側は件数、右側は金額。

受注がとれず、反動的に落ち込むからである。そのことはすでに商品別売約高増減でもみた通りである。はっきりしているのは、平和産業の烙印を押された紡織機が戦時体制下に売約零に収斂していき、反面、軍需そのもの、および軍需生産増強に必要な機械類の取扱いの大口売約の増加基調である。

2 ランキングの考察

(1) 全体でのランキング

さて昭和二年上期から一四年上期までの二五期分（一二年半）を通じて、売約高の売約先を計算したのが表3-13以下の諸表である。二九三〇件の売約先には同一先が何度も重複して取り引きした分が含まれているので、いわゆる名寄せを必要とするが、その結果五八九の売約先が判明した。前章では二八五であったから約二倍ということになる。

その五八九の売約高によるランキングのうち、上位五〇を示したのが表3-13、3-14である。そのうち売約高累計一〇〇〇万円以上は一六であり、「超大口先」と呼んでおこう。五八九大口先に対する「超大口先」の比重は、売約額で四八％、件数で三三一％である。表3-13から「超大口先」について次の諸点が指摘できよう。

第一に、最大は海軍関係で一億七八〇一万円、単独で売約先全体の一三％を占めている。しかし名義不明の兵器軍用品の一七件には海軍関係が多額に含まれていると推測され、おそらくそれを加算すれば二億円をかなり超えるはずである。陸軍関係は第三位で六四四七万円であるが、前述のように一二年下期からの陸軍の発注方針変更によって中島飛行機製品が物産経由でなく直接取引となったため、海軍と大きな差が発生したのである（おそらく中島飛行機の陸軍向けも巨額のはずであり、それが物産取引から抜けたことが大きく影響したと思われる）。要するに、物産の機械取引で陸海軍は驚くべき比重を持ち、それが物産の軍需依存体質が注目される。

第二に、満鉄も第二位、一億三三八三万円（一〇％）の巨額で、海軍と満鉄の二者だけが一億円を超える最大級の

表3-13 超大口先一覧(第1～16位)

(金額単位；千円)

順位	業種	取引先名	売約額	件数	期数
1	12	海軍関係	178,001	153	24
2	23	南満州鉄道	133,830	249	25
3	11	陸軍関係	64,466	83	21
4	5	日本製鉄	42,958	66	10
5	7	三井鉱山	37,341	83	17
6	23	満州電業	30,303	37	9
7	1	大日本紡績	24,780	50	14
8	2	鴨緑江水電	22,487	6	1
9	25	シャム政府	21,948	3	3
10	9	三井物産造船部	18,865	44	18
11	23	昭和製鋼所	18,172	41	9
12	2	関西共同火力	18,131	20	10
13	6	日本窒素肥料	15,108	40	17
14	5	住友金属工業	13,120	29	7
15	21	朝鮮鉄道局	10,854	27	13
16	6	日本窒素肥料(長津江水電)	10,812	15	6
		1～16位計	661,176	946	
(参考)		日本製鉄の実態	45,175	79	18
		日本窒素肥料の実態	31,736	69	
		三井物産造船部の実態	26,556	65	23

〔備考〕各期の「機械部考課状」(欠の場合は「軍事報告書」で補完)から名寄せして計算のうえ作成(以下、表3-46まで同様)。

得意先であった。件数は一四九件で最多であって、しかも毎期欠かさず売約が成立している(二五期)。前掲の海軍二四期、陸軍二一期も分類不能分が判明すればおそらくそれぞれ二五期になると推測され、満鉄、海軍、陸軍の三者が毎期登場する超大口先であったに違いない。

第三に、計算の都合上、別な売約先となったが、実質上同一とみるべきものがあり、それを加算した方が実態を示すことになる。すなわち、日本製鉄には前身の八幡製鉄所を加えた四五一八万円、三井物産造船部には玉造船所名義を加えた二六五六万円、日本窒素肥料には長津江水電、旭ベンベルグ絹糸、鴨緑江水電、大豆化学工業、

第三章　昭和戦前期の機械取引

表3-14　第17～50位の大口先

(金額単位；千円)

順位	業種	取引先名	売約額	件数	期数
17	8	芝浦製作所	8,945	25	14
18	23	満州合成燃料	8,869	4	1
19	23	満州採金	8,543	7	5
20	2	東邦電力	8,437	21	10
21	8	横浜船渠	8,224	9	5
22	8	中島飛行機	8,120	33	15
23	7	北海道炭砿汽船	7,882	17	5
24	9	三井物産玉造船所	7,691	21	5
25	1	鐘淵紡績	7,457	26	16
26	1	東洋紡績	7,169	24	16
27	23	大連汽船	7,157	3	3
28	9	紡織機械用品	6,858	23	14
29	5	日本製鋼所	6,644	13	7
30	25	Kanumu	6,600	2	1
31	8	浅野セメント	6,419	10	8
32	6	日本アルミニウム	6,413	16	4
33	1	日本レーヨン	6,259	12	7
34	21	朝鮮電力	6,193	10	5
35	8	横河橋梁	6,152	17	13
36	22	台湾電力	5,948	21	11
37	2	東京電灯	5,877	9	8
38	1	日清紡績	5,849	19	8
39	8	豊田自動織機	5,363	21	11
40	2	九州送電	5,046	8	6
41	1	内外棉	4,598	19	12
42	1	東洋レーヨン	4,584	24	11
43	9	三菱商事	4,573	14	12
44	22	台湾総督府鉄道	4,566	27	11
45	5	東洋鋼鈑	4,532	7	4
46	10	日本航空輸送	4,505	15	7
47	1	岸和田紡績（天津）	4,358	12	7
48	21	朝鮮逓信局	4,253	9	3
49	14	山口県電気局	4,203	6	3
50	2	大同電力	4,146	14	10
		17～50位計	212,433	518	
(参考)		1～50位計	873,609	1,464	

朝鮮窒素肥料、朝鮮送電を加えた三一七四万円、住友金属工業には前身の住友製鋼所・住友伸銅鋼管を加えた一七二四万円である。この数字を採用すれば、順位は当然変わってくる。日本窒素は第六位に、三井物産造船部は第八位に浮上する（住友金属工業は不変）。

次に、表3-14の一七〜五〇位についてその特徴を挙げてみよう。

第一に、三井系として芝浦製作所、北海道炭砿汽船、三井物産玉造船所、鐘淵紡績、日本製鋼所、東洋レーヨンなどが登場し、やはり三井系が少なくない（王子製紙をはじめ有力数社がみえないが）。

第二に、満州、朝鮮、台湾所在の取引先が八者を数え、超大口先と同様な傾向をみせている。

第三に、大正後半期に大口として名を連ねた紡績、電力がここで若干登場する。繊維も鐘紡、東洋紡、日清紡、内外綿、岸和田紡、東洋レーヨン、紡織機械用品などであるが、六大紡のすべてではなく、電力も五大電力のうち東邦、東電、大同の三社だけであり、朝鮮電力、台湾電力、九州送電はあるが、電力会社が前章と比較してそれほど多いともいえない。

第四に、中島飛行機、日本航空輸送のような航空機関連が登場しているが、時代を反映しているといえよう。全体として業種にバラエティがある。

第五に、満州、朝鮮、シャムなどからの受注が多く、七者を数える。同表においては陸海軍を除いた日本内地よりも多く、物産の目は海外にも注がれていたのである。

第六に、鴨緑江水電とシャム政府の件数が僅かであり、単発的な大型受注であったことを示している。同表では二〇件を超えるほど反復受注が多い中で、両者は珍しい存在である。

第四に、三井系はここでは三井鉱山、物産造船部だけで意外に少なく、紡績も大日本紡績一社、むしろ鉄鋼、電力、化学の六社が目立つ。重化学工業の投資が大きかったことを示している。

第五に、前章では多くみられた鉄道、市電がここでは非常に少なく、山口県電気局のみである。

第六に、件数二〇件を超えるのは中島飛行機、台湾総督府鉄道部、鐘紡、芝浦製作所、東洋紡、東洋レーヨン、紡織機械用品、東邦電力、台湾電力、豊田自動織機の一〇社であるが、中島、芝浦は戦時体制期に売約が集中し、反面、繊維関係はそれ以前に集中していることを考慮しなければならない。すなわち一定期間に連続発注していた常連なのである。

（1）五八九の大口先の売約累計は二九一二件、一二億六六七万円であり、一七件一億七三七万円は兵器軍用品で「陸海軍」など一括されているため分類不能である。しかし一七件のほとんどは状況からみて海軍、陸軍いずれかに加算すべきもので、すでに陸海軍の名義は五八九に含まれているので、それを別に数えれば五九二になるかもしれない（厳密にいえば、三件に「民間」の表示が含まれているので、それを別に数えれば五九二になるかもしれない）。

（2）玉造船所は昭和一二年七月に㈱玉造船所として独立するが、それまでは造船部に属していた。ただし物産の「職員録」では、玉造船所（それ以前は玉工場）所属者は記載がなく、造船部とは区別されている。本章では、造船部名義、玉造船所名義は分けてはいるものの、事実上一体とみておく。

(2) 業種別ランキング

それでは五八九大口先を業種別に組み替えてランキングを検討しよう。

第一に、日本内地の諸産業をみよう。

① 繊維業（表3-15）

合計八七社におよび、売約累計は一億三〇八四万円、三八九件、前章に引き続き有力産業であることに変わりは

表 3-15 繊維業の売約先

順位業種	順位全体	会社名	金額(千円)	件数	期数	順位業種	順位全体	会社名	金額(千円)	件数	期数
1	7	大日本紡績	24,780	50	14	45	252	大興紡績	509	2	2
2	25	鐘淵紡績	7,457	26	16	46	264	帝国製麻	459	2	2
3	26	東洋紡績	7,169	24	16	47	266	和泉紡績	451	2	2
4	33	日本レーヨン	6,259	12	7	48	267	昭和レーヨン	448	3	1
5	38	日清紡績	5,849	19	8	49	282	名古屋紡績	403	2	2
6	42	内外棉	4,598	19	12	50	291	東洋麻糸紡績	368	2	2
7	43	東洋レーヨン	4,584	24	11	51	302	東洋編織	347	1	1
8	47	岸和田紡績(天津)	4,358	12	7	52	304	勧業紡績	345	1	1
9	59	錦華紡績	3,741	8	6	53	318	河内紡績	305	1	1
10	65	愛知織物	3,309	10	8	54	325	岸和田人絹	293	2	2
11	71	天満織物	3,165	7	7	55	326	東京モスリン	292	2	2
12	74	呉羽紡績	3,140	12	8	56	345	日本毛織	266	2	2
13	75	日出紡績	3,098	11	6	57	351	御幸毛織	260	1	1
14	86	出雲製織	2,836	9	7	58	354	北洋紡績	259	1	1
15	87	内海紡績	2,769	9	7	59	358	中央紡織	255	1	1
16	99	酒伊繊維	2,347	2	1	60	365	旭紡織	246	1	1
17	107	富士瓦斯紡績	2,172	7	6	61	367	佐野紡績	245	1	1
18	113	沼津毛織	1,944	9	5	62	371	旭紡績	235	1	1
19	128	明正紡績	1,686	3	3	63	375	宮川モスリン	221	1	1
20	129	福島紡績	1,676	4	4	64	379	日清レーヨン	216	1	1
21	133	東洋絹織	1,621	4	3	65	392	北泉紡績	203	1	1
22	139	大阪合同紡績	1,548	2	2	66	416	和歌山紡績	172	1	1
23	140	東洋モスリン	1,532	7	5	67	417	徳島紡績	170	1	1
24	145	近江絹糸紡績	1,470	4	4	68	436	吉見紡績	150	1	1
25	147	太陽レーヨン	1,421	2	1	69	455	豊田織布	139	1	1
26	148	辻紡績	1,400	2	2	70	459	伏原毛織	135	1	1
27	150	日本繊維	1,350	3	3	71	462	日本整毛工業	130	1	1
28	151	新興人絹	1,336	4	3	72	464	昭和人絹	129	1	1
29	154	中央紡績	1,267	2	2	73	470	旭ベンベルグ絹糸	127	1	1
30	158	日本人絹パルプ	1,201	2	2	74	482	日本絹織	116	1	1
31	167	富山紡績	1,056	3	3	75	484	日東紡績	113	1	1
32	171	東海毛糸紡績	997	2	2	76	488	東洋毛織	110	1	1
33	178	菊井紡織	922	2	2	77	507	東京人絹	101	1	1
34	183	福井紡績	860	1	1	78	510	新興毛織	100	1	1
35	191	大町紡績	805	1	1	79	514	大正紡績	98	1	1
36	192	日満亜麻紡織	794	3	3	80	517	昭和毛糸紡	96	1	1
37	198	和歌山染工	760	2	2	81	519	高瀬染工場	94	1	1
38	200	東海紡績	744	2	2	82	541	正織社	75	1	1
39	212	錦華毛糸紡績	704	1	1	83	544	錦華人絹	72	1	1
40	213	倉敷紡績	698	3	3	84	554	庄内川染工場	66	1	1
41	217	伊丹製絨所	673	3	2	85	564	豊田紡織	62	1	1
42	223	天満紡績	640	1	1	86	579	三光紡績	53	1	1
43	234	明正紡織	604	1	1	87	581	倉敷絹織	52	1	1
44	251	琴浦紡績	510	2	1			計 87社	130,836	389	257

221　第三章　昭和戦前期の機械取引

ない。すでに五〇位以内の八社は表3-13、3-14でみたが、それ以外をみれば綿紡績だけでなく毛糸、麻、絹など各種紡績、人絹（ないしレーヨン）の製造もあり、織物も綿織物、毛織物だけでなく各種の織物、染色会社に至るまで幅広く取引されている。因みに『株式年鑑』（昭和一一年版）に記載された公称資本金一〇〇〇万円以上の繊維関係会社で表3-15に登場しないのは一二社あり、帝国人造絹糸、第二帝国人絹、片倉絹糸紡績、郡是製糸が公称資本金二〇〇〇万円以上であるが、むしろ準大手、中堅会社にも広く取引していたというべきであろう（以下、各産業でも前記『株式年鑑』を使って同趣旨の説明をする）。

繊維関係での売約内容は、工場新増設には汽罐・発電機が登場するが、中心は紡機、織機および付随する諸機械の増設、針布、木管、その他の付属品などで、それ以外のものはまずないといってよい。

②　電力・瓦斯業　（表3-16）

合計四三社、売約累計八五一八万円、一八一件であって、繊維業、その他製造業に次ぐ機械部の重要取引業種である。そのうち五社が五〇位以内にみられたが、公称資本金一〇〇〇万円以上の電力会社で、表3-16には含まれていないものが一七社あり、必ずしも網羅していない。確かに五大電力は含まれているが、二〇〇〇万円以上で東信電気、新潟電力、北海水力電気、帝国電灯、京浜電力、中央電気、日本水電の名がみえない。瓦斯三社に含まれていない一〇〇〇万円以上の会社は四社あり、東邦瓦斯・神戸瓦斯は二〇〇〇万円以上である。要するに、電力・瓦斯共に中小会社を含むものの、かなり多くの大会社がみえない。

電力会社の売約内容では、発電所新増設に関連して汽罐・発電機・その付随設備・機械、変圧器、配電盤、水圧鉄管が主であり、時に鉄塔、電線、碍子などは登場するが、特異なものはほとんどないといえよう。瓦斯会社では東京瓦斯が瓦斯槽、瓦斯管、脱硫装置実施権であるのに対し、大阪瓦斯は瓦斯計量器が大部分を占めた。

表3-16 電力・瓦斯業の売約先

順位 業種	順位 全体	会 社 名	金額 (千円)	件数	期数
1	12	関西共同火力	18,131	20	10
2	20	東邦電力	8,437	21	10
3	37	東京電灯	5,877	9	8
4	40	九州送電	5,046	8	6
5	50	大同電力	4,146	14	10
6	67	西部共同火力	3,245	5	3
7	70	昭和電力	3,187	2	1
8	72	山陽中央水電	3,160	7	6
9	77	中部共同火力	3,008	7	2
10	91	宇治川電気	2,654	7	5
11	105	広島電気	2,199	5	4
12	117	日本電力	1,851	3	3
13	122	大井川電力	1,787	1	1
14	123	北海水力	1,748	5	4
15	144	岩越電力	1,500	1	1
16	151	大淀川水電	1,336	4	2
17	157	九州水力	1,224	3	2
18	160	矢作水力	1,126	4	4
19	166	雨竜電力	1,070	1	1
20	168	鬼怒川水電	1,040	3	2
21	177	北海道電灯	924	2	2
22	180	黒部川電力	887	1	1
23	185	出雲電気	852	3	2
24	197	大日本電力	761	3	3
25	228	熊本電気	617	4	3
26	243	東部電力	545	3	3
27	250	天竜川電力	514	1	1
28	270	四国水力	442	1	1
29	296	日本海電気	357	1	1
30	322	九州共同火力	299	1	1
31	336	三川水力	277	1	1
32	343	杖立川水電	270	1	1
33	348	中部電力	263	2	2
34	351	中国合同電気	260	1	1
35	399	神岡水電	192	1	1
36	417	富士電力	170	1	1
37	428	信濃電気	162	1	1
38	444	合同電気	145	1	1
39	559	四国中央電力	63	1	1
40	566	京都電灯	61	1	1
1	68	大阪瓦斯	3,212	14	11
2	111	東京瓦斯	2,004	5	5
3	468	浪速瓦斯	128	1	1
		計 43社	85,177	181	131

③ 鉄道業（表3-17）

日本内地に限定したため、合計三三社であるが、売約累計は一九一二万円に過ぎない。一回限り、しかも少額の売約が多いからである。東京、京阪神所在会社が多いが、地方鉄道も少なくない。しかし一〇〇〇万円以上の会社で一三社が含まれていず、二〇〇〇万円以上といえば京阪電気鉄道、東京高速度鉄道、伊予鉄道電気、伊那電気鉄道、阪和電気鉄道などである。五〇位以内には一社も含まれていない。

鉄道会社の売約内容では、機関車（蒸気・電気）・客貨車・電車・ディゼル車・ガソリン車など完成車両、電動機・回転変流機・空気制動装置・車軸・車輪をはじめ部分品、軌条・継目板などが主であり、時に電線、鉄塔なども登場するが、ここでも特異なものは見当たらない。

④ 鉄鋼業（表3-18）

合計一六社（八幡製鉄所は日本製鉄の前身であり、住友伸銅鋼管も住友金属工業の前身であるから実質一四社）、売約累計八一六六万円であるが、日本製鉄一社で過半を占める。日本製鉄は後述するとして、売約内容の傾向をみると、住友金属工業は車輪・車軸を中心とする鉄道用品で特色を発揮し、満鉄への納入が多額であったが、みずからの発注内容は圧延機、水圧押出機、プレス、工作機械、起重機など製造設備であり、日本製鋼所は起重機、工作機械、工場建家・変電設備、東洋鋼鈑は圧延設備、住友伸銅鋼管はパイプ製造設備と工作機械、日本金属工業はステンレス鋼板製造設備、大同電気製鋼は電気炉と変圧器等、当然ながらそれぞれの生産必要設備である。そして鉄鋼業で一〇〇〇万円以上で含まれていないのは日本鋼管だけであった（非上場会社では三菱製鉄もあるが）。また神戸製鋼所は取引額が少ない。

表3-17 鉄道業の売約先

順位 業種	順位 全体	会　社　名	金額 (千円)	件数	期数
1	53	阪神急行電鉄	3,944	15	11
2	57	九州電気軌道	3,844	8	6
3	131	東武鉄道	1,635	4	4
4	162	阪神電気鉄道	1,100	5	5
5	179	東京地下鉄道	898	4	3
6	214	南海鉄道	695	2	2
7	215	伊勢電気鉄道	687	2	2
8	255	奈良電気鉄道	493	1	1
9	260	京阪電気鉄道	478	1	1
10	265	小田原急行電鉄	457	1	1
11	270	樺太鉄道	442	1	1
12	278	湘南電気鉄道	413	2	1
13	280	大阪鉄道	409	1	1
14	301	京成電気軌道	348	1	1
15	315	参宮急行電鉄	311	1	1
16	331	川根電力索道	282	1	1
17	331	北総鉄道	282	1	1
18	337	新京阪電鉄	276	1	1
19	342	知多鉄道	271	1	1
20	348	名古屋鉄道	263	2	2
21	407	多猪島鉄道	182	1	1
22	411	武山鉄道	177	1	1
23	420	宝塚尾崎電鉄	168	1	1
24	420	上毛電鉄	168	1	1
25	423	秩父鉄道	165	1	1
26	432	武蔵野鉄道	156	1	1
27	484	鶴見臨海鉄道	113	1	1
28	486	甲府電軌	112	1	1
29	489	北海拓殖鉄道	109	1	1
30	524	東京横浜電鉄	85	1	1
31	530	大阪電気軌道	83	1	1
32	541	三岐鉄道	75	1	1
		計　　32	19,121	67	59

表3-18　鉄鋼業の売約先

順位		会社名	金額(千円)	件数	期数
業種	全体				
1	4	日本製鉄	42,958	66	10
2	14	住友金属工業	13,120	29	7
3	29	日本製鋼所	6,644	13	7
4	46	東洋鋼鈑	4,532	7	4
5	51	住友伸銅鋼管	4,118	10	4
6	85	日本金属工業	2,845	4	3
7	94	大同電気製鋼（大同製鋼）	2,505	12	8
8	102	八幡製鉄所	2,217	13	8
9	221	日本高周波	646	2	2
10	259	小倉製鋼	481	2	1
11	263	昭和鋼管	460	1	1
12	300	特殊製鋼	349	3	2
13	369	日本特殊鋼管	240	1	2
14	383	日本特殊鋼	212	2	1
15	422	神戸製鋼所	167	2	2
16	423	日本スチール	165	1	1
		計 16社	81,659	168	63

⑤　化学工業（表3-19）

合計三三社（日本窒素肥料を名寄せすると二六社）、売約累計は五四三九万円となる。日本窒素肥料は子会社分を親会社を通じて発注していたから、表3-19でも七社と表現されているが、すでにみたように合計すると三二七一万円に達し、化学工業の中で抜群に多額である。同社が朝鮮に多くの子会社を設立して大規模な設備投資を行い、その注文は三井物産が受けていたのである。三菱との関係を清算した以上、三菱商事には依存しなかったのであろう。なお、後述の朝鮮所在企業の中にこれら子会社名義の発注もあるので、それも加えれば日本窒素系はさらに多くなろう。化学工業で同表に登場しない一〇〇〇万円以上の会社は一〇社あり、二〇〇〇万円以上では大日本人造肥料、電気化学工業、日本電気工業、東洋高圧工業、大日本セルロイドなどがあり、必ずしも大手を網羅しているわけではない。三井系では上記の電気化学、東洋高圧、大セル以外に三池窒素工業も漏れているが、果たして設備

表 3-19 化学工業の売約先

順位 業種	順位 全体	会社名	金額(千円)	件数	期数
1	13	日本窒素肥料	15,108	40	17
2	16	日本窒素肥料（長津江水電）	10,812	15	6
3	32	日本アルミニウム	6,413	16	4
4	69	東洋曹達工業	3,192	10	6
5	78	宇部窒素工業	2,995	6	6
6	108	日本窒素肥料（朝鮮窒素肥料）	2,128	6	3
7	110	日本窒素肥料（鴨緑江水電）	2,056	1	1
8	115	住友肥料製造所	1,910	2	2
9	155	徳山曹達	1,250	3	2
10	159	住友アルミニウム製錬	1,194	2	2
11	163	大日本セルロイド	1,088	5	4
12	207	日本窒素肥料（旭ベンベルグ絹糸）	729	4	2
13	220	日本窒素肥料（朝鮮送電）	655	2	2
14	235	日本曹達	589	5	5
15	241	山下太郎（朝鮮化学）	550	1	1
16	256	神島化学工業	491	3	2
17	262	九州曹達	462	1	1
18	269	宇部曹達	444	2	2
19	309	北海曹達	335	1	1
20	335	昭和肥料	280	2	2
21	354	理化学興業	259	1	1
22	364	日本窒素肥料（大豆化学工業）	248	1	1
23	383	大日本特許肥料	212	2	2
24	440	日本ベークライト	149	1	1
25	448	旭電化工業	144	1	1
26	456	日本加里工業	138	1	1
27	461	東北振興化学	131	1	1
28	475	那須アルミ	120	1	1
29	492	新潟硫酸	107	1	1
30	535	日本火工	79	1	1
31	559	日本電解	63	1	1
32	564	大阪曹達	62	1	1
		計　32社	54,393	140	84

表3-20　鉱業の売約先

順位(業種)	順位(全体)	会社名	金額(千円)	件数	期数	順位(業種)	順位(全体)	会社名	金額(千円)	件数	期数
1	5	三井鉱山	37,341	83	17	12	273	富永鉱業	436	2	1
2	23	北海道炭砿汽船	7,882	17	5	13	275	大東鉱業	420	1	2
3	61	日本石油	3,578	16	14	14	389	住友別子鉱山	206	2	2
4	63	石油合成組合	3,520	3	1	15	426	貝島炭鉱	163	1	1
5	82	日本鉱業	2,881	14	7	16	448	昭和鉱業	144	1	1
6	132	北海炭鉱	1,629	4	3	17	459	東邦鉱業	135	1	1
7	182	小倉石油	870	3	3	18	483	日本製錬	114	1	1
8	199	北樺太石油	757	3	1	19	495	東洋石油	106	1	1
9	227	中野興業	618	5	5	20	501	茅沼炭鉱	103	1	1
10	248	釜石鉱山	527	1	2			計　20社	61,875	166	74
11	268	三菱鉱業	445	2	2						

投資がなかったのであろうか。同表をみると曹達会社が多いこと、一回限りの取引が多いことが目立つ。

最大の日本窒素関係は後述するとして、主要な売約内容を挙げると、同じ曹達企業でも東洋曹達は汽罐・発電機等、徳山曹達はセメント機械・コットレル装置、日本曹達は発電機・電気炉・電極、九州曹達は触媒というようにまちまちである。また宇部窒素は主に瓦斯発生装置、住友肥料製造所は硫安製造設備、大日本セルロイドは酢酸装置・フィルム製造機・汽罐、日本アルミは電解炉を含むアルミ製造装置・水銀整流器・電極等、住友アルミはゼーダーバーグ実施権・電極炉材であった。

このように実施権や触媒・電極などもあるが、ほとんどが生産設備である。

⑥　鉱業（表3-20）

合計二〇社、売約累計は六一八八万円、化学工業並みである。しかし三井鉱山一社で過半を占め、北海道炭砿汽船も含めると累計額の七割を超え、少額ながら三菱鉱業、住友別子鉱山、貝島炭鉱があるとはいえ、多くを三井系からの受注に依存していたのである。また、日本石油以下石油関係も目立つ。二〇社に含まれない一〇〇〇万円以上の会社は四社のみであるが、資本金二億円の日本産業は無縁であった。また、古河鉱

業、住友炭砿、麻生鉱業なども無関係である。

ここでの最大は三井鉱山であるが、売約内容をみると、汽罐・発電機への多額な投資のほか、外国から諸種の化学装置の輸入、付帯設備が多くみられ、多額な製造特許料も含まれている。北海道炭砿汽船では汽罐・発電機・変圧器等、北海炭鉱では汽罐・発電機・変圧器・機関車があって、いずれも炭砿開発にともなう投資と思われ、釜石鉱山では瓦斯送風機、三菱鉱業では破砕機・電気炉、大東鉱業では索道、富永鉱業では加熱炉、住友別子鉱山では索道・鋼板のような部分的投資もある。他方、日本石油、日本鉱業は石油掘削装置・油井管、石油合成組合が合成炉・活性炭装置・脱硫装置、小倉石油が石油蒸留装置のように装置類がある一方、北樺太石油・中野興業のように油井管のみもある。

⑦ その他製造業（表3-21）

合計九九社、一億九三二一万円、件数四〇六件であって、超大口先はないが、それでも五〇位内に六社が入っている。売約高はそれほど多くないが、企業数が多いのが特徴である。また、一〇期以上登場する常連は芝浦製作所、中島飛行機、横河橋梁、豊田自動織機、三機工業ぐらいで、一回限りのものも三九社を数え、むしろ頻度は小さいというべきであろう。三井系として芝浦、三機工業、王子製紙、東京電気、台湾製糖、富士写真工業ぐらいしかなく、むしろ三菱系六社、住友系三社、川崎系三社、日産系二社をはじめ他系列企業が散見される。九九社のうち二〇〇〇万円以上の会社は一三社に過ぎず、二〇〇〇万円以上は大日本麦酒、大日本製糖、小野田セメント製造のみであった。九九社に含まれない一〇〇造船、機械、金属製品、製糖、自動車、車両、セメント、硝子など業種は多岐にわたっている。有力企業が網羅されているといえよう。麦酒、製粉など一部の業種が漏れているとはいえ、

その売約内容は多岐にわたるので紹介しきれない。自己設備の新設・増強と材料の購入とに分けられるが、もちろ

表 3-21　その他製造業の売約先

順位(業種)	順位(全体)	会社名	金額(千円)	件数	期数	順位(業種)	順位(全体)	会社名	金額(千円)	件数	期数
1	17	芝浦製作所	8,945	25	14	51	293	三菱電機(神戸)	360	2	2
2	21	横浜船渠	8,224	9	5	52	302	大日本製糖	347	2	1
3	22	中島飛行機	8,120	33	15	53	313	矢作工業	320	1	1
4	31	浅野セメント	6,419	10	8	54	316	川崎航空機	310	1	1
5	35	横河橋梁	6,152	17	13	55	317	田中車両	306	2	2
6	39	豊田自動織機	5,363	21	11	56	318	三菱東京機器	305	2	1
7	55	古河電気工業	3,884	6	6	57	323	日本精工	298	2	2
8	60	塩水港製糖	3,704	10	4	58	329	国産自動車	285	1	1
9	64	豊田自動車	3,445	11	5	59	333	発動機製造	281	1	1
10	79	三機工業	2,970	14	10	60	341	三菱発動機	272	2	1
11	88	東京瓦斯電気工業	2,748	9	5	61	351	富国セメント	260	1	1
12	90	王子製紙	2,725	6	5	62	358	桜田機械	255	3	3
13	95	明治製糖	2,486	6	5	63	368	富士写真フィルム	241	2	2
14	101	大阪鉄工所	2,265	5	5	64	377	石?製作所	217	1	1
15	103	日立製作所	2,214	8	6	65	381	土佐セメント	214	2	2
16	112	豊田式織機	2,002	6	5	66	386	徳永板紙子	211	2	2
17	118	三菱造船(日鉄向)	1,850	8	5	67	393	安全索道(大阪空素向)	202	1	1
18	119	東京自動車工業	1,825	11	2	68	402	太平セメント	190	1	1
19	125	川崎造船所	1,726	9	6	69	403	東洋機器	189	1	1
20	127	東京電気	1,700	8	6	70	405	秩父セメント	183	1	1
21	134	汽車製造	1,619	9	8	71	408	東亜セメント	180	1	1
22	135	浦賀船渠	1,609	8	8	72	413	小野田洋灰	175	1	1
23	153	巴組鉄工所	1,294	8	8	73	428	大隈鉄工所	162	1	1
24	164	津上製作所	1,077	2	2	74	434	磐城セメント	153	1	1
25	165	東洋製罐	1,076	5	4	75	442	三菱航空機	146	1	1
26	170	日産自動車	1,001	6	4	76	451	大刀洗製作所	143	1	1
27	176	日本エヤーブレーキ	928	4	4	77	464	東洋セメント	129	1	1
28	184	川崎車両	857	7	5	78	472	三?伸銅	125	1	1
29	186	日本車輌	839	4	4	79	473	大野製作所	122	2	2
29	186	日本セメント	839	3	3	80	475	輪西製作所	120	1	1
31	188	石川島造船所	837	6	5	81	478	日本?釘	119	2	2
32	193	東北セメント	794	3	1	82	491	大阪変圧器	108	1	1
33	195	宇部セメント	783	2	2	83	492	川西航空機	107	1	1
34	201	台湾製糖	741	5	4	84	497	国産工業	105	1	1
35	216	愛知時計電機	686	6	4	85	499	池貝鉄工所	104	1	1
36	219	日本カーボン	661	2	2	86	505	藤倉電線	102	1	1
37	229	昭和飛行機	616	3	2	87	507	日本楽器	101	1	1
38	231	平田製網	615	2	2	88	523	小松製作所	88	1	1
39	233	東洋機械	607	2	1	89	531	常陸セメント	82	1	1
40	238	日本板硝子	581	3	2	90	536	東亜中布	78	1	1
41	239	日本製紙	569	3	1	91	544	高進商会	72	1	1
42	253	特殊合金	500	2	1	92	559	東洋クロス	63	1	1
43	257	日本パイプ製造	485	4	4	93	568	住友電線製造所	59	1	1
44	274	自動車工業	421	2	2	94	573	大阪機械製作所	56	1	1
45	282	日本レール	409	3	3	94	573	加藤製作所	56	1	1
46	284	高速機関工業	386	2	1	96	575	戸畑鋳物	55	1	1
47	286	三菱重工業	382	1	1	97	586	電業社	50	1	1
48	287	久保田鉄工所	381	2	1	97	586	帝国発条	50	1	1
49	288	日本無電	376	1	1	97	586	園池製作所	50	1	1
50	292	播磨造船所	367	2	2			計　99社	109,309	406	292

ん両者を含んだ場合も多い。売約先から若干の傾向を列挙してみよう。セメントの分野では、浅野セメント以下ほとんどがセメント機械であるが、それ以外に小野田・東北は汽罐・発電機、宇部は集塵装置もある。同様なケースは王子製紙における製紙機械と汽罐・機関車・軌条、塩水港製糖・明治製糖における製糖機械と汽罐・発電機等にもみられる（台湾製糖は発電機等のみ）。

また、機械製作・金属加工の分野では工作機械が中心である。中島飛行機では機体、その材料もあるが、工作機械が大部分であり、豊田自動車、東京瓦斯電気工業、東京自動車工業、津上製作所、日本エヤーブレーキ、愛知時計電機でも主として工作機械であって、同じケースは他にも多く挙げることができる。もちろん工作機械以外も併存のケースもある。たとえば日産自動車は工作機械のほか自動車部品を、豊田自動織機はスピンドルおよびリングが主で工作機械も、という具合である（同業の豊田式織機はスピンドルおよびリングのみ）。

さらに材料を主とするケースも少なくない。造船では材料用鋼材がほぼ共通にみられるが、そのほかに横浜船渠・大阪鉄工所・浦賀船渠はディーゼルエンジン、川崎造船所は圧延機・工作機械、三菱造船は日本製鋼所製のボイラーシェル・魚雷粗材・日本製鉄向の微粉炭燃焼装置・ミルなどもある（石川島造船所・播磨造船所は材料用鋼材のみ）。横河橋梁・巴組鉄工所、車両メーカー（汽車製造、川崎車輛・日本車輌など）は材料用鋼材であり、芝浦製作所と日立製作所も工作機械と材料用珪素鋼板である（東京電気のように設備もあるが、電気扇・冷凍器の輸入が主という例外もある）。

以上九九社といったが、厳密には合併・改称の会社があり、同一会社として計算し直せば九九社でなく僅かながら減少する。たとえば戸畑鋳物が国産工業に改称し、日立製作所に合併されているが、他にも類似のケースがあろう。

⑧　商業（表3-22）

231　第三章　昭和戦前期の機械取引

表3-22　商業の売約先

順位業種	順位全体	会社名	金額（千円）	件数	期数	順位業種	順位全体	会社名	金額（千円）	件数	期数
1	10	三井物産造船部	18,865	44	18	17	297	百茂洋行	350	2	2
2	24	三井物産玉造船所	7,691	21	5	18	314	メリヤス機械用品	316	3	3
3	28	紡織機械用品	6,858	23	14	19	320	中島商事	302	3	1
4	44	三菱商事	4,573	14	12	20	328	三井物産名古屋金物部	286	1	1
5	104	東洋棉花	2,213	5	3	21	339	町野商店	274	1	1
6	120	芝本商店	1,815	5	1	22	399	岩友商店	192	1	1
7	143	梁瀬自動車	1,507	9	8	23	408	坂根商店	180	3	3
8	149	浅香本店	1,366	10	10	24	433	岩井商店	155	1	1
9	190	五十嵐商店	830	4	3	25	444	大阪大丸	145	1	1
10	196	三昭自動車	776	7	7	26	462	日本フォード	130	2	2
11	211	服部商店	705	3	3	27	507	三井物産機械部紐育支部	101	1	1
12	218	三井物産金物部	662	1	1	28	526	半田棉行	84	1	1
13	246	森岡商店	531	1	1	29	532	東京書籍	80	1	1
14	277	森林商店	414	1	1	30	548	三井物産大連支店	70	1	1
15	289	安宅商会	371	2	2	31	571	大倉商事	58	1	1
16	297	国際電話	350	2	2			計　31社	52,250	176	118

合計三一社、売約累計は五二、二五〇千円、件数は一七六件であるが、そのうち三井物産関係は造船部、玉造船所、金物部、名古屋支部、紐育支部、大連支店などの合計が二七、六八〇千円となり、商業の過半を占めている。物産以外で主な取扱商品を挙げると、三菱商事は主として軌条、梁瀬自動車・三昭自動車・日本フォードが自動車、紡織機械用品・東洋棉花・メリヤス機械用品・半田棉行が繊維、芝本商店は鋼塊、浅香本店、五十嵐商店、服部商店は鋼板、百茂洋行は織機、町野商店は鋼管、森岡商店は紡機、坂根商店はパワーズ会計機の原紙、鋼板、森林商店は織機、中島商事は安全索道とコトレル装置、安宅商会は鋼材、岩友商店は紡織機、岩井商店は独逸製鋼材・形鋼などであった。

⑨　その他（表3-23）

合計二八社、売約累計は一九三八千円で少なく、五〇位以内は日本航空輸送のみであった。三井合名の場合は三井本館建築に絡み、昭和二年は金庫関係・冷却装置・窓材料、八年は鋼材、一一年は四号館用の汽罐・鉄骨である。三井

表3-23　その他の売約先

順位業種	順位全体	会社名	金額(千円)	件数	期数	順位業種	順位全体	会社名	金額(千円)	件数	期数
1	41	日本航空輸送	4,673	16	8	16	373	津田勝五郎(阪神電鉄)	228	1	1
2	80	三井合名	2,909	8	6	17	387	名古屋築港	208	1	1
3	136	大阪毎日新聞	1,561	2	2	18	388	原田組（大連）	207	1	2
4	137	千代田組(丸子製作所)	1,554	10	7	19	431	三？開発	157	1	1
5	161	日本航空輸送・満州航空	1,125	3	3	20	434	大林組	153	1	1
6	169	凸版印刷	1,005	4	2	21	468	南洋拓殖	128	1	1
7	172	協同企業	980	1	1	22	475	竹中工務店	120	1	1
8	194	東京日々新聞	793	3	3	23	510	平田義太郎	100	1	1
9	225	三井銀行	631	2	2	23	510	西松組	100	1	1
10	244	三信建物	532	1	1	25	526	国道建設所	84	1	1
11	254	荒玉水道	497	3	3	26	568	東陽倉庫・東神倉庫	59	1	1
12	261	時事新報	477	2	1	27	577	寺田義光	54	1	1
13	279	草梁土木	411	2	1	28	579	第一徴兵保険	53	1	1
14	309	飛島組	335	2	2			計　28社	19,383	74	58
15	362	清水組	249	2	2						

銀行は金庫関係（扉と保護預函）であった。航空機一社は機体、発動機がほとんどで、格納庫もある。千代田組は電気扇と芝浦製高周波電気炉で、同社は建設会社ではない。新聞社・印刷会社の四社は印刷機械の発注である。建設会社八社が目立つが、建設用の鋼鉄発注がほとんどであり、建設会社以外でも機械でなく鋼鉄材料の場合が多い。草梁土木はガソリン機関車・軌条で海外の会社かもしれない。

第二に、官庁・諸団体をみよう。

まず官庁を表3-24でみると、合計は一六、売約累計は二億四九九四万円の巨額であるが、その内容は後述する。その中で圧倒的なのは海軍・陸軍であって、鉄道局を含め鉄道省では軌条をはじめ雑多な発注であり、逓信省も地方局を含め海底電線、鉄塔などの発注であった。専売局は煙草機械であり、横浜税関は統計機械の輸入、内閣統計局・内閣印刷局は統計機関係、内閣印刷局は製紙機械である。造幣局は電気炉、簡易保険局は青森営林局は軌条、内務省は道路機械など実にまちまちである。

次に、地方団体を表3-25でみると、合計二四団体、売約累計一八一四万円、そのうち各市電気局はいわゆる市電であ

表3-24　官庁の売約先

順位 業種	順位 全体	会社名	金額(千円)	件数	期数	順位 業種	順位 全体	会社名	金額(千円)	件数	期数
1	1	海軍関係	178,001	153	24	10	520	青森営林局	93	1	1
2	3	陸軍関係	64,466	83	25	11	532	簡易保険局	80	1	1
3	52	鉄道省	4,114	12	10	12	538	造幣局	77	1	1
4	137	専売局	1,554	7	7	13	539	名古屋鉄道局	76	1	1
5	224	逓信省	634	4	3	14	555	東京鉄道局	65	1	1
6	346	内閣統計局	264	1	1	15	559	逓信省札幌逓信局	63	1	1
7	436	内閣印刷局	150	1	1	16	568	内務省	59	1	1
8	453	横浜税関	141	1	1	計	16		249,939	272	82
9	505	逓信省仙台逓信局	102	1	1						

表3-25　地方団体の売約先

順位 業種	順位 全体	会社名	金額(千円)	件数	期数	順位 業種	順位 全体	会社名	金額(千円)	件数	期数
1	49	山口県電気局	4,203	6	3	14	393	東京市水道局	202	1	1
2	58	大阪市電気局	3,787	23	14	15	395	名古屋港務所	199	1	1
3	66	富山県電気局	3,304	4	3	16	430	釧路市役所	160	1	1
4	174	東京市電気局	934	7	6	17	448	塩釜町役場	144	1	1
5	175	金沢市役所	931	1	1	18	489	東京府	109	1	1
6	208	神戸市電気局	723	8	5	19	516	山形県電気局	97	1	1
7	210	京都市電気局	707	5	5	20	547	大阪市役所	71	1	1
8	222	東京市	645	3	3	21	548	長野県庁	70	1	1
9	236	横浜市電気局	586	3	3	22	557	豊橋市役所	64	1	1
10	321	大阪埠頭事務所	301	3	3	23	575	北海道	55	1	1
11	327	足利市役所	291	1	1	24	583	札幌市電気局	51	1	1
12	350	名古屋市役所	262	3	2	計	24団体		18,142	80	62
13	365	函館市役所	246	3	2						

るが、市によって若干内容を異にしている。山口県は汽罐・発電機等、大阪市は軌条を中心に電車用品、汽罐等、富山県は発電所関係、東京市・京都市は軌条のみ、神戸市は軌条と電線、横浜市は集塵装置と電動機、山形県は集塵装置、札幌市は電車用品のごとくである。県・市・町でも金沢市・足利市・塩釜町が鋳鉄管、東京市が鋳鉄管と浄化装置、名古屋市は鋳鉄管と鋼矢板、函館市・釧路市は鋼矢板、大阪市は水圧開閉水弁、東京府・名古屋港務所は浚渫船、長野県庁は浚渫機、東京市水道局はディーゼルショベル、北海道は軌条、豊橋市は攪拌

表3-26　その他団体の売約先

順位業種	順位全体	会社名	金額(千円)	件数	期数	順位業種	順位全体	会社名	金額(千円)	件数	期数
1	237	鋼管同志会	582	1	1	6	557	造船聯合会	64	1	1
2	370	洞爺水電組合	238	1	1	7	559	大日本青年航空団	63	1	1
3	524	学生海洋飛行団	85	1	1	8	586	鉄同志会(大連)	50	1	1
4	548	海防義会	70	1	1		計	8団体	1,219	8	8
5	553	阪神航空協会	67	1	1						

表3-27　朝鮮所在の売約先

順位業種	順位全体	業種	会社名	金額(千円)	件数	期数	順位業種	順位全体	業種	会社名	金額(千円)	件数	期数
1	15	13	朝鮮鉄道局	10,854	27	13	19	396	14	慶尚南道庁	195	1	1
2	34	2	朝鮮電力	6,193	10	5	20	399	14	京畿道庁	192	1	1
3	48	13	朝鮮通信局	4,253	9	3	21	408	6	朝鮮化学肥料	180	1	1
4	93	8	小野田セメント(朝鮮)	2,605	13	9	22	436	4	西鮮合同電気	150	1	1
5	100	2	京城電気	2,316	13	7	23	442	6	朝鮮化学工業	146	1	1
6	116	6	朝鮮窒素肥料	1,853	2	2	24	453	4	朝鮮京南鉄道	141	2	2
7	181	13	朝鮮総督府	876	6	6	25	456	4	金剛山電鉄	138	1	1
8	204	8	龍山工作所	731	3	3	26	464	8	朝鮮麦酒	129	1	1
9	226	4	西鮮中央鉄道	623	1	1	27	474	10	平壌土木	121	1	1
10	244	4	朝鮮鉄道	532	1	1	28	492	10	京城土木	107	1	1
11	247	4	南朝鮮鉄道	528	1	1	29	495	13	朝鮮専売局	106	1	1
12	283	14	平壌府	399	1	1	30	501	2	朝鮮電気興業	103	1	1
13	285	14	清津土木出張所	383	1	1	31	526	14	咸鏡北道庁	84	1	1
14	297	14	朝鮮鎮南浦府	350	1	1	32	551	14	全羅北道庁	68	1	1
15	324	2	朝鮮瓦斯電気	296	1	1	33	571	2	元山水力	58	1	1
16	344	4	平安鉄道	267	1	1	34	583	1	朝鮮紡績	51	1	1
17	357	4	京春鉄道	256	1	1	34	583	10	麗水土木	51	1	1
18	396	14	京城府	195	2	2		計　35			35,530	116	81

機とまちまちであるが、水道関係、浚渫関係が多い。

その他団体（表3-26）は八団体、売約累計一二二万円であるが、多額のものはないので省略する。鋼管同志会は瓦斯管、洞爺水電組合は巴組鉄工所製の鉄塔、学生海洋飛行団、阪神航空協会、大日本青年航空団はいずれも巴組鉄工所製の格納庫である。

第三に、日本内地以外は前章よりも一段と増加したので、地域別に検討してみよう。

まず朝鮮を表3-27でみよう。合計三五社、売約累計三五五三万円、件数は一

第三章　昭和戦前期の機械取引

表3-28　台湾所在の売約先

順位 業種	順位 全体	業種	会社名	金額(千円)	件数	期数	順位 業種	順位 全体	業種	会社名	金額(千円)	件数	期数
1	36	2	台湾電力	5,948	21	11	10	381	13	台湾専売局	214	2	2
2	45	13	台湾総督府鉄道部	4,566	27	11	11	441	9	蔡渓商会	148	2	2
3	202	14	台北道路港湾課	738	1	1	12	486	14	台南州土木局	112	1	1
4	229	10	雲泉商会	616	1	1	13	497	7	台陽鉱業	105	1	1
5	295	13	台湾逓信部	358	4	4	14	514	14	台北州庁	98	1	1
6	311	2	台湾電化	331	3	2	15	522	14	嘉義市役所	92	1	1
7	329	2	花蓮港電気	285	2	2	16	577	7	台湾鉱業	54	1	1
8	354	13	台湾道路港湾課	259	1	1				計　16	14,174	70	43
9	361	10	台湾興業	250	1	1							

　一六件で、本章の時期に朝鮮所在企業等に関係を深めたことが窺える。五〇位以内に三者あり、朝鮮総督府および同部局が四、地方団体が八を占めて金額で約五割、電力が六社で三割弱、鉄道が七社で一割弱が目立つ。官需が中心であり、電力・鉄道が次ぎ、製造業等は一割強に過ぎなかった。ここでの朝鮮窒素肥料は一八五万円に過ぎないが、すでに触れたように親会社日本窒素肥料名義での朝鮮所在企業分が五社一五九〇万円あり、朝鮮の実態としてはそれと山下太郎名義の朝鮮化学分五五万円を加えてみる必要がある。そして官需をみると、最大の朝鮮鉄道局では機関車、客貨車、軌条、空気制動装置、電線、橋梁、鋼管など種類・件数が多く、常連となっていた。朝鮮逓信局では変圧器、懸垂碍子、電線等、朝鮮総督府では軌条、橋桁材料、分類集計機であった。地方団体で主なものは鎮南浦府の砕氷船、平壌府の電車、清津土木出張所の鋼製函塊型枠、慶尚南道庁・京畿道庁の橋梁、京城府の鋳鉄管などである。

　次に台湾を表3-28でみよう。朝鮮よりは遙かに少なく合計一六、売約累計一四一七万円、件数七〇件、五〇位以内に台湾電力、台湾総督府鉄道部があり、両者で累計の六割を占めていたから、それ以外は少額ばかりであった。台湾でも総督府をはじめ官需が八部局あって、民需では基隆の大物実業家顔雲年の率いる雲泉商会、台陽鉱業の名がみえるが、台湾電力以外に多額の売約はない。官需の内容は、総督府鉄道部の機関車・客貨車・車輪・車軸・その他鉄道用品、逓信部の電線、道路港湾課の橋桁、専売局の汽罐・発電機が主なもので、鉱業

表3-29 旧満州所在の売約先

順位		業種	会社名	金額(千円)	件数	期数	順位		業種	会社名	金額(千円)	件数	期数
業種	全体						業種	全体					
1	2	4	南満州鉄道	133,830	249	26	25	306	8	撫順セメント	339	2	2
2	6	8	満州電業	30,303	37	9	26	338	1	満州製麻	275	1	1
3	8	4	鴨緑江水電	22,487	6	1	27	377	8	満州小野田セメント	217	2	1
4	11	5	昭和製鋼所	18,172	41	9	28	379	7	満州石油	216	2	2
5	18	6	満州合成燃料	8,869	4	1	29	396	1	東満州人絹パルプ	195	1	1
6	19	7	満州採金	8,543	7	5	30	403	13	満州国国道局	189	1	1
7	27	10	大連汽船	7,157	3	3	31	405	4	奉海鉄道	183	1	1
8	54	8	満州軽金属製造	3,940	9	4	32	414	7	南満鉱業	174	1	1
9	81	13	満州国鉄路総局	2,886	16	6	33	419	5	満州住友鋼管	169	2	2
10	84	10	満州航空	2,867	5	4	34	451	2	南満州電気	143	1	1
11	92	13	満州国水力電気建設局	2,645	4	2	35	471	14	吉林政府	126	1	1
12	97	7	満州炭鉱	2,403	7	6	36	479	4	満鉄＆鳥羽洋行	118	1	1
13	121	2	南満電気	1,789	10	6	36	479	8	哈爾賓洋灰	118	1	1
14	126	10	満州電信電話	1,706	7	5	36	479	14	哈爾賓鉄路局	118	1	1
15	130	5	満州住友金属	1,674	4	2	39	499	1	満州紡績	104	1	1
16	141	6	満州化学工業	1,521	4	3	40	520	13	満州国税関	93	1	1
17	142	5	本渓湖煤鉄公司	1,509	7	3	41	526	8	満州電機	84	1	1
18	146	8	関東州小野田セメント	1,438	6	3	42	532	10	満州中央銀行	80	1	1
19	232	8	哈爾賓セメント	610	2	1	43	539	6	大豆化学工業	76	1	1
20	240	8	奉天造兵所	565	4	4	44	543	8	満州セメント	74	1	1
21	242	8	満州マグネシウム工業	547	3	3	45	544	13	満州国実務部	72	1	1
22	249	4	大連都市交通	524	2	2	46	551	8	満州煙草	68	1	1
23	258	4	吉海鉄路	484	1	1	47	582	14	安東省公署	52	1	1
24	290	8	満州製糖公司	369	1	1	計	47			260,121	466	136

以外に事業会社は特に乏しい。

他方、旧満州を表3-29でみると、様変わりに大規模多彩である。合計四七社、売約累計二億六〇一二万円、四六六件、五〇位以内に六社あり、満鉄が別格をなし、単独で旧満州全体の六割弱を占めている。しかし満州電業、次いで昭和製鋼所も多額であって、以下売約額一〇〇万円を超える企業がずらりと並んでいる。満州では官需がないわけではないが（八部局、三九八万円）、満鉄以下の民間会社が圧倒的な存在である。売約内容をみると、満州電業では汽罐・発電機が大部分を占め、変圧器や電線・碍子もある。昭和製鋼所では溶鉱炉・平炉など製鋼関連の諸設備、電気機械、起重機、運搬用機関車、軌条製造設備など幅広い内容で

あった。鴨緑江水電は発電機・水車で大部分を占めるが、セメント機械、起重機もあった。満州合成燃料は高価な瓦斯ゼネレーターをはじめとする装置類であった。満州軽金属で注目すべきは電極製造装置やカーボンブロックもあるが、ゼーダーベルグ実施権、純粋アルミニウム製造権を含む点である。満州採金は専ら砂金採集船であり、大連汽船は物産造船部建造の貨物船・モーター船である。

官需の筆頭は満州国鉄路総局であって、橋桁・上路板桁、起重機、旋盤などが内容である。奉天造兵所の兵器・その材料・旋盤、吉林政府の兵器は別として、国道局の橋桁、税関の統計機、実務部の鉄道用品、哈爾賓鉄路局の信号機などであった。満鉄は国策会社で民間といえるか疑問があるが、巨額なので売約内容は別に考察する。民間のうち満州電業ではその大部分を汽罐が占め、次いで発電機、さらに変圧器、碍子、電線などで、昭和製鋼所もその事業に関する種々の設備機械であった。この二社は件数・金額が多く、戦時下に毎期のように売約がある常連であったほかは、大連汽船が物産造船部製の船舶、満州航空が機体・発動機・工作機械、満州中央銀行がエレベーターであるほかは、各社事業上必要な設備・機械であった。ここでは住友、小野田の子会社もみられる。

さらに中国を表3-30でみよう。合計二九、売約累計二五二〇万円、七八件でそれほど多くはないが、前章ではみられなかった増加である。一見して繊維関係が多く、一二社を占め、一二九万円で五割弱に及ぶ。民間企業と思われるものが僅かあるが、膠澳電汽以外にみるべきものは鉄道ぐらいである。他方、宋子文は個人名義であるが、「上海宋子文」ともあり、改造野砲一二門をはじめ、野砲・山砲の弾薬四・二万発、小銃の弾薬六〇〇万発を六回に分けて発注している。中華民国海軍部、国民政府も大砲・弾薬であった。北京軍特務部は道路機械、南京鉄道部は鉄橋・銅線、同交通部と上海中央信託局は銅線、青島電話局は電話機械のように兵器軍用品以外もあった。変わったところでは蒙疆電業の汽罐がある。

その他の海外を表3-31でみよう。合計一六、売約累計四三三五万円、件数が四三件であるから、一件当たりが大

表3-30　中国所在の売約先

順位業種	順位全体	業種	会社名	金額(千円)	件数	期数	順位業種	順位全体	業種	会社名	金額(千円)	件数	期数
1	62	1	上海紡績	3,560	17	13	16	346	1	仁豊紡績	264	1	1
2	76	2	膠澳電汽	3,084	6	4	17	360	1	日華紡織	253	2	2
3	83	1	同興紡織	2,868	8	6	18	362	4	膠済鉄道	249	1	1
4	96		宋子文	2,441	7	3	19	372	1	公大第6廠	230	1	1
5	98	1	永安紡績(上海)	2,354	4	4	20	374	13	支那海軍	226	1	1
6	109	8	蒙彊電業	2,095	5	1	21	390	10	青島埠頭	204	1	1
7	124	1	申新紡績	1,742	2	2	22	425	10	人福公司	164	1	1
8	189	1	上海紡織	831	3	2	23	436	14	青島電話局	150	1	1
9	203	1	予安紡績	734	1	1	24	444	1	鐘紡公大	145	1	1
10	204	13	中華民国海軍部	731	1	1	25	458	14	北京軍特務部	136	1	1
10	204	14	南京鉄道部	731	1	1	26	464	1	恒豊紗廠	129	1	1
12	209	1	豊田紡織廠	713	1	1	27	501	13	中華民国国民政府	103	1	1
13	307	1	裕豊紡績	337	1	1	28	555	14	上海中央信託局	65	1	1
14	312	4	北寧鉄路(天津)	322	1	1	29	566	2	膠澳電気公司	61	1	1
15	333	10	西北実業公司(天津)	281	2	2				計 29	25,203	78	61

表3-31　その他海外所在の売約先

順位業種	順位全体	業種	会社名	金額(千円)	件数	期数	順位業種	順位全体	業種	会社名	金額(千円)	件数	期数
1	9	13	シャム政府	21,948	3	3	10	340	10	オツブルマン	273	1	1
2	30		Kanumu	6,600	2	1	11	376	5	ボルネオ油田組合	220	2	2
3	56	13	シャム海軍	3,859	8	4	12	383		バグナル(京都電灯)	212	1	1
4	73	13	ソ連通商代表部	3,141	7	2	13	412		Filatura Dunorea S.A.R	176	1	1
5	89	13	シャム国防省	2,745	1	1	14	426	9	モーソン商会(大阪扱)	163	2	2
6	106	13	シャム国鉄道省	2,188	5	1	15	518	14	新嘉坡市役所	95	1	1
7	173	1	シャム土木局	948	1	1	16	536	8	F.L.スミス	78	1	1
8	294	1	ダヌピオ	360	1	1				計 16	43,351	38	27
9	304	10	ラシミミル	345	1	1							

きかったことを意味している。特筆すべきはシャム関係で全体の七割(三一六九万円)を占め、シャム政府名義には一件一八八一万円の超大口売約が含まれていた。政府、海軍、国防省、鉄道省、土木局など物産がシャムに深く食い込んでいた様子が興味深い。Kanumuは国籍不明であるが、内容は圧延機・プレスで、二件であるが多額の発注である。また、ソ連通商代表部からは起重機船・石炭積卸船・曳船・クレー

第三章　昭和戦前期の機械取引

表3-32　所在不明の売約先

順位 業種	順位 全体	業種	会社名	金額(千円)	件数	期数	順位 業種	順位 全体	業種	会社名	金額(千円)	件数	期数
1	114	5	魯大鉱業	1,926	4	2	6	414	1	銃益紡績	174	1	1
2	156	不明	興中公司	1,239	3	2	7	444	不明	長項築港事務所	145	1	1
3	275	1	嘉豊紡績	420	1	1	8	501	不明	?公司	103	1	1
4	307	5	山都鉱業	337	1	1	9	510	不明	?基邑	100	1	1
5	390	1	印染公司	204	1	1	計 9				4,648	14	11

ン・鋼管などで、機械部ではソ連から受注できたことを喜んでいた。それ以外はタヌピオ、ラシミミル、Filaturaはいずれも精紡機、オッブルマンは双眼鏡磁石、ボルネオ油田組合は油井掘削機・継目無鋼管、パグナルは変圧器、モーソン商会は砥石原料、F・L・スミスはローラーおよびベアリング、新嘉坡市役所は鋳鉄管であって、兵器軍用品はなく、金額も小さかった。海外はソ連を除けば、東南アジアと推測される。

なお、中国と想像されるが、所在地が特定できないものは表3-32の通りで、多くが鉱業、紡績企業である。

(1) 因みに戸畑鋳物の販売権は三井物産、三菱商事、日立製作所へと転々と移っている。正確にいえば、三菱商事は戸畑鋳物が安治川鉄工所を合併したときに一手販売権を獲得し、七年には戸畑鋳物の満州、朝鮮、台湾における戸畑鋳物の販売権も三井物産から引き受けた。しかし戸畑鋳物は国産工業と改称し、一二年には日立製作所に合併され、一三年以降販売は日立の直売となって商事の一手販売権は消滅したのである《立業貿易録》二七〇、二七二頁)。

(2) 上海紡績、上海紡織については疑問がある。いずれも記載通りに計算したが、「上海紡」も上海紡織に含めてある。しかし『株式年鑑』には上海製造絹糸はあっても上海紡績、上海紡織共になく、『帝国銀行会社要録』では上海紡織はあっても上海紡績はない。記載が不統一で、すべてが上海紡織なのかもしれない。また、「公大第六廠」は上海製造絹糸(鐘紡系)の一部であり、「鐘紡公大」も同様と思われるが、原文のままとした。

(3) 「膠澳電汽」「膠澳電気公司」の後者は一回だけ登場し、その後は前者ばかり登場する。発註内容はいずれも汽罐・発電機であり、同一会社かもしれない。

表 3-33　海軍売約高の品目別
（単位：千円）

	商　品　種　類	件　数	金　額
1	中島飛行機製品	4	89,384
2	飛行機機体及部品	20	38,228
3	同発動機及部品	16	14,141
4	砲熕	10	7,758
5	潜水艦関係	14	5,108
6	探照灯・羅針儀	17	3,845
7	格納庫等	19	4,727
8	諸装置	13	2,930
9	機械類	11	2,300
10	電線・金物	20	5,934
	その他	9	3,646
	計	153	178,001

（4）「中華民国海軍部」と「支那海軍」とがあるが、前者が正式名称、後者が俗称ではないか。

3　契約内容

(1) 超大口先の事例

判明した売約先は五八九に及ぶので、その内容をすべて説明するわけにいかない。そこで象徴的な超大口先をいくつか挙げて、内容を検討してみよう。

① 海軍・陸軍の事例

本章で最大の売約先は海軍であって、累計金額は一億七八〇〇万円、一五三件であるが、紙数の関係上全件を紹介できないので、まとめた傾向を指摘しよう。表3-33は売約高を品目別に整理したが、「中島飛行機製品」とあって内容不明が八九三八万円（五〇・二％）もある。「飛行機機体及部品」のほとんどは機体であり二一・五％、「飛行機発動機及部品」もほとんどが発動機であって七・九％を占め、両者で約三割となる。大正期では完成した輸入機がかなりあったが、本章の時期では国産機生産が進行し、それらは機体、発動機別に海軍と契約され、右の分類となる。

中島飛行機製作所は昭和六（一九三一）年一二月に中島飛行機㈱となり、九年に群馬県太田に大規模な新工場を建設するが、三井物産が販売代理店契約を結んだのは九年四月であった。「事業報告書」には一〇年下期に初めて「主ナル売約ハ中島飛行機製品ニシテ陸海軍及民間向総計一〇、二九八千円」という記載が出てくる。一一年上期も「中島

表 3-34　海軍売約高の納入業者別

(単位：千円)

	納入業者	件数	金　額	商　品　種　類
1	中島飛行機	4	89,384	
2	巴組鉄工所	18	4,434	格納庫，建物他
3	三井物産造船部	7	3,398	水雷艇，掃海艇他
4	日本製鋼所	9	2,924	金物，爆弾他
5	芝浦製作所	8	1,187	ターボブロワー用電動機他
6	ケロッグ	1	1,184	石油蒸留装置
7	石川島，新潟鉄工他	4	1,065	起重機，雑種機械諸口
8	電業社	1	612	金物組立方890個
9	藤倉，東京電気	2	446	電線及電球他
10	藤倉電線	2	394	電線
11	Babcock &W	1	170	汽罐2缶
12	東洋バブコック	1	152	汽罐設備2缶
13	米国製	1	116	工作機械諸口
14	日本バルブ	1	103	バルブ5個
15	ハイドリック（独）	1	80	フォージングプレス及モーター
16	G.E.	1	80	溶接装置用品類
	不明	91	72,272	飛行機機体，発動機，部品他
	計	153	178,001	

製品ノ軍部並民間向受註一一〇〇万円」とあり、まだ海軍だけの金額は不明である。海軍が明示されているのは昭和一一年下期四七六万円、一二年上期一三三〇万円、一三年下期四二八五万円、一四年上期二八四七万円だけで、一二年下期は陸海軍二〇〇〇万円、一三年上期は海軍・民間向一三八三万円とあり、これら分離不可能な期に含まれている海軍向けを加えると二億円を超えると推測される。そして「中島製品」はすべてが機体、発動機とみて大過なかろう。

右記の機体売約（三八二三万円）には、艦上戦闘機、水上偵察機、水上練習機（四一六万円）などと記載されているもののほか、「内地製飛行機機体・発動機」の表示が一九九四万円であり、いずれも製造業者は不明であるが、国産機依存が進んでいたことを示している。

海軍向けは飛行機に次いで砲熕（軍艦に搭載する艦砲関係）、潜水艦関係（主に蓄電池基板）、代理店契約を結んでいる東京計器製の探照灯、

表3-35 海軍の売約先名

(単位：千円)

売約先名義	売約額	件数	期数
海軍	106,181	13	8
海軍省	46,875	72	21
海軍艦政本部	918	3	1
海軍監督官	116	1	
海軍航空本部	4,228	7	3
海軍航空廠	250	1	
海軍技術研究所	80	1	
海軍要港部	110	1	
海軍横須賀工廠	1,435	6	3
海軍横須賀航空廠	764	2	1
海軍横須賀火薬廠	118	1	
海軍横須賀建築部	1,882	8	4
海軍呉工廠	10,574	15	9
海軍呉建築部	1,709	4	2
海軍工廠（舞鶴，呉）	756	3	2
海軍舞鶴経理局	321	1	
海軍舞鶴要港部	459	4	3
海軍広工廠	54	1	
海軍佐世保建築部	580	4	3
海軍佐世保工廠	217	3	2
海軍大湊	374	2	1
合計	178,001	153	

羅針儀は直接的軍用品であって、一割弱を占める。また、代理店契約の巴組鉄工所製の格納庫、海軍工廠で使用する装置・機械や電線金物もあり、飛行機以外の商品で約二割、いかに飛行機が多いかが分かる。

表3-34は納入業者別であるが、中島飛行機と明示されたもののみで五割を占め、不明七二三七万円（約四割）にもかなり中島飛行機が含まれていると思われ、中島は単独で海軍における特異な存在であったといえよう。探照灯は明示されていないが東京計器とみてよく、砲煩、潜水艦関係の納入業者は不明、したがって同表で表示できたものは、格納庫の巴組鉄工所、小艦艇建造の物産造船部（玉造船所）、金物・爆弾の日本製鋼所は一万噸プレスを擁し、巨大砲身も可能であったから、砲煩の納入業者でもあったろう。表3-35は名義別に整理したものであるが、単に「海軍」としか表示されていない場合が六割に及ぶ。おそらく具体的な発注部局があると想像されるが、内訳は不明のま

なお、海軍の巨額の売約高は、種々の名義に分かれている。日本製鋼所以外は少額である。

表3-36 陸軍売約高の品目別
（単位：千円）

	商品種類	件数	金額
1	中島飛行機製品	2	7,808
2	飛行機機体及部品	16	34,646
3	同　発動機	9	8,416
4	同　関連品	5	647
5	銃器	4	1,187
6	探照灯・照明機	27	7,877
7	諸装置	4	992
8	機械類	4	555
9	建物	5	779
10	その他	7	1,559
	計	83	64,466

までである。海軍省名義が次いで多く（二六％）、本省傘下の部局名義まで含めると約三割となる。当然、機械部としては本部自身ないし東京支部が海軍ないし海軍省と折衝して受注するから、店部別にみれば東京の売約高に大きく貢献するであろう。海軍工廠名義もあって、各地の支店等が受注しているが、呉工廠が最も多額である。工廠自体だけでなく、建築部、火薬廠、航空廠、経理局、要港部等の部局名義もあり、物産が広く海軍部内に食い込んでいたことを示している。

次に陸軍であるが、表3-36にみる通り陸軍でも売約内容の大部分を飛行機機体、発動機、関連品が占めている（四三七一万円、六八％）。中島飛行機製品の七八一万円を加えると八〇％であり、中島製品は業者不明分にも含まれているし、海軍で触れたように陸軍分が分離できないために同表から除外された分も多額にあるので、実際には中島分はかなり過小表示されていると思われる。ただし、前述のように昭和一二年下期「考課状」によれば「今期ヨリ陸軍航空本部ガ内地製品ノ商社代理制ヲ廃スルコト」となって、中島製品は物産の手を離れたから、同表はそれ以前の陸軍売約に限定されていることに注意しなければならない。因みに三菱重工業等の製造分も商社経由でなく、直接納入であった。

飛行機以外では探照灯・照明機が多いが、探照灯は陸軍でも東京計器製を採用したから、表示はないがおそらく同社であろう。陸軍分ではなぜかほとんど納入業者の表示を欠いており、判明したのは鉄骨建物の巴組鉄工所、機械類の外国メーカーぐらいである。

なお、陸軍でも売約名義はいくつかに分かれ、「考課状」記載の通りに表3-37は作成したが、厳密にいえば正式名称を検証すべきであろう。ここでも単に「陸軍」の表示が最多であるが、「陸軍

表3-37 陸軍の売約先名
(単位：千円)

売約先名義	売約額	件数	期数
陸軍	21,352	13	5
陸軍航空本部	18,505	29	11
陸軍航空本部他	7,321	2	2
陸軍航空本部補給部	8,165	2	1
陸軍航空本廠	835	5	2
陸軍兵器本廠	4,641	15	9
陸軍造兵廠	741	2	2
陸軍造兵廠大阪工廠	313	1	1
陸軍工廠	102	1	1
陸軍築城本部	1,469	7	6
陸軍臨時東京経理部	499	4	2
陸関東軍経理部	523	2	2
合計	64,466	83	

(1) たまたま一五年上期に海軍向け三三〇〇万円の記載があったが、全体的考察が可能なのは一四年上期までなので、表3-33には含めていない。

(2) 三菱商事は三菱重工業等の生産した航空機、戦車の販売については次のように述べ、商事の取扱いでなかったことを明らかにしている（『立業貿易録』第六章航空機及兵器）。

「我社の航空機（機体、発動機、付属機械）取引は大正末期から昭和初期に於て最も高調に達し、其後は却て低調となった。……国産化の進歩により三菱航空機（三菱重工）と陸海軍との直接取引が増加し、商事会社介入の余地が減退したからである」（一三七頁）

いずれにせよ陸軍でも、売約名義が多様であり、当然ながら部局によって発注内容はかなり異なっていたのである。因みに海軍工廠では右のような生産設備の発注はほとんどみられなかった。ただし生産設備の調達額は飛行機関係と比較すれば遙かに少額である。

省」のことなのか内容不明である。「陸軍」「航空本部」が機体、発動機を中心に飛行機関係の調達にあたり、発注金額も多額であって、前述のごとく陸軍全体の中で大きな比重を占めている。兵器本廠は探照灯・機関銃・発電自動車など、築城本部は主として探照灯、臨時東京経理部は巴組鉄工所製格納庫・鉄骨建物のごとく、これらもいわば完成品の調達であるのに対し、造兵廠関係はいわゆる生産設備の調達であった。たとえば造兵廠は硝酸装置や金属押出機、同大阪工廠は超硬工具であり、陸軍工廠は芝浦製電気炉、航空本廠が主に外国製工作機械という具合である。ただし生産設備の調達額は飛

② 満鉄の事例

第二の超大口先であり、最多件数を持つ満鉄の売約高品目別は表3-38の通りである。鉄道会社である満鉄らしく車両、同部品、同関連品が圧倒的な比重を持っている（七〇九二万円、五三％）。軌条・継目板、橋桁で三三七六万円（二五％）、これも鉄道運営に直接関係ないものがかなり含まれていることに注目しなければならない。すなわち、炭砿経営にともなう巻揚塔・選炭設備など、硫安装置、微粉炭燃焼装置、電気集塵装置、真空蒸留装置、電気弧光炉、硫化鉱燃焼炉、瓦斯濾過器、汽罐などの諸装置、起重機、ダンプカー、電気ショベルなど多岐にわたっている。また昭和製鋼所諸機械一式を同社名義で発注もしている。

したがって納入業者も表3-39のごとくにぎやかである。すなわち、車両では芝浦が若干あるが、日本車輌の名はみえない。車両部品では車輪・外輪・車軸で住友金属工業とその前身である住友製鋼所が圧倒的なシェアを持つ（二三五四九万円、二七％）、車両関連品である機関車用ボイラーチューブの住友伸銅鋼管（昭和一〇年住友製鋼所と合併して住友金属工業）、満州住友鋼管（両者で四〇七万円）まで含めると、住友系だけで三九五六万円

表3-38 満鉄売約高の品目別
（単位：千円）

	商品種類	件数	金額
1	車両	42	27,337
2	同 部品	39	22,626
3	同 関連品	50	20,958
4	軌条・継目板等	11	27,212
5	橋桁	16	6,550
6	諸装置	29	12,401
7	電気機械	13	3,554
8	その他	49	13,190
	計	249	133,828

「重工は戦車に関しては外国の製作権を購入せず、自己の設計により製作した」「戦車は三菱重工業としては艦船、飛行機に次ぐ重要製作品であるが、之も亦商事を経由せず直接軍と契約せられた」（二四九頁）

表3-39 満鉄売約高の納入業者別

(単位：千円)

	納 入 業 者	件数	金額	商 品 種 類
1	日本車輛	32	24,132	機関車, 客車, 貨車他
2	住友金属工業	24	18,330	車輪, 外輪, 車軸他
3	住友製鋼所	37	17,163	客車貨車用ドラフトギヤー325個
4	日本製鉄	5	13,390	軌条及継目板, 鋼板
5	東洋バブコック	8	5,092	汽罐, スチームパイピング
6	横河橋梁	11	4,997	橋桁, 上路桁板他
7	八幡製鉄所	1	3,274	40キロ軌条及継目板38516トン
8	満州住友鋼管	8	2,806	機関車用ボイラーチューブ
9	石川島造船所	12	2,619	起重機, 橋桁, 上路桁板
10	芝浦製作所	8	2,347	デイーゼル電気機関車, 変圧器他
11	藤倉電線	11	2,314	電線各種
12	スタンダードフォージング	5	2,066	貨車用車軸
13	住友機械製作所	4	1,282	龍鳳坑選炭設備他
14	住友伸銅鋼管	5	1,260	機関車用ボイラーチューブ
15	エレクトロケミスク	1	731	エレクトロード特許料
16	ベツレヘム	1	676	機関車用車輪車軸, 軌条受
17	レミングトンゴールド	1	662	貨車用ジャーナルボックス20800個
18	コットレル組合	3	658	電気収塵収酸装置
19	東洋キャリア	2	349	列車空気調節装置
20	大同製鋼	1	346	電気弧光炉6台
21	デマーグ (独)	1	329	龍鳳坑巻揚塔
22	戸畑鋳物	1	296	客車用鋳鉄品
23	クルップ (独)	1	283	機関車測定装置
24	ケロッグ (米)	1	259	パイプスチル一式
25	湯浅蓄電池	1	234	電池諸口
26	日本パイプ	2	223	コンジットチューブ
27	日本バルブ	1	210	ゲートバルブ
28	ズルザーブラザース	1	188	デイゼル機関4台
29	大華窒素	1	186	碍子60万個
30	日産化学	1	168	硫化鉱燃焼炉4基
31	発動機製造	1	140	機関車用ストーカー4口
32	奉天製作所	1	129	電気起重機7台
33	アメリカンロコモーチブ	1	123	機関車用主台枠28個
34	京三製作所	1	103	信号材料
35	横河・石川島	1	82	橋梁
36	大阪機械	1	75	揮発油タンク2基
37	島本鉄工	1	62	練炭機3台
38	不明	51	26,246	軌条及継目板ほか
	計	249	133,830	

(三〇%)となり、満鉄最大の納入業者である。外資系が何社か車両関係で納入しているが、合計しても判明した限りでは三一六万円に過ぎず、満鉄における国産品使用は徹底している。逆にいえば、住友系製品、日本車輛の圧倒的優位が確立していたのである。

車両以外になると、軌条・継目板で日本製鉄が一三三九万円（一〇%）で、独占的地位を持ち、住友系、日本車輛、日本製鉄が物産を通じての納入業者において御三家をなした。さらに汽罐での東洋バブコック、橋桁等の横河橋梁、起重機・橋桁の石川島、ディーゼル電気機関車・電気機械の芝浦、電線の藤倉と続くが、住友機械が龍鳳坑選炭設備を納入しているのも目立つ。要するに、満鉄売約内容のメインはもちろん車両関係であるが、幅広い事業を反映して納入業者も多岐にわたっているのが興味深い。

因みに第一〇回支店長会議（昭和六年）の席上、津久井大連支店長が満鉄取引の実状を披露しているが、生々しい裏話なので参考までに加えておこう。

「近来満鉄ハ頗ル消極的トナリ、鞍山、撫順ノ拡張ハ取止メラレ従テ商売非常ニ困難トナレリ又其傍系会社ニ於テモ万事消極的ノトナリ、昭和製鋼ノ如キモ一頓挫ヲ来シ益々以テ商内ハ苦シキ一方ヲ辿リツ、アルナリ、尚聊カ政党関係ノ問題ニ触ル、モ、満鉄モ御多分ニ洩レズ民政系ノ人々ニハ其主要ナル椅子ヲ占メラレ居ル関係カアラヌカ、兎角吾々ノ出ス見積ノ内容筒抜ケニ洩レル事アリ、為メニ見積ヲ出スニサヘ一通リノ苦心ニハ非ザルナリ、尚此外満鉄内部ニ於ケル移動ノ関係ナルヤモ知レザレド頗ル遣リ難キ事アリ、即チ理事トカ又ハ購買ノ衝ニ当レル用度ノ人々トノ連絡頗ル円滑ヲ欠ケルガ如ク、為メニ吾々其間ニ処シ大ニ麻胡ツク事アリ、其労苦一通リニ非ズ、又機械商内ハ得意先ノ計画ヲ根本的ニ不断接触研究シ可成早ク探知スル事必要ナリ、夫レニハ不断接触研究シ可成早ク探知スル事必要ナリ、……右ニ就キ鞍山、撫順等ニ二人ヲ置キ断ヘズ得意先ニ接触セシムル事必要ナルヲ以テ此点大ニ努力シ居ル次第ナリ、ムル事ハ望マシキ事ニ相違無キモ、人手ト経費ノ点アルヲ以テ目下考慮中ナリ」（同議事録、一二三頁）

表3-40　日本製鉄売約高の納入業者別

順位	納入業者名	件数	金額	商品種類	納入先
1	石川島造船所	20	12,454	圧延設備部分品，橋型起重銀他	日本製鉄
2	デマーグ	7	8,130	ブルーミングミル及シートバーミル他	八幡製鉄所
3	芝浦製作所	7	8,007	鋼板ロール機用電気設備他	日本製鉄
4	ユナイテッドエンジニアリング	2	4,912	ローリングミル，ロールベアリング	日本製鉄
5	東洋バブコック	8	3,560	汽罐，パイピング他	日本製鉄
6	日本バルブ	5	1,522	バルブ，炉壷金具	日本製鉄
7	東洋バブコック，石川島・芝浦	1	1,276	ボイラー2缶，1万KWターボ発電機	日本製鉄
8	石川島芝浦タービン	1	652	ターボ発電機2台	日本製鉄
9	若津鉄工所	5	640	焼鈍用電気炉装置他	日本製鉄
10	コットレル組合	2	276	コットレル装置	日本製鉄
11	守谷商会	1	226	鉱石秤量車	日本製鉄
12	藤倉電線	3	207	電纜	八幡製鉄所
13	ファーレルバーミンガム	1	196	ロールグラインダー	日本製鉄
14	ラストン	1	193	デイゼルエンジン及発電機予備品	日本製鉄
15	富士電機製造	1	181	圧延機用モーターローラー	日本製鉄
16	三井物産造船部	1	145	蒸気曳船	日本製鉄
17	ウオーシングトンポンプ	1	139	除却装置	日本製鉄
18	三井鉱山	1	132	飛塵用コットレル装置	日本製鉄
19	増成動力工業	1	111	汽罐据付	日本製鉄
20	日本製鋼所	1	79	減速歯車装置	八幡製鉄所
	不明	9	2,137	700トン溶鉱炉ほか	日本製鉄
	計	79	45,175		

③ 日本製鉄の事例

同社の売約は、満鉄とは異なり鉄鋼会社らしい内容である。表3-40は納入業者を示しているが、四五一八万円、七九件という多額にしては単純に近い。すなわち、圧延設備は著名メーカーである独デマーグ、米ユナイテッドエンジニアリングからの輸入であり、高価な大型設備である（両者で一三〇四万円）。石川島は圧延関連設備、芝浦は同電気設備を受け持ち（両者で八一二三万円）、さらに石川島は起重機、巻揚機、鋳入機、ターボブロワーなど得意分野の受注で合計二〇件にもなり、芝浦は発電機、高周波電気炉も受注していた。汽罐は東洋バブコックが主で、発電機は芝浦、石芝タービン、それ以外は少額の売約が並んでいる。

④ 大日本紡の事例

同社は紡績業では最大の売約先であり、二四七八万円、五〇件であるが、売約内容は比較的単純

表3-41 大日本紡売約高の品目別

(単位：千円)

	商品種類	件数	金額
1	精紡機等	8	6,712
2	自動織機等	13	7,012
3	リングフレーム	7	2,772
4	スピンドル及リング	3	421
5	梳棉機，仕上機，ガッシングフレーム他	13	6,383
6	汽罐，発電機，モーター	4	1,203
7	タブラースピンドルコンプリート6.5万個，キャリア装置	2	277
	計	50	24,780

表3-42 大日本紡売約高の納入業者別

(単位：千円)

順位	納入業者	件数	金額	商品種類
1	豊田自動織機	10	6,158	自動織機，リングフレーム他
2	豊田式織機	13	4,735	精紡機，織機，リングフレーム他
3	豊田式織機・豊田自動織機	1	4,208	紡績機械12口
4	豊田自動織機・木下鉄工所	1	2,309	織布機械7口
5	石川島芝浦タービン	2	540	発電原動機
6	東洋バブコック	1	445	汽罐3台他
7	梅田製鋼所	2	280	スピンドル及リング他
8	芝浦製作所	1	218	ポットモーター他
9	木下鉄工所	1	216	仕上機械他
10	東洋キャリア	1	152	キャリア装置他
	不明	17	5,519	精紡機他
	計	50	24,780	

である。表3-41は品目別に整理したものであるが、精紡機のみならず自動織機の増設を推進している。両者（一三七二万円）は全体の五五％を占めるが、リングフレーム、スピンドル及リングの件数も少なくなく、梳綿機、仕上機のような関連機械もかなりある。汽罐・発電機に象徴される動力源の投資は少ない。

注目すべきは表3-42にみる納入業者である。精紡機・自動織機のメーカーは豊田自動織機、豊田式織機の二社にほぼ限られ、輸入機は一切ない。沼津毛織など僅かな例外があるが、こ

表3-43 日本窒素肥料売約高の品目別

(単位：千円)

	商　品　種　類	件数	金　額
1	汽　　罐	1	200
2	発　電　機	11	10,681
3	タ　ー　ビ　ン	6	4,311
4	変　圧　器	17	8,103
5	変　流　機	7	4,657
6	モ　ー　タ	4	827
7	索　　道	3	624
8	そ　の　他	20	2,333
	計	69	31,736

の傾向は他の紡績・紡織会社でも同様であって、国産機に全面的に依存する時代になったのである。汽罐・発電機は通常のように東洋バブコック、石芝タービンであり、スピンドルの梅田製鋼所、木下鉄工所の仕上機械はほかでもみられる。

（1）沼津毛織は昭和九年四月期に精紡機、練条機、撚糸機（一四万円）を、新興人絹もウーステッドマシナリー一〇万円を、上海紡が八年四月期に紡機八万円を、一二年一〇月期伊丹製絨所がウーステッドプラント（一二万円）をそれぞれプリンススミス社から輸入し、沼津毛織は九年四月期にプラット社からも梳綿機（一一万円）を輸入した記載がある。なお、サイクス社からの針布の輸入は例外的に戦時体制まで続いている。

⑤　日本窒素肥料

最後に化学工業の最大手、朝鮮に進出した日本窒素肥料を表3-43にみよう。同社事業が朝鮮に展開し、電力依存の体質から発電所の建設に巨額を投じた。したがって同表では、売約高の中で発電機、タービン、変圧器、回転変流機など電力関連が圧倒的な比重を占めている（二七七五万円、八七％）。その他の中にはバルブ、碍子、高周波電気炉、周波数変換機、電気ショベル、起重機など種々の商品が含まれているが、合計しても僅かであった。納入業者を表3-44でみると、芝浦製が圧倒的な比重を占め（六三二％）、電業社、石川島を含めた三社では二四八八万円に達し（七八％）、日立は無関係であった。日本窒素は三井物産を通じ芝浦のよい顧客であったといえる。

表3-44 日本窒素肥料売約高の納入業者

(単位：千円)

順位	納入業者名	件数	金額	商品種類
1	芝浦製作所	36	19,973	発電機・変圧器・変流機他
2	芝浦・電業社	1	2,948	水車発電機
3	石川島造船所	4	701	タービン・クレーン
4	安全索道	3	620	各種索道
5	電業社	6	566	ゲートバルブ，バルブハウス
6	石川島芝浦タービン	2	526	ターボ発電機
7	日本碍子	3	519	懸垂碍子
8	東洋バブコック	1	200	汽罐
9	芝浦・石川島	1	170	ターボ発電機
10	ピザイラス	1	132	電気ショベル
11	加藤製作所	1	62	ガソリン客車
	不明	10	5,319	変圧器・変流機・タービン他
	計	69	31,736	

⑥ 納入業者全体の売約高ランキング

それでは機械部全体でみた大口納入業者は誰であったのか。売約内容が判明した二九三〇件のうち、納入業者まで記載されているのは「考課状」だけであり、その「考課状」も前述のように入手できたのは昭和七年下期以降の一〇期分に限定される。したがって不明分九七〇件を除いた一九六〇件についての考察であって、準戦時体制以降であることに留意しなければならない。その合計社数は三一六であるが、複数会社の共同は別扱いとしているので、正確に三一六社あるわけではない。表3-45はそのうちの上位一〇〇社である。

第一に、何といっても最大は中島飛行機の一億六五八〇万円（全体の二二・一％）で、納入先不明分が判明すれば二億円以上と推測され、他社とは隔絶している。「考課状」では、同社の場合決算期ごとに一括され、それを一件と計算したので、売約額が確認できた決算期の数だけ一二件となっており、他社と件数の比較はできない。

第二に、芝浦製作所が件数で断然多く（二六六件）、金額も八四九九万円（六・二％）で第二位を占める。電業社と組んで

の受注も多く（二九八八万円）、石川島と合弁の石川島芝浦タービン（二一〇九二万円）まで視野に入れると、それぞれ半分のシェアと仮定すれば芝浦の実態は一億一〇三九万円（八・〇％）と計算できるから、諸企業の工場新設、増強に深くかかわっていた。すなわち民需では芝浦が最大の売約金額ということになる。もちろん重電機が中心で、軍需の中島飛行機以外は日立だけでなく、芝浦の独占であった。競争相手の日立製作所は二件一三二万円、芝浦・日立共同が一件一八万円があるが、物産機械部富士電機製造一件一八万円、三菱電機一件一六万円、安川電機（零）のように同業者は無きに等しく、芝浦の独占であった。しかし昭和六年頃の芝浦には悪評もあったようである。

第三に、東洋バブコックも二二九件、八〇四八万円（五・九％）で、芝浦に次ぐ巨額である。同社がバブコックの汽罐を国産化するようになって、工場新設、増強で広く受注できたわけである。当然、三菱重工業や外国業者などと競合したであろうが、表3-45には現れておらず、東洋バブコックの独占と思われる。

第四に、石川島造船所も一〇六件、四六九一万円（三・四％）で第四位を占めるが、得意とする起重機類、起重機船、運搬機械を含む）が多く、発電機、タービン、圧延設備、各種装置類、砂金採取船（満州採金向）、橋桁など幅広い製品を売約していた。芝浦と親密な関係にあり、共同受注して仕事を分担する例も多く、合弁で石川島芝浦タービンさえ設立している。

第五に、日本車輛も七五件、三八〇一万円で、三井物産と深く結びついている。満鉄向けで多額の受注があったことはすでにみたが、朝鮮鉄道局、台湾総督府鉄道部をはじめ朝鮮・台湾からの受注が多く、日本内地鉄道は少ない。高額な機関車をはじめ、客貨車、電車、ガソリン車など車輛ばかりといってよい。

第六に、三井物産が販売代理店である豊田自動織機・豊田式織機も巨額である。両社を合計すると一八七件、七九五二万円となり、中島、芝浦、東洋バブコックに次ぎ実質第四位、石川島、日本車輛より多額である。まさに三井物産と深い関係といえよう。もはや外国製紡機・織機は輸入されず、豊田系が紡織業界に対し国産機械供給者として不

表 3-45 納入業者の売約金額ランキング

(単位：千円)

順位	納入業者名	件数	金額	順位	納入業者名	件数	金額
1	中島飛行機	12	165,798	53	Sohlomaum A.G.(独)	1	2,050
2	芝浦製作所	266	84,985	54	クルップ(独)	5	2,015
3	東洋バブコック	129	80,475	55	コットレル組合	14	1,978
4	石川島造船所	106	46,912	56	日本木管	11	1,973
5	日本車輛	75	38,007	57	日本バルブ	9	1,957
6	豊田式織機	98	37,218	58	大同製鋼	6	1,900
7	豊田自動織機	86	36,810	59	日本カーボン	9	1,874
8	東京航空計器	7	29,921	60	萱場製作所	1	1,752
9	芝浦・電業社	8	29,880	61	ブラード	8	1,679
10	住友金属工業	63	26,564	62	デュポンドヌモア(米)	4	1,622
11	石川島芝浦タービン	35	20,917	63	ルールケミー(独)	2	1,606
12	日本製鉄	31	19,544	64	日本製鉄他	3	1,534
13	デマーグ(独)	19	18,036	65	東洋針布	6	1,512
14	ユナイテッドエンジニアリング(米)	11	16,496	66	G.E.(米)	5	1,505
15	住友製鋼所	25	12,287	67	ケロッグ(米)	2	1,443
16	三井物産造船部	13	11,358	68	三機工業	5	1,442
17	巴組鉄工所	60	10,218	69	シンシナチ，ミリング(米)	3	1,302
18	横河橋梁他	27	9,610	70	ミッテルドイッチェ(独)	1	1,300
19	F.L.スミス(丁抹)	16	8,925	71	電業社	9	1,294
20	藤倉電線	49	8,810	72	ノルトン(米)	9	1,282
21	ハインリッヒコッパース(独)	11	7,515	73	木下鉄工所	10	1,180
22	ヒドロリック	9	6,669	74	ハズレットメタル(米)	3	1,160
23	日本製鋼所	22	6,275	75	リュージ	1	1,120
24	湯浅蓄電池	12	5,891	76	アメリカンメイク(米)	5	1,110
25	ゼーダーバーグ組合(独)	4	5,834	77	大阪鉄工所，横河橋梁他	1	1,108
26	米国製	17	5,678	78	播磨造船所	1	1,091
27	Didier Werke(独)	1	5,592	79	デマーグ・芝浦	1	1,087
28	豊田式織機・豊田自動織機	3	5,493	80	栗本鐵工所	5	1,086
29	安全索道	27	5,458	81	Babcock & W	3	1,084
30	八幡製鉄所	9	5,082	82	日本エヤーブレーキ	4	1,082
31	ワーナー(米)	19	4,902	83	アジャックス	4	1,001
32	カーネー&トレッカー(米)	18	4,473	84	プリンススミス	8	999
33	増成動力工業	16	4,403	85	ウエスターン(米)	1	980
34	サイクス(英)	15	4,195	86	住友伸銅鋼管	4	963
35	東洋バブコック，石川島及芝浦	4	4,161	87	竹中工務店	1	948
36	田中機械	11	3,726	88	荏原製作所	6	925
37	石川島及芝浦	17	3,629	89	フェロスタール	4	914
38	梅田製鋼所	15	3,537	90	デットノルスケ，田中機械，三機工業他	1	900
39	満州住友鋼管	9	3,080	91	米，スイス，山武，唐津他	1	885
40	日本碍子	12	2,882	92	ズルツアー(スイス)	5	874
41	藤永田造船	1	2,745	93	バマーグ・メグイン	2	856
42	住友機械製作所	9	2,646	94	独逸製	5	832
43	神戸製鋼所	5	2,575	95	デットノルスケ(諾威)	2	831
44	レアーリクイド(仏)	3	2,562	96	日本パイプ	5	830
45	モンサントケミカル(米)	17	2,548	97	Univ. Oil Produce	1	804
46	アウグストクローネ(独)	2	2,395	98	ナショナルサプライ他	2	800
47	酒井鉄工所	7	2,380	99	ワーナー及カーネー他	2	797
48	メーヤ	2	2,355	100	ベツレヘム(米)	3	796
49	豊田自動織機・木下鉄工所	1	2,309		1-100位計	1,647	900,253
50	日本製鉄・神戸製鋼所	1	2,272		101-316位計	312	55,716
51	ルルギ(独)	3	2,091		不明	971	418,119
52	スタンダードフォージング(米)	5	2,066		合計	2,930	1,374,088

動の地位を確立していたのである。単に精紡機や自動織機だけでなく、関連する繊維機械、装置、部品まで納入していた。

第七に、他の繊維機械業者とも住友金属工業とも物産機械部は親密であった。その前身の住友製鋼所・住友伸銅鋼管、満州に設立の子会社満州住友鋼管を含めた住友金属系は一〇一件、四二八九万円となり、日本車輛を抜いて実質第六位であった。すでに述べたように車輪、外輪、車軸に代表される製鋼・鋳鋼品や、ボイラーチューブに代表される鋼管類が得意で、台湾総督府鉄道部も若干あるが圧倒的に満鉄向けであった。

第八に、それ以外の国内業者で目立つのは、三井物産造船部（玉造船所）の小艦艇・船舶の建造、格納庫を得意とする巴組鉄工所、橋梁・鉄骨の横河橋梁、電線類の藤倉電線、索道専門の安全索道などを、金額はともかく物産と深い関係と思われる。

第九に、外国業者であるが、大正後半期に花形として登場していた繊維機械のプラット社、汽罐のバブコック社はもはや姿を消し、代わりに重化学関係の設備メーカー、工作機械のメーカーが登場している。以上を挙げれば次のようである。売約累計額四〇〇万円

デマーク（独）　　　　　各種圧延機、溶鉱炉関連、巻揚装置他　　一八〇四万円

ユナイテッドエンジニアリング（米）　各種圧延機　　　　　　　　　　　　一六五〇

F・Lスミス（丁抹）　　セメント機械、洋灰機械　　　　　　　　　八九三

ハインリッヒコッパース（独）　瓦斯発生炉、コークス炉、その特許料　　七五二

ヒドローリック　　　　フォージングプレス、金属水圧押出機　　　　六六七

ゼーダーバーグ組合　　ゼーダーバーグ実施権　　　　　　　　　　　五八三

ディディエルベルケ（独）　瓦斯ゼネレーター一式　　　　　　　　　　五五九

第三章 昭和戦前期の機械取引

ワーナー（米） ターレットレース 四九〇

カーネー&トレッカー（米） ミリングマシン 四七三

サイクス（英） 針布、カードクロージング 四二〇

右の一〇社のうち、針布専門のため繊維諸社から広く受注していたサイクス社は例外で、他の九社は重化学工業関連である。四〇〇万円以下でも、筆者が知っている著名大企業の名がみえるので、そのいくつかを受注商品を付して紹介してみよう（括弧内は売約累計額で、単位万円）。

モンサントケミカルの硫酸製造装置他（二五八）、レアーリクイドのクロード式アンモニア製造特許料他（二二五六）、アゥグストクローネの脱硫装置（二四〇）、ルルギの焙焼炉製作図・特許料（二一〇九）、クルップのローリングミル・プレス他（二〇二）、コットレル組合の集塵装置（一九八）、ブラードのターレットレース（一六八）、デュポンの化学製造特許（一六二）、G・Eの電動機他（一五一）、ケロッグの石油蒸留装置（一四四）、ノートン（研削材）の研磨機（一二八）、ツァイスのプラネタリウム（九四）、ベスレヘムの車輪車軸・軌条受（八〇）

ここでも化学工業が多数を占め、米・独企業がほとんどである。これら以外に数多くの外国企業名が登場して、物産の顔の広いことが窺える。

右記以外に、準戦時体制期までの九七一件、四億一八〇一万円の納入業者が不明であるが、もし判明すれば若干別な姿が出てくるかもしれない。右記は準戦時体制期以後の姿であることに留意しなければならない。

(1) 芝浦は、それ以外にも石川島、東洋バブコック、荏原製作所とも共同受注が多少ある。

(2) 第一〇回支店長会議では、物産から芝浦製作所社長に転出した平田を招き意見交換を行っている。その席上物産の高橋茂太郎小樽支店長は「芝浦ノ機械ハ頗ル値段高ク、甚敷キハ半分モ違フ事アリタリ、芝浦ノモノハ値段高キモ品質良ク納期モ亦正確ナリトノ振出ナリシガ、右ハ必ズシモ然ラザルガ如シ、現ニ最近水銀整流機ノ場合ニハ納期非常ニ遅レ若シ之ヲ表

向キ規定通リ処理セラルレバ多額ノ罰金ヲ課セラルベキ筈ナリシモ、種々運動ノ結果漸ク比較的僅カナル罰金ニテ事済ミタル次第ナリ」(同議事録、二二六〜七頁)と痛烈に批判した。これに対し平田社長は「支店長ノ頭ハ古シ、皆過去ノ事ノミヲ述べ居レリ、今芝浦ハ安クシテ良キ物ヲ製作シ居レリ、納期モ亦順調ニナリ居レリ、是レハ事実ナリ」(同、二二七頁)と反論した。平田は行き詰まっていた芝浦の再建に取り組んだが、「大阪ヨリノ日窒ノ三百五十万円ノ註文微リセバ芝浦ノ行詰リハ更ニ三年早ク到来シタリシナリ、幸此三百五十万円ノ御蔭ヲ以テ三年間持越シタルナリ、日窒ニテハ技術上ニ芝浦ヲ信頼シ呉レタルヲ以テ兎モ角モ註文獲得出来タル次第ニテ実以テ幸福ナリシナリ」ト回顧し、「昨年ハ多キハ五〇%、少キモ三〇%ノ値下ゲヲ断行セリ、然ルニ余リニ値下ゲシヲ以テ此度ハ同業者ニ於テ又値下ゲヲ為スニ至レリ」(同二二八頁)と推移を説明した。とにかく一時は芝浦製品の悪評があったことは事実である。

(3) 東洋バブコックと他社との共同は、芝浦、石川島、増成動力工業、三元工業、荏原製作所に少額ある。

(4) 巴組鉄工所は鉄骨組立の「ダイヤモンドトラス式」と呼ばれる建物を売り物にし、格納庫・倉庫などを多く受注し、併せて送電線鉄塔も多く取り扱っていた。

(2) 財閥・コンツェルン系の事例

それでは判明した売約先のうち、いわゆる財閥・コンツェルン系企業がどれだけ含まれていたかを検討してみよう。表3-46は系列別に整理したものであるが、その特徴をいくつか指摘しておこう。

第一に、三井物産は三井直系会社であるから、三井直系会社への売約は、すでに指摘したように三井本館建築にともなうものであり、三井財閥傘下の企業への売約額が大きいのはいわば当然といえよう。直系でも三井信託、東神倉庫は登場せず、三井鉱山と物産内部だけであった。さらに、三井合名への売約は件数も多く巨額であり、いわば特殊事情ともいえる。財閥内で最大の売約高であった。物産内部も意外に多額であって、その大部分は造船部名義、玉造船所名義であった。後者は前者に所属するので、両者は同一とみてよく、機械部から造船部

表 3-46　財閥等の傘下企業の売約高

(単位：千円)

会　社　名	金額	件数	期数	会　社　名	金額	件数	期数
三井合名	2,909	8	6	帝国製麻	459	2	2
三井銀行	631	2	2	安田系　　1社			
三井鉱山	37,341	83	17	浅野セメント	6,419	10	8
三井物産	27,675	70	28	日本セメント	839	3	3
三井直系　　4社	68,556	163	53	浅野系　　2社	7,258	13	11
王子製紙	2,725	6	5	本渓湖煤鉄公司	1,509	7	3
芝浦製作所	8,945	25	14	大倉系　　1社			
小野田セメント	2,605	13	9	川崎造船所	1,726	9	6
鐘淵紡績	7,457	26	16	川崎車両（東京扱）	857	7	5
台湾製糖	741	5	4	川崎航空機	310	1	1
大日本セルロイド	1,088	5	4	川崎系　　3社	2,893	17	12
東洋レーヨン	4,584	24	11	古河電気工業	3,884	6	6
東洋棉花（東棉紡織）	2,213	5	3	旭電化工業	144	1	1
日本製鋼所	6,644	13	7	古河系　　2社	4,028	7	7
北海道炭砿汽船	7,882	17	5	日本窒素肥料	15,108	40	12
三井傍系　　10社	44,884	139	78	同　　（長津江）	10,812	15	6
三機工業	2,970	14	10	同　　（旭ベンベルグ）	729	4	2
東京電気	1,700	8	6	同　　（鴨緑江水電）	2,056	1	1
満州小野田セメント	217	2	1	同　　（大豆化学工業）	248	1	1
関東州小野田セメント	1,438	6	3	同　　（朝鮮送電）	655	2	2
小野田洋灰	175	1	1	同　　（朝鮮窒素肥料）	2,128	6	3
鐘紡公大	145	1	1	鴨緑江水電	22,487	6	1
公大第6廠	230	1	1	朝鮮窒素肥料	1,853	2	1
高速機関工業	386	2	1	旭ベンベルグ絹糸	127	1	1
三井系その他　8社	7,261	35	24	日窒系　　4社	56,203	78	30
三井系合計　22社	120,701	337	155	戸畑鋳物	55	1	1
三菱商事	4,573	14	12	国産工業（旧戸畑鋳物）	105	1	1
三菱造船	1,850	8	5	日本鉱業	2,881	14	7
三菱鉱業	445	2	2	日立製作所	2,214	8	6
三菱重工業	382	1	1	日産自動車	1,001	6	4
三菱電機（神戸）	360	2	1	日産系　　5社	6,256	30	19
三菱東京機器	305	2	1	昭和肥料	173	2	2
三菱発動機	272	2	1	日本加里工業	138	1	1
三菱航空機	146	1	1	日本火工	79	1	1
三菱系　　8社	8,333	32	25	森系　　3社	390	4	4
住友金属工業	13,120	29	7	日本曹達	589	5	5
住友伸銅鋼管	4,118	10	4	日本曹達系　1社			
住友肥料製造所	1,910	2	2	理化学興業	259	1	1
住友アルミニウム製錬	1,194	2	2	理研系　　1社			
住友別子鉱山	206	2	2	合計	231,909	588	298
住友電線製造所	59	1	1				
日本板硝子	581	3	2				
満州住友金属	1,674	4	2				
満州住友鋼管	169	2	2				
住友系　　9社	23,031	55	24				

への売約が社外扱いであったことを意味する。金物部、紐育支部、大連支店への売約も同様に社外扱いであるが、いずれも金額は僅少であった。そして直系・傍系会社一〇社では芝浦、北海道炭砿汽船、鐘紡、日本製鋼所の四社が大部分を占め、意外に王子製紙は少ない。傍系が支配する企業八社への売約額については、件数は若干あるものの僅かであった。要するに、三井系合計一億二〇七〇万円は、売約先が判明した全売約高（一三億七四〇九万円）の七・四％に当たる。

因みに三井系諸会社に対する機械取引について、第一〇回支店長会議の席上、機械部自身の報告を掲げよう。

「三井合名会社ト資本関係ヲ有スルモノハ大体百六十程ナルガ、投資ノ厚薄ニ依リ直系会社、傍系会社、単純投資等ノ相違ハアルモ、是等ハ同一系統ト見テ差支無キモノナリ、……最近二ヶ年間当部トノ間ニ売買サレシモノノ数字ハ、昭和五年度ニ於テ売込八千三百四十万円、買付千三百六万九千円ニテ、大体売ト買ト一致セリ、昭和四年度ハ売ガ二千六百四十八万五千円、買ガ二千四百十一万二千円ナリ、関係会社ヘノ売約ハ昭和五年度ノ総売約高ニ対シ一割八分、四年度ガ二割二分ニテ、此両年度ハ二割内外ノ売込ヲ為セリ、尤モ関係会社ガ機械類ヲ当部以外ヨリ如何程購入セシヤハ取調困難ノ為メ乍遺憾判明セズ」（同議事録、二二八頁）

本書で三井系と見なした企業群と、右の一六〇社では範囲が大きく食い違っているが、報告では四～五年度を二割内外と大きく捉えている。そしてなお三井系への売り込みの不十分さを次のように自己批判している。

「三井系諸会社中当部商品ノ売込可能性アルモノハ……多数ナルモ、未ダ全然取引無キモノモアル以テ、此方面ニモ力ヲ注ギ是非取引開始シタキ考ナリ、例ヘバ鉱山関係二十社ノ内当部ト取引セルモノハ僅ニ六、七社ニ過ギズ、尚現ニ取引関係アルモノモ必ズシモ理想的トハ云ヒ難キモノナリ、斯カル関係会社ヨリ買付ケル方ハ、特ニ外国品ヲ是等親類御客様故比較的容易ナルモ、売込ハ中々骨ガ折レ、製造家ノ方ニテ大ナル期待ヲ有スルモ、往々ニシテ其期待ヲ裏切ルガ如キ場合モアリ、之ハ元々我々当事者ノ不行届ノ点ニモ原因ス

第二に、三菱、住友の対応ははっきりと異なっている。住友は三井物産経由で満鉄に多額の車両部品を納入していたが、みずからも物産へ多額の発注をおこなっている（九社、一二三〇三万円）。すなわち、住友製鋼所（前身の住友製鋼所を含む）が外国製の圧延機、水圧押出機、プレス、工作機械など、国産では芝浦製モーター、石川島製重機類など、住友伸銅鋼管が外国製チューブミル、住友肥料製造所が硫安製造装置など、住友アルミニウム製錬がゼーダーバーグ実施権のごとくである。

それに対し三菱は、八社、八三三万円に過ぎず、そのうち三菱商事だけで五割強を占めている。同社の売約内容は軌条・継目板を主とし、外国製工作機械、航空機用発動機、鋼材などであり、三菱造船は日本製鋼所製のボイラーシェル・魚雷素材、東洋バブコック製微粉炭燃焼装置・ミルなどであった。三菱重工業・三菱電機・三菱東京機器、三菱発動機・三菱航空機は外国製工作機械、三菱鉱業は外国製破砕機ほかであった。

三菱系企業は物産経由を必要とする商品について最低限注文したとみられ、それ以外は三菱商事経由と想像される。

住友系企業では必要とする設備自体が多くの場合外国製であって、傘下に商社を持たないので物産を頼ったとみられる。

物産側は三菱の状況を次のように認識していた。

「近来稍モスレバ同業者三菱商事ノ策動ガ問題トナレド、同社ト親類会社ト理想的ノ聯絡ヲ保テルニハ非ズ、現ニ三菱系ノ会社ヘ我機械部ヨリ品物ヲ売込メル実例モアルナリ、乍併一方ニ於テハ三菱銀行ガ金融セシ関係ヨリ、一方買フ方ノ組織上ニ於テ、独自ノ立場カラノミ購入ヲ決定スル事ニモ依ルベシ、……尚三井銀行並三井信託両社ガ社債又ハ貸金ノ形式ニテ投資セルモノ……二七社アリ、是等ノ会社中ニハ現ニ取引関係ノアルモノモアレド、高等政策ノ如何ニ依リテハ発展ノ余地アルモノト思ハル、此点モ切ニ幹部ノ御配慮ヲ煩ハシタキモノナリ」

（同、一二八～九頁）

参宮急行電鉄、或ハ東京地下鉄道等ノ購買品ハ全部三菱商事ノ手ニテ取扱ヒツ、アルハ顕著ナル例ナリ、尠スルニ組織上多少ノ相違ハアレド、大体ニ於テ三菱側ニ於ケル親類会社ノ関係ハ我々ヨリモ能ク聯絡シ居ル様ナリ、三菱ハ後進者ナガラ、新進ノ勢ヲ以テ総テノ機関ヲ利用シ鋭意商売ノ発展ヲ図リツ、アルモノト察セラル、我社モ親類会社間ノ商売ガ未ダ取残サレテ居ル様考ヘラル」（第一〇回支店長会議議事録、一二九頁）

第三に、日窒系だけが三井に次いで多額である。日本窒素肥料本体だけで一五一一万円あり、子会社名義（一二四四七万円）と本体経由の子会社分（一六六三万円）を合わせると五六〇二万円で他財閥等とは格段の差である。名義が分割されているのは、おそらく日窒本社の統括方針と関係するかもしれないが、本体経由に芝浦製品が多くみられるので、芝浦への発注は一括されていたとも考えられる。すでに触れたように日窒の三井物産依存の現れをみることができる。

第四に、それ以外の財閥等では、安田、大倉、森、日本曹達、理研がいずれも少額であり、浅野、日産、古河、川崎、大倉の順で若干の売約高がみられる。浅野系二社はスミス社製セメント機械、日産系も外国製機械であり、古河系二社のうち古河電工がゼーダーバーグ実施権と外国製工作機械、旭電化工業は日本カーボンの電極、川崎系四社は主に外国製機械等、大倉系の本渓湖煤鉄公司が芝浦製の変圧器・水銀整流器・配電盤・電気炉と外国製瓦斯機械、日本車輛製電車であった。少額の日本曹達は芝浦と石川島の製品と日本カーボン製電極、理化学興業は芝浦製高周波電気炉、昭和肥料と日本加里工業はモンサント製硫酸製造装置、日本火工は芝浦製高周波電気炉であった。

要するに、以上の売約内容まで検討してみると、三井以外の財閥等は、外国製機械・装置を必要とした場合、物産の力を借り、国内業者でも物産が販売権を持つ場合は物産を通さざるを得ず、系列を越えて売約したのであろう。物産が世界・国内に強い取引網を張っているからこそ、その網に抵触し、あるいは網を利用すべく、物産が三井系であっても、ある者はみずからの必要に応じて積極的に依存し、ある者は必要最小限にとどいえよう。

め、その姿勢の差が財閥等の売約高の差に反映しているのであろう。

(1) 本章では三菱系会社名を「機械部考課状」記載のままにしてあるが、検証の必要が残っている。

(2) 具体的にみると、朝鮮窒素肥料の場合、同社名義はゼーダーバーグ実施権と発電機であり、親会社経由は芝浦製の変圧器・水銀整流器であり、鴨緑江水電の場合、同社名義は芝浦・電業社の発電機・水車、スミス社のセメント機械、石川島の起重機、安全索道の索道であり、親会社経由は芝浦製変圧器のみであった。旭ベンベルグの場合、同社名義は東洋バブコック製汽罐、親会社経由は芝浦製の回転変流機とレーヨンポット電動機一・一万台、石川島製タービン、石川島芝浦タービン製発電機であった。親会社名義における朝鮮送電分の変圧器、大豆化学分の回転変流機、いずれも芝浦製である。長津江水電分は芝浦製の水車発電機・変圧器が主であるが、電業社製バルブハウス、日本碍子製品も若干ある。以上を通観すると、芝浦製がメインの場合、親会社を通して発注する考えがあったのではないか。

(3) 日産系では、日産自動車は外国製工作機械、日本鉱業は外国製油井掘削機械、巴組鉄工所の鉄塔、安全索道製の索道など、戸畑鋳物（国産工業）はモンサント製硫酸製造装置など、日立製作所も外国製工作機械と日本製鉄製の鋼材などであった。

(4) 具体的には、川崎造船所が外国製工作機械・ローリングミル輸入、鋼材、川崎航空機も外国製工作機械、川崎車両には日本製鉄・住友金属工業からの車両用鋼材も含まれていた。

(3) 反対商との競合

第二章でも「機械部考課状」には物産と同業者の競合ぶりが若干説明されていた。本章でも利用できた「機械部考課状」には、同業者の状況がいくつか語られているので、計数には現れない具体的な競合関係が分かって興味深い。「考課状」が欠如していて、残念ながら時期が昭和七年下期以降一二三年下期までに限定され、断片的であるが、次のようである。

「軌条及鋼材ニ於ケル製鉄所製品ハ当社ハ指定商ノ一員トシテ又販売統制ニ基キ比較的有利ナル地位ニ在レドモ

満州其他ノ輸出市場ニ於テハ猛烈ナル獲註運動避ケ難ク特ニ満鉄発註ノ機関車、車両及鉄道用品等ノ大口引合ニ際シテハ当社代理ノ日本車両ノ外三菱（川崎車両）大倉（汽車製造）中村商会（田中車両）等ノ割当テニ対スル内面運動アレバ一層ノ努力ヲ要シ又陸海軍向航空機其他兵器軍用品ニテモ徒ラニ楽観ヲ許サレズ更ニ関係各製造家トノ提携ヲ密ニシ以テ成績向上ニ努ムル方針ナリ」（昭和七年下期）

「最モ強力ナル同業者ハ三菱ナルコト謂フヲ俟タザル所ニシテ当部取扱商品全部門ニ亙リ常ニ激烈ナル競争ヲ演ズ其他大倉、日立、浅野等亦タ現下ノ好況ニ夫々活躍シ新局面ヘノ進出ニ怠リ無ク殊ニ日立ノ大型発電用機ニ対スル最近ノ進出振リ目覚シキモノアリ尚ホ大型発電用機、工作用諸機械、工作機械等ノ内地製造家満腹ノ体ナルニ附ケ込ミ外商ノ活躍亦侮リ難ク其ノ間ニ処シテ当社ノ優位維持ハ非常ノ苦心ヲ要シタリ」（九年下期）

「三菱、日立、大倉、浅野、富士電機等内地大手筋ノ進出著シク就中三菱、富士電機、日立ハ相当当部地盤ヲ浸蝕セントスルタメ頗ル警戒ヲ要ス」（一一年下期）

「三菱重工業ヲ代理スル三菱商事及ビ最近台頭セル日立製作所ノ進出勢力ハ孰レモ侮リ難キモノアリテ引合毎ニ激烈ナル競争ヲ演ジツ、アリ、殊ニ後者ハ地盤獲得ノタメ無法ナル値段及納期ノ競争ヲナス故不断ノ警戒ヲ要スベク其他ニ於テモ当部取扱製造家ガ主トシテ一流メーカーニシテ昨今受注満腹ノタメ群小製造家ニ逸注スルコト多シ」（一二年上期）

「三菱ハ同系各製造工場ノ註文輻輳セルタメ余リ活発ナル運動ヲナサズ日立ハ相変ラズ火力発電所用機器ノ引合ニ狂気ジミタル運動ヲナセルモ期後半ニ到リ受註力不足ヲ来シ積極的活動ヲナサベルニ至リタリ、大倉ハ従来輸入ニ主力ヲ注ギ居タルタメ一段活動力ヲ殺ガレタル模様ナリ満州方面ニ於テハ三菱ハ電機並ニ航空機工場ヲ設立シテソノ活躍目覚マシキモノアリ又日立ハ近ク設立セラルベキ満州重工業開発会社ノ直系会社トシテ一大飛躍ヲナスベク、大倉、浅野等モ陣容ヲ整備シテ活躍中ナリ」（一二年下期）

「三菱、日立ノ活躍目覚シク最モ有力ナル同業者トシテ警戒ヲ要スルモ何レモ受註満腹ノ状態ニテ納期頗ル長ク商内愈々困難トナレルモノ、如シ機械類輸入業者トシテハ三菱、大倉等アルモ為替許可獲得ニ難渋シツ、アルニ変リナク殊ニ満州国ニ於テハ仮令為替許可ヲ得タリト雖モソノ輸出為替ヲ所持セザル商社ハ為替決済甚シク不利ナレバ大倉ノ如キハ著シク活動力ヲ殺ガレ居ル模様ナリ」（一三年上期）

「当社ガ一手販売契約ヲ締結セル東洋バブコック社ハ益々緊密ナル提携協調ヲ保チ各引合ニ臨メルモ大型汽罐ニ於ケル三菱並ニ日立、小型ニ於ケル汽車製造（田熊）ハ好敵手ニシテ激烈ナル競争ヲ演ジツ、アリ機関ハ大型舶用機関ヲ各造船所ガ自社ニテ製造セルタメ喰込ム余地ナク小型ヲ除イテハ見ルベキモノナシ電動機、変圧器、電線等ハ各方面ニ需要高マリツ、アルモ芝浦、藤倉社ハ時局註文品輻輳セルタメ銅鉄材料ガ不足セルタメ一般需要ニ応ズル余裕ナシ」（同）

「三菱ハ各内地工場ノ満腹及ビ外国為替許可獲得困難ノタメ当社ト同様苦労シツツアルモノノ如シ、輻輳ノ為カ受註ニ付キ従来ノ如キ無理ナル運動ヲ漸ク控ヘ来レリ、但シ満州支那ニ対シテハ三菱、日立、大倉、浅野等ハ何レモ陣容ヲ整備活躍中ニシテ殊ニ満州重工業会社ヲ始メ満州鉱山会社、東辺道開発会社ノ設立ハ同系日立ノ進出ヲ約束シ、又三菱、大倉ハ当社同様対独伊輸入商内ニ大童ノ態ニシテ殊ニ三菱ハ伊国フヰアット社製軍用トラックノ輸入ヲ独占シ其活躍目覚シキモノアリ」（一三年下期）

以上を通観すると、機械部は同業者との競争激烈を常に強調し、競争者の動向に極めて強く批判して警戒的である。三菱とは全面的に競合していると述べ、強敵と感じているが、日立のなりふり構わぬ競争が和らぐことも好況時に製造業者が受注満腹になるとさすがに競争が和らぐのでは富士電機製造も競争相手と意識している。また、満鉄に強固な地盤を持つ三井物産ではあるが、日産の満州進出（満州重工業開発設立）が日立の立場強化になることも覚悟していること、各社とも外国為替許可の獲得で苦しんでいることが語られている。しかし戦時体制期に産

小括

業界の需要膨張に乗って、競争激化・統制強化といいながら各社とも繁忙に潤っていたようである。

それでは前章との関連を意識して考察結果をまとめてみよう。

第一に、機械部傘下の営業人員では大正後半期と比較して大きな増減はなかった。東京に半分が集中し、次いで大阪が多く、残りが広く分散しているが、売約高が大膨張した割には人員は横這いで、機械部の人員は相対的に比重が低下している。

第二に、機械部の取引高は、昭和初期では横這いを続け、世界恐慌下に縮小して、昭和六年（八・四億円）を底に回復をみせ、一二年に大正期の記録（二三億円）を更新して一六年には三九億円という膨張ぶりであった。しかも全社より機械部の方が増加テンポが早く、金物部と並んで花形であった（大正後半期では生糸、石炭）。準戦時体制期に朝鮮・満州・中国へ出店があり、その取引増大をみたが、戦時体制末期には戦争の影響で激減し、機械部の取引高膨張は専ら日本内地によるものであった。

第三に、大口売約先の筆頭は海軍であり、次いで満鉄であった。前章では陸軍が筆頭であったが、商社経由を廃止し直接購入に切り替えたため、第三位となったのである。海陸軍とも機械部が代理店となっている中島飛行機製品が巨額であった。日本製鉄、物産造船部、日本窒素肥料、住友金属が超大口先として並ぶ。それぞれの産業で若干の大企業が漏れてはいるが、各業種とも機械部は広汎な取引関係を結んでいたことが検証された。三井系は全売約高の七％強を占め、日本窒素系、次いで住友系となり、他の財閥等への取引であるが、財閥等への取引は少ないがないわけではない。三菱、日立、大倉とは熾烈な販売競争関係にあり、その傘下企業への売約は考えにくい。

しかし物産の販売権に抵触する製品（たとえば芝浦、東洋バブコック）を必要とする場合には、系列を越えて売約が成立したのである。日本窒素や住友は、傘下に商社を持たないこともあって積極的に物産に依存し、三菱のように必要最小限にとどめるという態度とはやや異なっていた。

第四に、機械部が需要者へ媒介した商品の製造元については、中島飛行機が隔絶した規模にあり、芝浦製作所、東洋バブコック、石川島造船所、日本車輌、豊田自動織機・豊田式織機、住友金属と大口が続く。それらは機械部が販売代理店であって、物産の強味が発揮されている。住友の場合、機械部が販売代理店ではないが、満鉄納入をはじめ住友金属製品が多額に売約されていた。外国メーカーにも機械部は顔が利き、需要者の必要とする重化学工業用設備、工作機械などを数多く媒介していた。

第五に、反対商であるが、この時期では物産は三菱商事を最強の競争先と認識した。三菱とは全面的な競合関係にあるが、日立製作所、富士電機製造も電気機械の分野では警戒すべき相手とみていた。特に日立のなりふり構わぬ営業ぶりには物産は不快感を持ったが、さらに日産が満州進出して大きな力を持つ情勢となるや、物産も日立の強力化を予想せざるを得なかった。すでに鈴木商店や高田商会は没落し、大倉組よりもむしろ三菱や日立の方を物産は強く意識する必要があったのである。ただし戦時体制下の好況局面では、各社は受注満腹となって生産に追われ、注文を捌くのに精一杯の状況では、同業者との競争が薄らぐこともあったのである。

いずれにせよ昭和戦前期では機械取引の状況は大きく異なる。繊維に代表される非軍需産業と、重化学工業に代表される軍需産業では機械需要の内容が変化し、需要そのものが前者では縮小、後者では急拡大して、全体では急膨張するものの、その内部での明暗は顕著となる。何といっても中島飛行機製品がいかに巨額であったかに驚き、その需要者としての海軍への物産依存が目立つ。また満鉄も物産にとって陸海軍に次ぐ大得意先であって、住友金属・日本車輌製品の媒介が重要な意味を持っていたのである。

終　章

　以上の考察でのファクトファインディングについては、ここでわざわざ繰り返す必要はなく、また各章に小括を設けて要約を試みているので、これも繰り返すことはあるまい。とすれば終章では、三井物産の機械取引に関するいくつかの論点を提示してみたい。

　第一に、機械商売の性格についてである。この点に関しては次のようにいくつも指摘がある。

　機械部の山田副部長は大正一〇（一九二一）年の第五回機械部打合会における「機械部全般ニ亘ル報告」の中で「機械部ノ商品ハ思惑的ニ注文サル、モノ少ク大体ニ於テ値段ニ突飛ナル高下無カリシ為メト一方ニ於テ我々ガ一般ニ有力ナル会社又ハ信用アル商店又ハ官辺ト取引ヲ致シタ為メトニヨリ財界不況ノ悪影響ヲ蒙ムルコト少カッタ」（同議事録、一二四頁）と述べた。

　第八回支店長会議（大正一〇年）では、山本小四郎機械部長が反動恐慌後の状況説明の中で「機械商売ノ比較的不景気ノ打撃ヲ受ケサリシハ、其ノ種類多種多様ナルモ一原因」と述べ、具体的に次のように機械部取引の多様性を語り、機械部取引の強味を説明している。

　「（機械取引は）種類多キ為メ一方需要ナキトキハ他ノ種類ノ需要起リルコト普通ニシテ、例ヘハ開戦ノ当時ノ機械商売不振トナリタル場合ニ軍用品ノ需要起リ軍用品ノ注文減少スルト同時ニ紡績機械ノ注文起リ紡績機械ノ需要減セハ製紙熱盛ントナリ製紙機械ノ注文起リ、続イテ種々ノ製鉄業起リテ製鉄機械ノ需要アリ、其他製糖機械、石

油穿鑿機械ト云フカ如ク順次需要起リ来ル状態ナレハ、打撃ヲ受クルコト少カリシナラン、最近ハ電気熱勃興シ之ニ要スル機械ノ注文相当ニアリ、又軍需品、鉄道用品ノ商売少カラス、又民間ノ商売一般財界不況ノ為メ減退スル時ニ於テモ官庁又ハ半官半民会社ニ於テハ需要モ引続キ相当ニアリ、又時トシテ拡張スルモノアルヲ以テ機械部ノ商売ハ今後トモ引続キ相当ニ為シ得ヘキ見込ナリ」（同議事録、八九頁）

後任の鳥羽機械部長も第九回支店長会議（大正一五年）の機械部報告において、「機械商売ハ誠ニ面倒ナル商売ナレドモ、別段相場ノ変動モナク危険率少ク、確実性ヲ帯ビタルモノナレバ、当社商売中確実ナル商売ノ一タリト謂フヲ得ベシ」（同議事録、一二五頁）と述べ、同会議に提案された「機械部商売ノ発展策」でも「総ジテ機械部商売ハ他部ノ取扱商品ニ比シ市価ノ変動少ナキト見越売買ヲ為サヾリシ為メ例ヘ利益ヲ挙グル事少ナクトモ損失ヲ受クル場合殆ンド無ク危険率少ナキ相当ニ為シ得ヘキ最モ確実ナル商売ノ一ナリキ」（同資料、一頁）とある。

これらは機械取引のメリットであり、他商品と比較して相対的に好利益部門であった。したがって物産の各商品のうち、機械取引は原則として安全確実なものという評価であり、それは機械部幹部の共通認識であった。

他方、営業の現場では機械取引は敬遠され、担当者は早く機械から足を洗いたいという雰囲気であった。仕事が面倒（手数が掛かる）、懐妊期間が長い、薄利である等々、他の仕事より魅力が少ないと感ぜられていた。だからこそ機械部の性格・意義が繰り返し説明され、併せて機械知識を有する人材育成が叫ばれる。前述したように素人で機械部長に任命された中丸が、後任に機械知識を有する機械畑の者を望み、機械部員の優遇を主張し、物産幹部の認識不足を批判したのが象徴的である。物産の中で機械畑は五大商品に数えられないがら、やや特殊な分野であったと思われる。この事情を認識して物産の機械取引をみる必要がある。

第二に、機械取引の位置であるが、機械部の取扱高を全国比で見ようとすることは極めて困難である。なぜならば機械取引には序章で示したように、本書の対象時期において国内品と外国品の売買、それぞれの輸出入、計四形態があり、それぞれの統計も四形態を総括した統計も存在しない。物産の四形態分類での計数はあっても、全国計数がなければ比較できないのも当然であろう。物産は機械輸入で活躍したから、全機械輸入高における物産の比重を知りたいが、それも簡単ではない。すなわち「正確ナル数字ノ比較ハ政府ノ調ト我々ノ統計トガ年度割ノ相違、又価格計算方法ニ異同ノアル為メ、一寸困難」(前掲「第五回機械部打合会議事録」一五頁)とされる。機械部の大正八年度の試算によれば次のようであった。

まず、機械部取扱高九六〇〇余万円、うち輸入高五三四八万円なので、これを本邦輸入総額四億四〇〇〇余万円と比較すると約一二%となる。

次に、本邦輸入総額四億四〇〇〇余万円、うち銑鉄および鋼鉄材料二億四千余万円を除くと二億円となり、機械部輸入高五三四八万円から銑鉄および鋼鉄材料一一三五万円を除くと四二一〇余万円、後者を前者と比較すると二一%となる。

もちろん全国も物産も、輸入額に変動があろうから、大正八年だけで断言はできないが、物産の機械取引は全国の二割程度とみてよいのではなかろうか。

第三に、ある時期までは代理店契約(一手販売権)の獲得が重要課題であった。明治二〇年代に鉄道用品が機械と並んで重要な位置を占め、その後諸機械が圧倒的な比重を占める。伝統的に輸入品取扱いが明治・大正期を通じて中心であった。機械取引は需要者の外国品希望を背景に、多くの場合好利益をもたらしたが、優秀銘柄の代理店契約を保持しているからであった。したがって輸入品商売への執着は強く、次に触れる状況の変化に対しても輸入品取扱方針を頑固に維持しようとした。

別な角度から機械取引の性格に付言しておこう。本来、機械取引は主として設備投資関連のため、スポット取引の可能性が強い。いったん契約すれば日常的に購入が期待できる取引と異なって、一回限りの勝負が多い。そこには引合段階から反対商との競合があり、抜きつ抜かれつの受注合戦が繰り広げられる。設備投資でありながら機械部が同一会社から幾度も受注するのは、余程の有利性、深い関係があったとみてよかろう。機械部の好業績はそのことの証左である。

発注者の立場からいえば、三井物産だけが商社ではなく、選択の余地があるはずで、物産が常に受注できる必然性はない。しかし現実には物産に依頼せざるを得ない場合が発生している。それは物産が一手販売権を掌握している商品であり、現に紡績機械でプラット社、電気機械でのG・E、芝浦製作所、汽罐でバブコック社がその好例である。したがっていかに多くの一手販売権を入手するかが、機械取引における重要課題であった。もちろん一手販売権は何も機械取引に限らないが、特許権等に守られた製造権なしに生産できない商品を取り扱う場合、極めて重要な要素であろう。物産はその点で積極的であり、多くの実績を蓄積し、それが機械取引での優位性をもたらしたことはいうまでもない。それは輸入機械において極めて有効であり、舶来品信仰の厚い産業界に適合するものであった。もちろん一手販売権だけで物産の優位性を説明できるわけではない。総合商社三井物産の情報力・組織力を生かした活動への期待、三井の暖簾、財力に対する信頼が、他商社でなく物産を選択せしむる面を否定するものではない。

しかしのちに問題とするように国産化が奨励され、国内で対抗品の生産が実現すると、物産の優位性は減殺される。物産自体、商品によっては国産化を誘導し販売権を樹立している以上、対抗品の登場を否定することは自己矛盾となろう。結局、機械部は輸入機械依存での優位性を守りきれず、大正後半期はその意味で物産の地位低下の過程でもあった。やはり物産機械部の体質は時代と共に変わらざるを得なかったから、機械取引の考察においても状況変化を視

野に置く必要がある。

 第四に、大正一五年頃の危機意識とその対応である。問題は、国産化の進行と、製造業者の直接販売進出の傾向が代理店商売を不要化することへの恐怖である。機械部が第九回支店長会議（大正一五年）に提出した「機械部商売ノ発展策」（第九回支店長会議議案）はその事情をよく表している。以下それを紹介しよう。まず自己評価である。

「当部取扱機械ハ各種ノ機械類ヲ網羅シ居ルモ、商売ノ出発ガ紡織機械ニアリシ為メ G・E ノ如キ第一流ハ欧米ニ於ケル第一流ノ機械類ノ販売ヲ代理シ、次デ電気機械類ノ取扱ヲ開始シタル為メ紡織機械類ニ対シテ製造家トノ連絡ヲ得シモ、製造工業用機械、機械工具、独逸製造機械類等ノ取扱ニ意ヲ用フルコト他ヨリモ一歩遅レタル為メカ、之等機械類ニ対シテハ一流製造家トノ関係割合少ナキ恨アルモ、兎モ角約五十年ノ歴史ニヨリ各種機械商売順次発展ヲ遂ゲ、毎期相当ノ成績ヲ挙ケ居レリ」

「取扱機械別ニ見レバ汽罐類、紡績機械類ハ其需要ニ対スル当部ノ売約率尤モ（最モ？）良好ニシテ全需要額ノ半数以上ハ当部ノ手ニテ取扱ヒ、兵器、電気機械類、軌条類等之ニ次ギ、機械雑品、機械工具類ノ成績最モ劣リ居レリ」

 之レ前述ノ代理製造家関係ニ因スルモノナルベシ（第一流ノ代理製造家関係）」（三頁）

 その上で、政府は「内地産業ノ発達ヲ計ル目的ヲ以テ、関税ニ対シ手心ヲ加ヘ、且ツ所要機械類ハ内地製品購入ノ方針ヲ執リ」（三頁）、需要家は「漸次買上手トナリ……製造家ヨリ直接仕入ヲ希望スル向多ク」（四頁）、製造家も直接需要家に供給する傾向となったという。したがって次のように予想を述べている。

「当部現在ニ於ケル如キ代理関係ノミヲ基礎トセル営業ハ今後現状ヲ維持スル事到底出来難カルベク、例令現在ノ代理関係ヲ永続シ得ル場合ヲ考フルモ、今後ハ競争ノ為メ取扱手数料ヲ減ジ、遂ニハ無手数料トナスカ、若クハ代金延払条件ノ如キ購買者ニ特別ノ利益ヲ与フルニアラザレバ、注文ヲ得ル能ハザルニ至ルベシ」（五～六頁）

「当部ノ今日アルハ当社ノ信用ト経験トニ因ルモ、現ニ三菱商事ノ如キ其直系及傍系ニ各種ノ製造工場ヲ有スル

このような危機意識を持った機械部は対策を次のように提案した。

「一、自社ニテ其製品ノ販売ヲ左右シ得ル強キ関係アル工場ヲ設クル事、之レハ優良ナル製品ヲ製出スル工場ニシテ、金融難ニ陥レル如キ工場ニ投資スル事。若クハ自カラ工場ヲ新設スル事、而シテ、同工場ニテ外国ニ於ケル一流製造家製品ノ製造権ヲ買受クル事、

二、外国一流製造家ト共同出資ニテ内地ニ工場ヲ新設シ、其販売権ヲ当社ニ保有スル事、尤モ此場合ニ於テモ、現在代理シ居ル必要ナル製造家トハ成ルベク手ヲ切ラズシテ、好関係ヲ持続シ得ル様努ムルト共ニ尚進ンデ良好ナル製造家ト新タニ好関係ヲ結ブ様尽力スル事」（六～七頁）

このように機械部から支店長会議に提案されたが、議事録では即決の結論とはなっていない。会議に伝わったであろうが、その後提案通りに物産が行動したか目下のところ確認に至らない。

第五に、同業者の機械取引の実状解明である。機械部の危機意識は同業者の動向、物産との対抗関係について各章で若干の紹介はしたが、明治・大正期では大倉組、高田商会は早くから物産機械部門にとって強敵であり、大戦中から鈴木商店とも競争せざるを得なかったから、それらとの角逐がもっと追及されるべきであろう（三菱商事がまだ未成立の段階で、三菱関係はより明確になるはずであろう。しかし少なくとも最強の競争者となる以上、同社の機械取引の実状把握も不可欠である。大正後半期になると三菱商事が台頭し、物産にとって最強の競争者となる鈴木商店、高田商会での解明見通しは暗い。同業者側の資料発掘によってそれぞれの機械取引の実状が解明されれば、物産との対抗関係は余り意識されていない）。同業者の機械取引の実状解明、今後の課題として残る。

本書でも同社『立業貿易録』を若干利用したが、同社機械部門に絞った考察が必要であり、今後の課題として残る。

ましてそれ以外の同業者の取扱実績や、製造業者の直接販売の実態となると、資料的に一層困難な課題である。

第六に、物産機械取引における大口売約先は本書でかなり解明できたが、三井以外の他財閥・コンツェルン系企業が売約先に登場することをどう説明するかは、まだ充分とはいえない。すなわち三井物産が他財閥・コンツェルン系企業からも受注することの事実は判明したが、物産に依存せざるを得なかった必然性が問われる。当然物産が一手販売権を掌握する機械については物産を通さざるを得なかったのではないかと推測されるが、系列を越えて物産が受注できた事情を解明する必要がある。さらにいえば、物産が他財閥・コンツェルン系企業の製品を販売することがあったのかという疑問がある。現実に、電線では住友・古河両財閥の電線メーカーの製品を外国に供給した例があるし、住友製鋼所製品を大量に満鉄へ納入した例もある。それらは例外的なのか、もしあるとすればいかなる事情によるものかが問われて良い。これら諸点の解明は、物産の存在意義・実力評価につながると思われる。

第七に、物産営業の総合的把握の必要性である。総合商社として物産は、機械だけでなく多様な商品を取扱っていたから、機械の販売先にも二種類が考えられよう。すなわち、機械需要者が特定の機械を必要とする特性の故に物産に発注する場合と、機械だけでなく原材料も物産に依存するだけでなく、他商品も含めた多様な取引を望むはずである。たとえば紡績企業が、紡織機械を発注するだけでなく、原料棉花を依存したり、製品の販売を委託してもおかしくはない。鉄鋼企業が諸機械装置を発注するだけでなく、原料の鉄鉱石・石炭も依存したり、鉄鋼製品の販売権を与えることもあろう。とすれば、本書では踏み込めなかった物産と企業の結合関係を諸商品に跨り総合的に把握する視角があってもよかろう。単なる機械の取引先なのか、機械を含む多様な商品の取引先なのか、確認するためには個別企業との取引を商品別に把握した上で、総合化する必要がある。管見の限りでは商品別の需要者分析は未開拓であり、今回の機械取引先の考察と同様な作業が他商品でも必要であろう。総合商社は企業とどのように結合しているのか、総合性はどう生かされているのか。物産と機械専門商

社とはいかなる点で相違し、物産は総合性で優位に立ち得ているのか、あるいは専門性の不十分さの故に劣位に立つのか、考察の余地があろう。本書はまず機械取引先について具体的に明示したことに止まっているが、右の問題に接近する一助となるはずである。

最後に細かい問題であるが、一つは物産内における機械取引の評価、支店における機械取引への意欲が、共通計算規則の改正を通じてどう変化していったのかまでは実証できなかった。幾度も示したように、利に聡い物産マンは機械取引における利益配分に敏感であり、機械部門の統轄上、利益配分如何は避けて通れない課題であったと思われる。機械取引の実績と結びつけての説明は果たして可能か。

二つは、輸入品依存の機械取引において、大戦を通じて仕入先の変化（独・英→米）、国産品による代替が発生したが、具体的にはいかなる商品がどうなったのかまでは踏み込んでいない。需要者には根強いブランド志向があるものの、輸入途絶という事態の中で、急遽代替品で間に合わせ、それで満足できたのか。物産はどう対処・誘導したのかも今後の課題として残っている。

付表 1 三井物産機械部売約高推移（その 1）（大 6/上〜15/上）

(単位：円)

商　品　名	大6/上	6/下	7/上	7/下	8/上	8/下	9/上	9/下	10/上
機関及汽罐	664,701	2,995,398	1,592,575	1,676,397	1,741,778	4,449,439	3,335,811	1,147,423	869,947
発電電動機	1,324,021	3,197,894	809,068	1,072,702	660,326	3,539,264	11,537,768	2,793,478	2,176,516
電気機械	3,206,498	7,052,772	4,371,410	3,882,886	3,892,454	8,462,351	12,162,225	10,804,557	4,574,785
電気雑品	1,698,703	2,155,024	1,313,449	1,456,336	2,044,428	2,388,255	2,367,575	919,009	1,645,560
紡績機械	4,576,748	7,799,664	2,549,384	3,788,253	3,003,807	6,625,002	26,035,467	11,206,562	2,990,401
紡績用雑品	3,264,650	2,647,839	2,606,831	3,586,293	2,055,991	5,864,782	9,145,130	2,084,750	1,851,281
織布機械	625,274	459,664	412,797	1,136,383	246,089	3,283,417	3,042,203	289,054	293,615
工業用諸機械	170,414	2,015,391	1,665,875	284,357	379,495	1,570,852	2,742,627	641,770	
鉱山用諸機械	805,685	2,595,459	1,165,327	3,329,776	1,245,657	2,102,406	1,831,100	1,043,328	181,520
雑種機械	2,954,631	2,523,360	2,472,372	3,599,615	1,580,377	846,881	7,236,823	4,779,020	2,356,137
機械工具	461,219	2,369,967	2,728,571	4,935,300	2,939,551	4,177,066	3,107,182	915,504	862,763
機械雑品	1,200,372	3,257,603	1,825,040	1,771,589	2,030,128	971,953	1,872,104	1,113,210	1,383,969
機関車及部分品	667,937	618,572	6,043,472	2,426,284	3,809,448	6,729,248	3,576,095	3,759,550	94,275
軌条及部分品	1,131,253	3,086,645	2,465,629	1,933,764	473,821	5,980,122	4,717,023	2,720,986	921,261
車両及部分品	2,315,852	864,186	723,449	2,683,458	2,316,683	1,073,660	5,034,865	1,447,750	3,510,108
鉄道用雑品	64,512	150,708	15,725	136,959	28,592	227,596	849,168	467,521	109,050
鋼鉄材料	11,114,861	15,041,865	6,620,577	8,016,152	2,013,089	5,624,688	17,645,901	2,084,823	2,178,908
兵器及軍用品	1,434,694	1,217,064	3,960,715	8,986,087	2,761,059	1,783,312	5,307,938	3,822,679	4,300,190
合　計	37,682,025	60,049,075	43,342,266	54,702,591	33,222,773	65,469,992	120,968,224	54,141,831	30,942,056

	10/下	11/上	11/下	12/上	12/下	13/上	13/下	14/上	14/下	15/上
	484,357	1,134,361	723,347	287,891	825,918	3,696,360	1,706,667	2,358,521	5,369,329	3,242,592
	1,508,106	10,026,246	2,489,672	2,100,000	2,521,939	514,268	2,485,211	3,407,641	1,421,879	4,735,945
	8,491,996	10,177,572	5,662,239	5,825,859	5,656,189	6,672,212	4,190,705	11,145,487	2,848,415	4,208,388
	3,329,199	2,378,690	2,235,874	2,175,650	2,179,527	2,406,918	2,297,586	2,378,435	2,752,210	2,881,731
	4,133,121	5,822,428	2,542,957	2,738,236	897,584	2,445,918	324,559	3,402,969	3,039,023	7,699,833
	3,235,640	4,939,764	3,070,000	3,958,490	2,908,064	2,193,812	2,193,812	3,925,646	2,868,851	2,780,139
	971,581	687,355	722,491	2,240,000	673,011	733,035	906,378	1,310,283	819,649	1,173,596
	1,221,491	1,007,783	543,341	848,142	1,151,931	476,331	622,394	1,471,160	810,699	478,699
	45,199	239,365	1,045,137	1,180,770	887,221	842,889	1,932,687	858,576	1,051,905	1,100,454
	2,992,490	3,768,151	2,155,526	1,667,482	2,785,472	1,655,479	1,276,574	1,273,352	1,714,198	3,394,942
	493,382	867,710	385,149	353,991	473,690	423,815	1,807,066	920,356	189,613	429,031
	1,434,405	1,298,028	1,320,188	2,043,688	4,090,713	4,304,405	2,362,530	2,289,032	2,300,471	3,034,096
	7,179,201	307,861	655,265	460,000	167,537	1,082,592	220,485	186,781	861,888	186,231
	1,543,337	4,571,062	1,978,707	3,167,673	2,410,540	2,264,026	793,005	1,958,256	2,174,873	3,463,371
	1,985,955	713,539	1,572,931	807,784	853,051	945,683	710,256	524,851	882,653	1,531,361
	177,136	173,223	548,409	104,543	84,860	398,228	337,812	264,323	544,905	477,760
	1,929,322	2,769,494	1,866,926	2,420,000	2,610,189	3,517,542	2,300,861	3,824,495	3,247,250	3,962,664
	3,547,930	4,825,817	5,321,562	4,940,000	3,108,113	6,024,477	4,942,791	2,115,759	3,281,975	2,220,753
	44,703,848	55,708,449	36,321,929	36,431,709	35,335,975	41,312,242	31,411,379	43,615,923	36,179,786	47,001,586

〔備考〕三井物産の各期「機械部参課状」より計算のうえ作成。以下、付表3まで同様。

付表2　三井物産機械部取扱高推移（その1）（大7/上〜15/上）

（単位：円）

商品名	大7/上	7/下	8/上	8/下	9/上	9/下	10/上	10/下	11/上
機関及汽罐	443,447	1,002,638	1,475,979	2,884,578	2,514,802	2,519,944	1,914,872	2,749,076	2,238,889
発電電動機	1,740,291	1,573,303	2,710,124	2,487,643	2,364,128	1,791,638	5,460,117	6,432,654	5,786,664
電気機械	2,793,634	3,867,496	4,785,671	4,906,945	4,939,154	7,958,482	7,819,126	7,674,303	7,436,325
電気雑品	1,753,758	1,522,048	2,134,939	1,897,334	2,080,283	2,259,133	3,168,810	2,613,513	3,462,554
紡織機械	1,988,886	5,843,501	3,676,608	4,228,431	2,455,151	4,868,050	5,691,308	8,968,541	9,901,620
紡織用雑品	2,039,592	2,534,547	3,440,635	3,538,986	3,514,267	4,202,937	864,329	2,067,624	2,499,509
織布機械	570,543	671,476	1,143,005	759,075	995,285	836,252	4,782,773	4,539,851	5,165,657
工業用諸機械	709,439	1,317,323	1,464,053	2,712,959	1,855,831	2,178,228	663,748	861,696	931,636
鉱山用諸機械	1,006,388	974,439	1,775,548	663,291	615,338	1,371,368	1,805,447	3,935,186	2,505,565
雑種機械	1,049,953	1,646,248	2,655,128	2,279,259	4,298,271	3,164,573	2,705,507	3,330,391	2,938,346
機械工具	731,777	1,937,883	899,251	1,799,434	1,106,029	1,000,714	1,066,077	722,392	454,866
機械雑品	3,010,596	3,337,738	3,085,168	3,233,330	5,807,894	3,700,332	2,757,850	2,331,106	2,051,027
機関車及部分品	219,354	984,777	6,366,410	3,204,745	5,995,027	5,205,068	4,114,571	1,931,407	4,606,441
軌条及部分品	905,610	1,998,547	2,199,956	1,726,263	4,122,571	5,167,705	4,234,849	5,173,282	2,904,368
車両及部分品	223,329	298,823	753,977	1,631,745	3,238,648	1,806,873	1,595,302	4,314,474	1,859,571
鉄道用雑品	136,381	111,148	137,653	294,883	574,250	520,232	1,500,657	491,080	152,721
鋼鉄材料	10,809,990	7,954,152	8,006,520	7,702,823	7,195,990	6,393,197	5,241,038	6,649,604	8,118,028
兵器及軍用品	884,374	1,359,512	1,845,183	1,962,805	5,323,037	2,121,301	2,421,020	3,225,222	5,184,459
合計	31,017,342	38,935,599	48,555,808	47,914,529	58,995,956	57,066,027	57,807,401	68,011,402	68,198,246

11/下	12/上	12/下	13/上	13/下	14/上	14/下	15/上
839,585	1,259,827	508,463	554,765	1,237,323	2,610,814	2,182,386	1,816,184
5,030,695	5,620,965	3,519,001	3,795,533	2,954,855	1,336,683	945,329	2,466,943
6,965,597	9,024,316	6,581,432	5,070,506	7,859,457	4,360,548	2,790,377	5,909,471
1,904,635	2,023,478	2,216,527	2,503,222	3,000,940	2,530,630	3,132,928	3,616,833
12,775,036	11,238,427	7,996,137	3,081,639	3,254,422	1,548,340	1,952,030	1,401,857
4,660,623	4,712,351	4,688,591	1,475,171	602,837	1,257,152	941,331	878,909
2,097,889	950,734	1,610,994	4,281,716	3,123,566	2,629,091	3,322,422	3,246,714
1,124,709	824,711	802,000	803,466	915,233	650,155	2,487,325	755,315
734,360	740,375	621,009	869,143	851,664	341,250	1,446,998	977,391
3,525,884	2,910,713	2,433,037	1,654,600	2,801,919	1,417,764	2,168,093	2,186,935
623,671	340,370	264,719	355,742	479,688	1,593,517	1,188,626	444,891
1,247,214	1,498,159	1,415,177	3,905,969	3,924,251	3,564,233	3,182,056	2,812,380
214,269	698,503	147,629	466,118	1,186,588	270,083	159,961	971,685
2,891,518	1,843,550	2,184,501	2,675,125	2,578,934	909,682	欠	2,160,959
936,280	1,029,606	591,437	1,122,164	1,125,557	986,802	6,360,655	687,158
182,867	437,958	52,803	141,136	315,076	370,508	欠	377,378
3,895,825	1,573,728	2,188,215	3,321,298	3,739,498	3,062,261	欠	3,509,061
3,555,027	6,163,826	2,278,957	5,129,236	4,622,208	3,237,900	3,303,000	4,153,118
53,205,684	52,891,597	40,100,629	41,206,549	44,574,016	32,677,413	35,563,517	38,373,182

付表3　三井物産機械部決算未済高推移（その1）（大6/上〜15/上）

(単位：円)

商　品　名	大6/上	6/下	7/上	7/下	8/上	8/下	9/上	9/下	10/上
機関及汽罐	3,056,482	5,677,595	5,966,871	6,636,740	6,623,867	6,229,222	6,701,594	5,949,607	7,130,389
発電電動機	4,824,432	5,366,973	4,352,711	3,817,638	2,213,670	5,608,156	15,983,568	15,799,516	10,759,946
電気機械	7,683,446	11,044,845	10,755,287	11,291,752	9,227,309	11,778,377	19,006,868	22,493,579	20,763,091
電気雑品	1,028,833	1,906,461	1,342,080	1,556,917	1,906,791	2,826,643	3,631,398	1,682,955	1,910,798
紡績機械	17,996,270	22,457,696	22,182,961	20,927,182	19,163,702	27,018,421	50,780,356	57,229,410	48,486,126
紡績用雑品	3,679,776	5,348,799	5,951,933	6,606,759	5,837,367	9,374,098	14,289,327	12,421,671	4,496,002
織布機械	1,315,717	2,261,417	1,983,349	2,604,970	1,713,524	4,402,269	6,492,961	5,471,340	10,006,948
織布用雑品	294,625	2,764,922	2,279,515	2,279,159	1,202,815	1,287,480	1,970,174	4,001,892	1,589,896
工業用諸機械	409,715	2,763,652	2,234,848	2,470,643	909,336	2,415,080	1,683,136	2,388,026
鉱山用諸機械	3,072,347	3,115,831	3,651,863	3,471,038	3,396,492	8,470,937	10,015,889	9,121,451
雑種機械	981,359	2,434,896	4,364,005	4,721,133	5,949,258	5,291,143	3,654,799	3,609,254
機械工具	647,688	2,764,828	2,293,732	2,518,714	5,945,660	7,136,974	2,205,788	2,626,983	2,485,533
機械雑品	644,019	326,001	6,162,223	7,733,383	1,284,322	1,631,690	4,364,803	3,610,118	1,037,672
機関車及部分品	696,824	2,308,211	2,094,355	3,440,154	10,087,656	6,510,069	7,100,817	4,463,645	3,774,240
軌条及部分品	2,312,979	2,604,434	1,008,609	2,259,309	2,070,708	3,831,685	1,817,510	3,686,928
車両及部分品	83,158	199,413	168,506	3,864,070	2,588,699	3,266,239	841,143	651,869	340,789
鉄道用雑品	15,053,802	25,119,427	21,757,291	19,446,094	9,054,788	11,569,536	19,875,571	14,386,971	12,291,439
鋼鉄材料	1,451,434	1,140,778	3,410,809	11,053,740	10,711,865	5,962,570	4,254,512	4,817,028	7,066,910
兵器及軍用品				332,661	112,830	225,856			
合計	65,232,903	99,606,179	102,760,948	118,095,682	88,965,206	121,773,850	177,507,725	172,777,918	150,945,438

279　終　章

	10/下	11/上	11/下	12/上	12/下	13/上	13/下	14/上	14/下	15/上
	3,335,785	2,174,231	1,698,712	739,936	1,035,395	4,359,805	4,707,232	6,334,556	9,651,619	10,919,767
	8,950,098	14,408,041	13,825,361	10,715,791	9,072,223	5,558,677	5,110,393	5,449,528	5,980,575	13,918,611
	17,517,278	19,456,725	15,035,397	13,808,206	12,343,020	13,022,744	10,045,062	17,058,573	16,855,702	9,343,704
	2,452,823	2,673,135	1,930,452	2,580,637	2,562,692	2,721,986	2,304,379	2,291,540	2,073,311	2,439,377
	48,273,536	42,899,236	35,149,746	21,022,424	10,854,159	9,010,123	5,324,267	5,682,007	6,798,145	12,450,104
	4,596,535	3,712,300	1,742,535	2,846,066	1,783,731	893,420	1,069,224	1,139,676	1,018,280	1,279,586
	8,916,516	8,802,781	8,684,146	5,713,202	4,924,214	3,062,323	2,375,243	3,724,482	3,516,371	2,947,111
	1,325,820	1,225,017	910,739	1,123,243	1,229,584	1,096,002	2,233,214	2,577,933	928,742	1,208,432
	2,917,720	1,035,601	653,665	759,749	1,292,351	739,194	678,236	1,873,523	909,252	754,344
	5,483,753	6,137,091	4,720,046	3,530,127	3,781,423	3,993,749	2,352,626	2,164,690	2,490,649	3,461,993
	781,012	924,383	709,943	426,533	635,392	466,496	1,767,787	1,115,885	160,711	187,062
	1,921,451	1,315,896	1,392,505	1,770,797	4,439,758	4,551,489	3,210,399	2,682,433	2,414,149	2,778,087
	7,520,992	3,330,935	3,686,563	3,473,859	4,105,935	3,294,962	3,216,023	3,935,303	3,140,450	
	1,768,975	3,141,990	2,348,357	3,610,108	3,493,935	3,508,268	1,600,496	3,216,023	2,656,532	4,453,155
	2,712,532	1,590,582	2,210,834	1,779,159	3,612,230	1,976,809	1,570,117	1,108,440	1,361,646	2,192,822
	202,632	239,143	604,113	150,279	120,063	503,734	393,394	413,388	419,647	406,841
	9,934,275	4,159,936	1,896,753	3,348,134	4,032,736	2,698,095	3,449,477	3,373,098	3,750,526	
	6,854,881	5,732,510	9,338,573	7,269,898	8,948,289	9,597,806	10,248,020	9,130,549	9,209,768	7,320,057
	135,466,614	122,959,533	106,538,440	84,668,148	76,004,546	73,306,694	60,983,146	72,071,235	74,112,738	82,952,029

〔備考〕大6／上の内容合計は65,232,906円、14／上の内容合計は72,069,235円となるが、原表のまま表示。大6／下の鉄道用雑品は原表で119,413円、7／上の合計は原表で102,763,978円となっているが、明らかに誤りにつき原表を199,413と102,760,948円に訂正した。

付表4　三井物産機械部売約高推移（その2）（大15/下～昭18/下）

（単位：円）

商品名	大15/下	昭2/上	2/下	3/上	3/下	4/上	4/下	5/上	5/下	6/上	6/下	7/上
機関及汽罐	1,893,096	1,991,104	3,344,501	1,515,101	7,536,288	3,735,646	4,839,375	2,511,714	2,159,902	1,293,555	519,240	1,871,264
発電電動機	175,446	640,431	2,240,737	1,117,835	485,843	457,628	1,737,349	600,664	190,866	87,500	508,615	483,205
電気機械	3,847,553	4,184,385	7,728,108	3,046,177	4,774,472	4,289,377	4,897,624	2,428,521	1,300,399	1,245,909	822,008	2,326,219
電気雑品	3,111,919	2,699,683	3,018,349	2,841,891	4,012,258	4,000,418	3,678,558	3,324,862	2,828,391	2,275,751	362,579	2,326,219
紡織機械	3,835,012	4,619,137	1,467,062	4,612,420	6,313,458	5,720,453	4,367,610	5,235,289	1,082,374	2,241,128	2,116,400	2,474,832
紡織用雑品	2,631,392	2,404,564	2,139,073	2,917,251	4,164,814	4,328,145	1,240,910	3,134,387	1,233,549	1,727,962	3,943,285	2,904,041
織布機械	863,538	3,208,100	376,049	1,309,733	1,187,075	990,442	1,571,935	351,747	1,142,462	1,269,262	586,163	555,566
工業用諸機械	1,628,375	2,328,648	3,798,149	2,159,754	1,602,138	4,618,330	7,706,884	2,665,656	1,328,037	1,825,492	519,156	406,928
鉱山用諸機械	1,974,880	496,438	1,268,975	1,178,948	895,694	847,380	3,417,853	1,012,929	342,393	215,101	379,372	341,855
雑種機械	1,593,591	2,920,711	2,044,716	3,657,471	2,595,847	5,388,296	1,651,180	3,447,445	935,390	1,636,786	1,669,462
機械工具	215,747	258,829	325,832	452,351	569,374	428,380	761,635	469,830	151,047	181,090	278,211	470,806
自動車及諸車	3,184,922	3,551,072	2,396,764	3,172,212	3,774,620	1,217,060	1,467,686	942,330	789,011	724,649	570,894	672,842
機関車及部分品		365,066	328,492	505,253	192,349	1,481,813	953,495	743,788	552,008	491,279	460,374	566,373
車両及鉄道用品	154,977	5,196,501	4,759,717	4,329,419	4,104,968	304,562	605,725	518,881	172,249	553,557	127,381	140,227
鋼鉄材料	3,133,520	1,614,900	2,339,335	2,248,826	2,007,282	4,608,051	2,448,373	1,879,679	1,306,521	832,008	902,620	1,296,305
鉄機及建築器材	1,929,708	4,600,656	7,721,927	6,316,664	8,942,722	2,338,936	921,231	1,692,599	824,481	727,038	2,648,882	394,737
鉄管類	6,945,040					5,427,955	5,147,596	3,925,436	3,084,567	2,648,882	2,116,400	2,819,915
兵器及軍用品	3,663,318	3,340,664	5,772,447	5,817,002	7,389,457	2,095,085	1,412,243	1,246,989	770,897	526,750	592,381	820,459
						5,750,929	7,384,246	7,519,010	7,519,479	6,007,413	6,211,067	8,191,385
合計	40,783,034	44,420,889	51,070,233	47,198,308	57,180,918	58,621,891	60,280,781	41,855,491	30,226,078	24,772,797	24,667,202	29,228,539

商品名	7/下	8/上	8/下	9/上	9/下	10/上	10/下	11/上	11/下	12/上	12/下	13/上
機関及汽罐	2,106.158	891.945	5,292.577	6,084.530	8,158.415	6,852.034	8,004.526	2,394.968	7,490.639	8,651.089	14,062.048	14,647.035
発電電動機	1,571.290	775.046	3,064.176	1,218.771	3,585.219	4,969.737	3,330.979	6,901.736	3,411.886	5,292.731	9,868.772	12,688.770
電気機械	2,138.663	2,799.832	3,415.478	6,806.101	4,282.229	4,410.183	5,039.181	4,183.625	4,722.463	6,705.616	7,845.316	8,670.990
電気雑品	2,809.745	2,936.084	3,003.246	3,497.523	4,362.144	4,895.313	5,195.832	3,790.752	5,714.097	7,823.748	8,854.086	9,096.925
紡織機械	74.779	4,189.772	8,188.796	7,583.588	13,851.362	5,504.856	3,421.186	4,543.833	4,335.509	22,433.173	12,819.947	3,316.636
紡織用雑品	6,878.176	2,801.584	2,258.669	3,243.892	5,374.201	4,124.323	2,686.724	2,664.806	3,945.612	5,271.166	6,113.367	1,510.671
織布機械	1,638.796	914.098	584.264	2,066.622	2,819.343	931.749	464.476	196.148	2,441.551	5,157.162	6,190.498	494.704
工業用諸機械	1,863.796	4,269.885	4,842.690	10,574.198	5,306.731	4,491.788	5,080.570	4,520.699	5,794.623	16,168.077	12,168.077	12,130.088
鉱山用諸機械	434.997	350.959	755.323	1,252.021	1,441.167	1,184.042	1,553.969	1,633.625	1,859.573	2,890.338	4,052.899	6,987.662
機械工具	1,973.993	1,959.293	2,451.696	3,202.871	3,819.887	5,378.025	10,832.780	6,113.812	4,574.825	11,270.983	20,891.308	15,330.192
雑種機械	1,371.672	1,253.973	1,936.847	3,089.066	3,781.122	3,205.660	2,462.806	1,712.123	3,274.950	7,613.960	5,948.892	10,890.103
機械諸雑品	980.459	1,584.602	1,534.176	1,611.226	1,899.826	1,797.413	2,465.320	2,569.076	3,688.640	2,968.693	8,394.388	3,738.792
自動車及部分品	717.109	789.889	925.661	1,131.069	2,362.349	1,875.035	1,657.510	1,335.827	1,495.592	1,362.701	2,633.798	2,484.524
機関車及部分品	359.821	322.710	1,534.176	847.539	1,682.688	1,828.220	1,092.486	2,027.582	2,152.496	2,027.582	4,460.449	3,830.282
軌条及鉄道用品	5,184.150	1,279.785	9,823.840	1,280.410	9,479.629	1,176.015	5,714.402	1,996.851	1,029.671	4,539.238	5,057.972	7,537.281
車両及鉄道用品	2,063.374	3,200.820	1,395.997	6,188.550	4,773.479	10,562.345	4,687.637	3,043.496	6,808.807	6,808.807	—	—
鋼鉄材料	3,061.458	5,446.577	5,096.468	7,860.471	7,318.847	11,232.802	7,481.318	7,943.188	9,208.771	2,544.263	2,791.388	3,263.503
鉄橋及建築器材	74.779	—	—	—	—	—	—	—	—	625.416	899.903	—
鉄管類	1,021.815	1,010.077	1,577.906	1,071.305	1,441.098	1,034.549	700.042	1,351.044	837.944	1,351.044	1,510.671	1,046.351
兵器及軍用品	16,340.713	13,339.158	17,083.593	13,482.340	20,563.941	14,466.466	16,581.577	35,877.109	16,328.636	31,522.649	34,336.841	40,724.673
合 計	52,590.964	50,954.074	73,604.113	82,092.093	106,303.677	89,920.555	88,453.321	93,802.389	88,881.241	151,252.874	152,002.401	158,389.182

282

283　終　章

商　品　名	13/下	14/上	14/下	15/上	15/下	16/上	16/下	17/上	17/下	18/上	18/下
機関及汽缶	6,433,482	21,224,339	12,263,352	10,247,262	3,480,000	4,157,000	4,073,000	6,175,000	6,823,000	10,598,000	6,423,000
発電電動機	24,845,829	7,252,980	6,379,918	22,476,124	801,000	5,481,000	2,880,000	3,110,000	7,251,000	13,037,000	5,993,000
電気機械	11,040,416	23,415,266	16,681,031	19,362,635	29,453,000	8,219,000	17,969,000	9,416,000	10,426,000	14,376,000	29,850,000
電気雑品	8,941,690	13,726,672	13,618,856	14,282,573	15,660,000	14,083,000	15,580,000	10,303,000	19,632,000	13,455,000	18,003,000
紡織機械	4,804,174	207,454	615,229	1,336,521	2,790,000	1,125,000	223,000	5,000	524,000	876,000	436,000
紡織用雑品	2,447,304	1,947,611	3,492,221	2,584,748	3,250,000	4,752,000	2,390,000	3,347,000	2,009,000	2,476,000	2,642,000
織布機械	178,508	581,684	50,844	470,772	180,000	671,000	74,000		143,000	6,000	1,989,000
工業用諸機械	16,313,541	38,992,972	42,946,505	24,588,188	13,613,000	30,574,000	13,870,000	16,939,000	12,654,000	45,011,000	61,678,000
鉱山用諸機械	8,211,763	8,087,863	13,106,280	7,847,165	6,551,000	5,765,000	5,150,000	9,355,000	14,135,000	13,037,000	10,037,000
雑種機械	13,747,117	9,152,367	13,516,726	16,396,459	15,786,000	16,173,000	20,928,000	20,296,000	17,239,000	23,873,000	34,464,000
機械工具	13,732,556	25,725,217	27,990,514	38,184,761	30,295,000	11,032,000	7,644,000	9,862,000	15,276,000	22,761,000	53,638,000
機関車及部分品	4,982,053	4,893,549	5,186,555	5,826,598	9,282,000	5,714,000	8,482,000	6,754,000	8,527,000	14,655,000	9,600,000
自動車及諸車	3,355,574	2,689,465	4,701,961	8,242,660	2,183,000	2,460,000	1,641,000	1,163,000	1,916,000	454,000	626,000
船舶及付属品	9,954,281	4,371,027	6,976,084	12,814,117	13,761,000	9,463,000	6,777,000	11,925,000	7,417,000	10,747,000	4,787,000
車両及鉄道用品	14,271,692	9,823,769	15,562,044	19,259,046	14,539,000	15,707,000	16,970,000	17,319,000	18,878,000	11,205,000	25,350,000
鋼鉄材料											
鉄構及建築器材	9,130,648	6,655,082	4,485,611	8,576,996	10,818,000	7,037,000	12,947,000	10,184,000	11,081,000	11,049,000	12,464,000
鉄管類	1,946,340	783,750	2,939,385	3,139,466	1,006,000	986,000	2,859,000	4,996,000	2,797,000	2,179,000	4,047,000
兵器及軍用品	75,805,035	65,387,823	64,573,943	69,441,525	33,705,000	40,839,000	31,993,000	37,270,000	50,461,000	78,956,000	47,445,000
合　　計	230,142,003	244,918,890	255,087,059	285,077,616	207,153,000	184,238,000	172,450,000	178,419,000	207,189,000	279,983,000	329,472,000

（備考）三井物産の各期「事業報告書」より計算の上作成。以下の付表も同様。

付表5　三井物産機械部取扱高推移（その2）（大15/下～昭15/上）

(単位：円)

商　品　名	大15/下	昭2/上	2/下	3/上	3/下	4/上	4/下	5/上	5/下	6/上
機関及汽罐	4,022,491	1,981,896	1,232,107	2,778,604	2,457,848	1,260,297	1,500,680	3,746,214	3,844,920	3,388,591
発電電動機	3,064,893	2,089,872	1,504,491	1,939,861	3,780,601	1,776,818	1,053,137	1,825,964	2,061,398	1,102,504
電気機械	5,352,497	3,465,254	5,782,798	4,796,941	3,649,459	3,649,459	5,833,396	5,426,083	3,226,022	1,735,327
電気雑品	2,826,933	3,085,675	2,363,740	3,379,545	4,362,540	3,476,530	3,991,617	3,484,786	3,220,692	1,930,357
紡織機械	3,135,622	7,670,614	2,585,358	1,447,793	2,900,026	6,326,346	5,412,841	3,598,557	2,326,262
紡織用雑品	2,569,300	3,051,873	2,560,787	2,603,951	4,572,783	3,495,509	3,711,659	3,666,962	3,131,248	2,010,088
織布機械	877,614	829,705	1,264,755	1,401,767	2,390,035	1,480,463	1,652,137	1,158,387	651,590	843,331
工業用諸機械	603,086	670,734	891,453	2,670,226	2,115,314	2,289,955	1,931,397	4,373,311	4,793,651	5,332,262
鉱山用諸機械	867,151	582,195	595,041	1,107,707	1,216,967	655,516	1,297,669	844,707	541,784
雑種機械	2,838,932	2,983,382	2,362,893	2,460,686	2,652,166	3,093,106	3,015,103	3,175,154	1,895,364	1,758,439
機械工具	255,969	185,320	304,423	318,260	290,885	539,491	584,047	637,762	445,140	213,197
機械雑品	2,817,459	3,650,851	2,854,797	2,102,234	2,709,784	2,596,425	2,149,345	1,266,238	972,627	788,162
自動車及諸車					1,388,282	1,608,512	998,680	652,405	404,171
機関車及部分品	223,578	160,858	407,555	371,992	474,646	499,965	698,301	215,983	517,701	153,248
軌条及付属品	4,307,022	3,215,303	4,000,706	2,778,064	4,108,375	3,340,492	5,820,493	4,324,669	2,877,029	980,666
車両及鉄道用品	1,354,876	1,900,485	2,363,414	1,837,505	1,998,963	1,669,333	2,340,877	1,789,691	756,873	1,010,256
鋼鉄材料	4,695,547	4,712,889	5,051,427	7,084,205	6,012,969	6,247,451	4,559,101	5,464,587	4,404,059	4,007,804
鉄機及建築器材										
鉄管類						499,847	1,624,947	1,544,721	2,150,879	1,000,113
兵器及軍用品	3,053,109	5,113,728	2,998,473	7,323,107	4,521,686	8,034,887	5,396,955	9,623,620	8,920,917	5,955,090
合　計	42,866,079	45,350,634	39,124,218	46,402,448	47,687,229	49,624,327	54,453,566	59,433,322	48,965,779	35,481,652

285　終章

商品名	昭6/下	7/上	7/下	8/上	8/下	9/上	9/下	10/上	10/下	11/上
機関及汽罐	3,450,588	2,747,223	1,314,577	734,336	3,134,288	1,579,690	1,880,931	6,392,698	1,805,311	4,400,867
発電電動機	627,391	1,152,372	715,459	766,198	477,899	1,059,260	2,261,395	2,403,517	4,004,609	5,052,018
電気機械	1,705,862	1,853,099	1,603,299	1,816,919	2,183,556	4,012,608	4,412,792	4,519,289	4,919,551	4,136,365
紡織機械	2,172,290	1,695,026	2,873,495	2,472,504	2,998,229	2,930,286	4,018,195	4,290,751	5,034,302	3,797,664
紡織用雑品	2,249,102	2,537,600	1,118,610	4,729,319	4,035,539	4,928,453	4,858,885	7,599,943	8,131,431	7,387,662
織布機械	1,755,611	2,483,443	3,520,709	2,900,270	2,766,253	2,556,833	2,598,560	3,688,311	4,407,784	3,704,943
工業用諸機械	893,919	814,480	896,383	1,102,743	1,028,174	903,925	1,130,378	1,531,563	1,585,646	1,124,200
鉱山用諸機械	1,864,852	2,640,100	953,170	2,261,503	2,015,810	3,639,152	9,200,148	4,117,552	4,722,219	4,210,176
雑機械	290,984	542,276	397,186	452,733	678,623	444,131	967,164	1,321,278	1,104,678	771,285
機械工具	4,389,003	1,881,255	1,296,496	1,430,875	2,098,102	2,146,385	2,797,316	5,170,792	3,706,348	3,478,703
機械雑品	218,181	177,665	571,007	1,804,310	866,374	2,145,722	2,469,619	3,527,890	3,879,009	1,906,801
自動車及諸車	641,617	606,121	738,995	890,898	1,212,989	1,028,935	1,410,880	1,874,595	1,449,945	1,666,844
軌条及付属品	561,023	593,380	706,789	1,305,829	1,424,281	1,514,494	1,866,202	1,832,041	1,717,419	1,319,089
機関車及部分品	337,491	94,579	291,195	757,074	314,460	879,063	982,251	1,366,052	544,999	1,872,545
車両及鉄道用品	1,310,201	660,223	2,258,350	1,133,413	4,768,813	3,908,207	1,612,934	6,992,185	1,297,885	8,942,936
鋼鉄材料	786,852	342,399	413,509	739,551	2,122,947	2,490,433	3,183,243	3,817,078	7,602,868	4,263,890
鉄構及建築器材	2,771,872	1,764,363	3,278,769	3,730,447	3,640,687	5,383,594	7,512,978	6,979,393	7,438,008	8,594,403
鉄管類	2,864,303	444,726	1,204,882	869,667	1,082,818	1,076,853	1,190,184	910,078	1,604,692	444,887
兵器及軍用品	5,281,917	8,663,578	8,660,931	15,231,634	13,142,014	14,539,124	17,548,021	16,073,493	13,440,341	16,735,424
合　計	34,173,059	31,693,908	32,813,811	45,496,860	49,625,219	57,167,148	71,902,076	84,408,499	78,397,045	83,810,702

286

商品名	11/下	12/上	12/下	13/上	13/下	14/上	14/下	15/上
機関及汽罐	5,075,761	3,424,803	3,467,082	7,235,017	5,997,961	10,028,551	7,151,778	8,051,909
発電電動機	3,583,408	7,502,780	7,822,615	7,784,764	4,190,412	10,720,144	5,425,903	5,921,969
電気機械	3,040,865	4,030,635	5,747,474	4,126,753	4,952,330	7,912,525	4,854,280	9,469,058
電気雑品	4,706,538	4,938,201	6,923,218	7,301,238	8,263,128	7,540,368	9,933,310	8,426,451
紡織機械	7,445,492	5,383,748	4,095,230	8,266,783	6,492,553	3,786,370	2,430,600	2,946,257
紡織用雑品	3,677,098	3,206,956	3,511,483	3,352,542	2,986,453	3,105,266	3,210,150	2,716,398
織布機械	1,414,161	1,528,345	1,346,974	1,247,329	1,778,914	544,199	388,880	192,219
工業用諸機械	4,432,886	6,139,255	9,574,559	13,688,698	10,549,742	7,947,208	12,533,913	11,314,043
鉱山用諸機械	1,182,532	1,165,217	2,452,472	2,650,624	2,617,049	5,437,140	9,431,550	5,052,128
雑種機械	4,225,729	5,182,428	4,646,660	6,825,486	9,213,019	9,018,188	9,050,318	8,651,830
機械工具	2,284,876	2,727,750	4,798,835	8,155,905	13,013,110	14,816,866	19,443,282	17,536,688
機械雑品	2,484,711	2,083,084	2,609,690	2,423,221	2,289,787	3,377,814	3,615,876	3,429,874
自動車及諸車	1,581,319	2,013,358	2,706,710	1,889,675	2,852,863	2,687,679	3,381,596	4,598,705
機関車及部分品	980,921	2,059,927	1,653,770	3,028,491	2,776,580	4,278,890	4,504,669	9,366,267
軌条及付属品	5,737,333							
車両及鉄道用品	8,205,122	7,744,162	5,795,972	5,288,559	5,914,775	5,972,239	9,738,002	15,155,288
鋼鉄材料	8,024,121	4,019,641	3,916,646	1,297,349	1,010,565	326,389		
鉄雑及建築器材		2,397,616	1,571,167	3,090,759	2,174,301	5,802,306	5,380,011	5,250,490
鉄管類	879,212	703,084	948,296	768,450	925,990	1,575,349	1,244,273	752,746
兵器及軍用品	17,953,214	17,857,407	22,114,432	32,244,045	38,295,872	45,490,631	51,215,793	50,235,540
合 計	86,915,304	84,108,397	95,703,285	120,665,688	126,295,404	150,368,122	162,926,601	169,067,860

（備考）昭14／下は、15／上から逆算したが、原資料が不鮮明のため判読できず、内容は合計と一致しない（7,583円の差）。

付表6　三井物産機械部決算未済高推移（その2）（大15/下〜昭13/下）

（単位：円）

商品名	大15/下	昭2/上	2/下	3/上	3/下	4/上	4/下	5/上	5/下	6/上	6/下	7/上
機関及汽罐	7,367,576	7,395,239	9,245,929	7,904,984	13,189,684	13,766,853	17,121,727	15,727,314	12,979,708	10,731,182	7,821,873	5,913,979
発電電動機	10,639,637	8,762,467	9,127,839	8,347,262	5,898,520	3,513,421	4,222,681	2,910,189	2,143,609	1,131,558	1,100,148	1,621,147
電気機械	8,183,832	9,562,188	11,371,455	9,631,337	10,305,298	10,373,152	9,495,284	6,144,675	4,213,743	3,742,254	3,115,296	2,036,234
電気雑品	3,273,404	2,147,543	2,537,459	1,975,189	3,151,990	3,328,916	2,576,366	1,789,327	1,560,184	1,866,863	1,089,045	1,687,692
紡織機械	12,308,446	8,207,059	7,169,332	9,426,528	8,902,961	11,607,630	10,542,339	10,211,199	6,115,245	4,599,695	4,342,090	5,757,235
織布機械	1,301,587	3,691,100	2,837,134	2,772,254	2,681,902	2,256,057	1,841,093	1,501,409	1,980,466	2,356,595	2,012,146	1,674,368
紡績用雑品	2,893,926	2,261,338	1,951,351	2,399,221	2,875,705	3,715,295	4,372,181	4,028,842	2,118,210	1,809,330	3,700,972	3,308,220
工業用諸機械	1,697,858	3,384,242	6,162,085	5,714,877	5,056,610	7,586,231	13,329,078	11,624,618	8,354,539	4,843,657	3,513,105	1,284,248
鉱山用諸機械	1,696,319	386,472	1,066,467	1,158,547	861,922	968,251	1,862,835	1,449,298	971,603	623,223	713,329	625,175
雑機械	2,064,078	3,116,420	3,105,906	4,375,432	4,178,488	6,475,361	6,572,272	4,778,373	6,299,948	5,445,334	2,649,427	2,313,607
機械工具	200,550	271,733	284,726	414,074	672,483	613,560	987,975	635,416	380,488	212,257	237,125	520,836
機械雑品	3,159,579	2,523,926	2,529,223	3,361,482	4,487,595	1,183,044	1,736,726	442,228	657,303	338,155	281,589	355,353
自動車及諸車	3,134,597	3,270,919	3,467,125	3,610,031	3,353,851	3,199,105	3,111,730	3,413,310	3,067,437	512,519	291,949	201,473
機関車及部分品	3,396,320	5,638,628	5,866,099	7,552,346	8,806,585	5,159,808	2,710,620	1,125,675	989,287	639,338	1,258,869	337,949
軌条及付属品	3,134,372	2,904,080	3,030,054	3,282,222	2,857,348	3,559,633	2,116,923	1,997,322	1,876,223	908,645	432,281	486,154
車両及鉄道用品	5,578,815	5,698,164	8,573,098	6,868,148	10,260,905	6,705,416	6,735,713	5,184,806	4,030,363	2,643,229	1,774,295	2,833,360
鋼鉄材料	—	—	—	—	—	3,510,852	3,889,252	3,590,349	2,228,472	1,722,757	354,169	753,585
鉄構及建築器材	—	—	—	—	—	—	—	—	—	—	—	—
鉄管類	6,983,080	4,852,392	7,664,626	6,451,777	9,206,796	7,165,791	9,342,470	6,880,304	5,703,688	5,723,034	6,557,442	6,130,913
兵器及軍用品	—	—	—	—	—	—	—	—	—	—	—	—
合　計	77,013,977	74,073,910	85,989,908	85,245,711	95,447,644	100,071,879	104,709,963	85,676,902	65,935,245	50,577,631	40,850,074	39,100,397

商　品　名	7/下	8/上	8/下	9/上	9/下	10/上	10/下	11/上	11/下	12/上	13/上	13/下
機関及汽罐	6,723,574	6,893,280	9,043,942	13,510,744	17,912,137	18,743,579	18,769,243	13,403,167	20,908,568	17,613,668	35,610,943	36,706,992
発電電動機	2,519,612	2,527,943	5,130,660	4,984,065	8,289,395	10,531,060	16,030,701	21,166,592	15,786,126	22,057,884	29,346,742	49,404,211
電気機械	2,528,031	3,178,327	4,783,811	7,927,481	7,623,865	7,554,871	7,583,990	7,549,115	8,972,289	11,402,671	18,287,694	24,262,120
電気雑品	1,494,500	1,889,039	1,702,800	2,289,622	2,799,892	3,371,535	3,519,607	4,258,772	4,258,717	6,464,215	9,187,010	9,933,363
紡織機械	2,859,847	7,757,376	11,865,939	14,885,392	23,931,063	22,099,330	18,277,530	15,371,256	11,688,663	27,938,349	29,781,014	27,185,028
織布機械	2,353,492	2,195,835	1,757,834	2,903,941	4,573,637	3,479,572	2,410,920	1,529,332	2,740,811	6,152,668	8,785,978	6,656,581
紡織用雑品	9,568,201	3,829,928	3,225,596	3,609,852	6,733,554	7,287,302	5,182,946	4,213,122	4,167,564	5,578,774	5,373,416	4,702,651
工業用諸機械	2,320,957	4,418,931	7,258,916	14,027,138	10,062,463	10,487,670	10,875,851	12,351,899	13,557,808	28,363,240	38,350,071	32,077,311
鉱山用諸機械	707,226	613,851	685,865	1,508,978	1,939,440	1,723,182	2,062,594	2,690,874	3,350,599	7,377,182	13,224,590	18,727,546
雑機械	3,008,372	3,584,117	3,967,562	4,867,445	5,971,913	6,310,122	13,627,607	12,366,114	12,478,483	15,643,320	26,662,188	32,077,311
機械工具	1,356,635	731,893	1,826,184	2,537,456	4,029,352	3,431,744	1,875,740	1,670,514	2,518,402	7,166,605	13,428,013	13,430,963
機械雑品	624,360	998,110	698,354	837,832	5,971,913	2,238,890	2,454,770	2,482,013	3,819,383	5,115,372	7,839,013
自動車及諸車	185,605	446,084	527,084	575,632	1,072,558	1,374,464	839,452	714,871	575,874	6,152,668	2,136,782
機関車及部分品	723,564	701,645	766,782	736,743	1,442,994	1,068,677	2,448,022	1,607,445	2,754,191	1,513,789	1,710,374	2,829,895
軌条及付属品	4,071,566	4,222,431	9,266,181	6,561,317	8,360,692	1,915,415	839,452	6,398,593	2,030,559	1,929,884	5,672,339	16,787,664
車両及鉄道用品	2,140,265	4,602,706	3,870,498	7,567,133	14,460,668	12,771,055	12,988,398	11,773,593	10,396,845	7,119,753	8,455,729	16,787,664
銅鉄材料	2,613,122	4,353,911	5,840,970	8,396,454	9,163,750	15,901,121	12,547,681	11,382,243	13,009,709	4,778,120	1,449,894	436,681
鉄機及建築器材						12,363,295				2,496,149	6,009,305	12,876,254
鉄管類	596,722	739,324	1,187,007	1,206,122	1,416,261	1,553,453	663,905	1,563,923	1,332,789	1,201,105	1,418,527	2,442,982
兵器及軍用品	13,982,636	12,023,854	15,982,395	14,907,118	17,840,209	16,683,131	19,940,196	42,764,543	40,661,420	54,896,065	74,692,488	112,127,008
合　計	60,378,287	65,708,585	89,388,380	113,840,465	148,843,354	154,240,215	164,654,328	174,449,883	173,671,485	234,343,217	326,588,195	428,913,116

あとがき

本書は私の古稀記念を意図した出版である。私的のことで恐縮であるが、その過程を綴っておきたい。

出発は、加藤幸三郎・二瓶敏両教授が専修大学を定年退職されるに当たって、編集者からその記念号に執筆を依頼され、同僚としてそれに応えたことにある。手持ちのテーマをそれに当て、単発論文として書いたのが本書第二章（論文名「大正後半期の三井物産の機械取引」）であったが、分析を進めてみると、興味を覚え、続編、続々編と書き進む過程で、自らの古稀を意識することになった。「瓢箪から駒」ではないが、単発論文のつもりが、次第に構想が膨れて、遂に戦前期の三井物産の機械取引全体を意識することになり、総合商社史研究の一端を担う形になったのが本書の成り立ちである。

ただそれには前提があった。すなわち、一九九九年七月、ワシントン所在の国立アメリカ公文書館に三井物産資料の探訪・調査に出掛けたことである。物産の補助業務を共同研究すべく藤田幸敏、大島久幸両君をともない渡米し、老齢の身に鞭打ちつつわれながらよく頑張って、連日段ボール箱の資料を取り出し、点検、選別、そして複写を繰り返し、三人で約一万五千枚の複写を持ち帰ることができた。選別の過程で目に付いたのが、「機械部考課状」で、そこには大口の取引先が毎期別に記載されていた。これを分析すれば、物産研究の新たな地平が開けると直感し、残さず複写してきた。帰国後別な研究が毎期に追われていたが、前述の執筆依頼に接し、大急ぎで分析可能と思ったのが、この「機械取引」であった。もちろん持ち帰り資料を点検してみると、不足分があること、資料内容が限定されていることに気付き、機械取引の全体像を得るためには、自己所有資料の動員、三井文庫所蔵の物産資料の点検・複写が必要と判断し、暮れ、正月を返上して大急ぎで実行した。従来の私の研究スタイルでは、数十年に及ぶ信託業史、それぞれ数

年を費やした信託業立法史、住友財閥史、三菱財閥史、生保資金運用史、昭和電工成立史がいずれも出版に至っているが、本書は研究に着手してから出版まで約一年という私にとっては異例のスピードである。古稀を目前にして一区切りの記念にという不純な思いが私を駆り立てたのである。老齢故にもはや大学行政から解放され、マイペースが可能になったこと、健康上の故障も生ぜず何とか執筆が持続できたことは幸いであった。かくして古稀記念には、『本邦信託会社の史的研究』と本書『戦前期三井物産の機械取引』を同時に出版する運びとなったのである。前者は昭和三六（一九六一）年以来十数年にわたる一連の論文を加筆・集成したものであり、後者は前述の作品ということで、誠に対照的である。

顧みるに、私は大学在学中から執筆を開始し、銀行在職中も研究活動を持続して、所謂「二足の草鞋」を履いてきたが、大学教員に転じてからは本業として一層論文を量産して今日に至っている。今回古稀にあたり業績目録を改めて作成してみたが、著書・論文等は約二〇〇を数える。内容の不十分さは兎も角、量の点だけは我ながらよく書いたと思わざるを得ない。この五〇年間に多くの方々の学恩を受け、ご支援を得たからこそ今日の私があるわけで、深く感謝する次第である。

思えば、東京大学経済学部での演習の恩師柳川昇先生には、学問だけでなく媒酌もしていただき、作品を持参する私をいつも励まされ、非常勤講師として「信託論」担当として専修大学に推薦されたし、東京大学から学位取得にあたり社会科学研究所の加藤俊彦先生に橋渡しして下さった等々、大変お世話になった。そのご縁で今でも柳川夫人とお付き合いさせていただいているが、おそらく先生も私の古稀記念を喜んで下さっているに違いない。学位論文の主査をしていただいた加藤俊彦先生は、金融史研究上の恩師であって、研究会、共同研究の出版を通じて随分ご指導をいただいた。先生が東大を定年退官され、専修大学商学部に移られる時、奇しくも同時に、私も経営学部に専任として奉職することになり、学内でも親しくさせていただいた。先生の学恩に深く感謝する次第である。

あとがき

私も随分多くの研究会で勉強させていただき、それが役立っていることはいうまでもない。なかでも土屋喬雄先生の主催された地方金融史研究会では、永年にわたり共に勉強した朝倉孝吉、拝司静夫、今田治弥の先輩、渋谷隆一、進藤寛、加藤幸三郎、浅井良夫、伊藤正直、霧見誠良などの諸氏には研究上だけでなく、酒席でもお世話になった。また、寛治、波形昭一、加藤隆、杉山和雄、岡田和喜、西村はつ、伊牟田敏充などの同年輩、当時は若手であった石井渡辺佐平先生を中心とした金融経済研究所の研究会、大塚久雄先生の研究会にも出席した。浦高時代から親しく付合い、私の歴史学への開眼、執筆活動の道を用意して下さった川村善二郎、原田勝正の両先輩にもお礼を申し上げねばならない。

しかし専修大学に転じてからは、経営史畑の方々と交流が始まり、新しい展開となった。学会を通じて中川敬一郎先生をはじめ森川英正、由井常彦、山崎広明等同年輩の人々、西日本では宮本又次、作道洋太郎、三島康雄、安岡重明等諸先輩とも面識を得、その門下の方々とも交流が得られたのは幸いであった。財閥史研究会に参加して小林正彬、大塩武、斎藤憲、橋本寿朗、武田晴人、春日豊、宇田川勝、中村青志の諸氏とも知己となり、財閥のことを勉強することができた。これによって私の研究領域は財閥史へと大きく拡大し、右記の方々から被益できたことに感謝いたしたい。今回の著書も筆者の財閥史研究の分野に属することになるが、古稀まで引き摺ってきた信託業史、地方金融史、財閥史の三分野の研究を何とかして結了させたいと念願している。

最後に、これまで幾度も分厚い著作で迷惑をおかけしてきた日本経済評論社に、今回もまた出版をお願いしましたが、いつもながらの栗原哲也社長のご好意、編集を担当された谷口京延氏のご努力に厚くお礼申し上げる。

私事にわたり恐縮であるが、古稀に至るまで私の研究を支えてくれた妻絹子に感謝すると同時に、間もない金婚式まで今暫く支えてくれることを期待したい。

二〇〇〇年一〇月

付録一　機械並鉄道用品共通計算取扱規則（明治三六年制定）

第一章　総則

第一条（第一条）　機械並ニ鉄道用品ニ関スル商売ハ共通計算トス

第二条（第二条）　機械並ニ鉄道用品商売ヲ共通計算トスルノ趣旨ハ関係店間ノ連絡ヲ密ニシ同心協力競争者ニ当リ以テ本商売ノ拡張発達ヲ企図スルニ在リ

第三条（第三条）　本規則ニ依リ取扱フヘキ商品左ノ如シ

一、紡績、織布、蒸気、電気、鉱山用其他ノ諸器械並ニ付属品（但紡績機械ノ付属品ヲ除ク）

二、鋼鉄銑鉄並鉄管類（……削除）

三、陸海軍用軍器並ニ艦船

四、軌条、機関車、貨車、客車、橋梁材其他鉄道用品

第四条（第四条）　本商売ニ就テハ本店営業部、名古屋支店、大阪支店、台北支店、天津支店及上海支店ヲ販売店トシ倫敦支店、漢堡出張員、紐育支店及桑港出張員ヲ仕入店トシ荷物陸上地所在店又ハ最寄ノ店ヲ仲次店トシ本店営業部ヲ以テ首部トナス

（但当分ノ中販売店ハ本店営業部及大阪支店ノニ店トシ名古屋支店、台北支店、天津支店及上海支店ハ之ヲ仲次店ト見做ス……追加）

第五条　関係諸店間ノ往復書類ハ必ス其写ヲ首部ニ発送スヘシ首部ト仕入店トノ往復書類ハ其写ヲ販売店へ首部ト販売店トノ往復書類ハ其写ヲ仕入店へ発送スヘシ……追加）

第六条（第四条）　仕入店ト製造家トノ引合及販売店ト需要者トノ引合及販売店若クハ仕入店へ通知スヘシ……追加）

第七条　事項ハ直ニ之ヲ電報シ首部ハ之ヲ販売店若クハ関係店ハ之ヲ首部へ報告スヘシ……追加）

第八条　競争者カ新ニ代理店ヲ引受ケタルトキ又ハ新注文ヲ得タルトキハ関係店ハ之ヲ首部へ報告スヘシ……追加）

引合先又ハ営業上重要ナル関係ノ有スル外国人カ本邦へ渡来シ又ハ同上ノ関係アル本邦人カ外国へ渡航ノ節ハ当該地方ノ店ヨリ首部及関係者へ通知スヘシ……追加）

第二章　首部

第五条（第九条）　首部ハ常ニ各種器械並ニ鉄道用品ニ付欧米製造家ノ「カタログ」類ヲ蒐集シテ十分ノ取調ヲ尽シ需要者ヨリ如何ナル機械又ハ鉄道用品ノ問合セアルモ直チニ其設計並ニ直積（値段の見積もりか──引用者）ヲ為シ得ヘキ様準備ヲ整ヘ置キ需要者ヲシテ如何ナルモノニテモ第一着ニ当社ニ問合ヲ発スルコト至便ニシテ立トコロニ其回答説明ヲ受ケ得ヘク当社ヲ措テ他ニ相談スヘキ恰好ノ当業者ナシト思料セシムルヲ要ス

第六条（第十条）　首部ハ仕入店ヲ通シテ広ク欧米ニ於ケル製造家ニ引合ヲ付ケ如何ナル物品ハ何レノ製造家ノ直段最モ割安ナルカヲ取調ニ置キ可及的ノ低廉ニ且ツ可及的ノ需給センコトヲ期スヘシ

第七条（第十一条）　首部ハ不絶欧米ニ於ケル製造品ノ便益ナル物ヲ供給センコトヲ期スヘシ

第八条（第十二条）　首部ハ平生各工場又ハ鉄道会社重役技術者等ト親密ノ関係ヲ保チ注文引受上ノ便宜ヲ得ンコトヲ期スヘシ

第九条（第十三条）　首部ニハ便宜上機械鉄道ノ両係ヲ置キ機械並ニ鉄道用品ニ関スル商売ノ統一ヲ計ルヘシ

第十条（第十四条）　首部ニハ特ニ技術者ヲ置キ技術上ノ事ヲ取扱ハシムヘシ

第十一条（第十五条）　首部ハ本規則ヲ円満ニ実行スル為必要ノ場合ニハ監督者ヲ関係店ニ派シ商売ノ実況及帳簿ノ査閲ヲ為サシメ其成績ヲ社長ニ上申スルコトアルヘシ

第十二条（第十六条）　首部ハ随時人ヲ本邦各地並ニ北清地方等ニ派遣シ製造工業ノ興起拡張鉄道ノ敷設延長等ニ注意シ其注文引受ニ付所在地販売店ニ助勢スヘシ

（首部報告書ヲ首部ニ差出スヘシ……細ノ報告書ヲ首部ニ差出スヘシ……追加）

第十三条（第十七条）　首部ハ仕入店其他ノ方法ニ依リ欧米製造家ノ模様並競争者ノ動静等ヲ取調ヘ随時之ヲ仕入店ニ報告シ又販売店ノ報告其他ノ方法ニ依リ需要者ノ競争者ノ動静等ヲ取調ヘ随時之ヲ関係店ニ報告スヘシ

（第十八条　首部ハ仕入店販売店及仲次店ノ報告ヲ取纒メ必要ノ場合ニハ適宜通信員ヲ設ケ参考トナルヘキ各種ノ報告統計等ヲ蒐集編成シテ関係店ニ通知スヘシ……追加）

第十四条（第十九条）　首部ハ仕入店ヨリ報告シタル直段ヲ基礎トシ之ニ当該商品ニ対スル首部ノ直接経費並ニ輸入税ヲ加算シタル陸揚地税関構内受渡直段ヲ販売店ニ通報スヘシ但手数料其他ノ収益ヲ加算スルコトヲ許サス

第三章　仕入店

第十五条　（第二十条）首部ハ予メ普通ニ使用スヘキ約定書其他ノ書式ヲ一定シ関係店ヘ送附シ置クヘシ

第十六条　（第二十一条）仕入店ハ常ニ新式器械ノ発明並鉄道用品ノ改良等ニ注目シ苟モ我国ニ必要恰適ナリト認メタルモノハ直ニ製造家ニ引合其詳細ヲ首部ニ報告スヘシ

第十七条　（第二十二条）仕入店ハ不絶製造家ト引合ヒ最モ廉ニ最モ適当ナル物品ヲ買付ケセンコトヲ努ムヘシ

第十八条　仕入店ハ常ニ当該地方ニ於ケル各製造家ノ状況並競争者ノ動静等ニ注意シ参考トナルヘキ件ハ随時之ヲ首部及関係店ニ通報スヘシ

第二十三条　仕入店ハ「カタログ」類ヲ蒐集シ常ニ当該地方ニ於ケル各製造家ノ信用其他営業振等ニ関スル報告及成ルヘク考課状ヲ得テ之ヲ首部ニ送付スヘシ又競争者ノ動静等ニ注意シ参考トナルヘキ件ハ随時之ヲ首部及関係店ニ通報スヘシ……内容一部追加

第十九条　（第二十四条）仕入店ハ直接販売店ト引合フ為スコトヲ許ササルトキハ此限ニ非ラス（此場合ニ於テハ其詳細ヲ直ニ首部ニ報告スヘシ……追加

（第二十五条）仕入店カ首部ノ承諾ヲ得テ三井鉱山合名会社ヨリ直接注文ヲ引受ケタル場合ニハ直ニ其詳細ヲ首部ニ報告スヘシ……追加

第二十条　（第二十六条）仕入店ノ首部ニ報告スル直段ハ原価ヨリ割戻（若シアラハ）ヲ控除シ該商品ニ対スル直接経費（電信料ヲ含マス電信料ハ総テ随時首部ニ附換フヘシ）運賃諸掛ヲ加算シタル陸揚地沖着直段タルヘシ

但手数料其他ノ収益ヲ加算スルコトヲ許サス……括弧内追加

第二十七条　仕入店ノ首段ヲ報告スル直段ハ倫敦漢堡ハ英貨（磅）又紐育、桑港ハ米貨（弗）ヲ建直トシ為替ヲ九十日トス若シ日本貨（円）ニテ直段ヲ報告スルトキハ為替ハ九十日払ニテ取組ムヘシ……追加

第二十八条　仕入店ハ普通日本ヘノ為替ハ横浜ニ取組ムモノト定ム但金融ノ都合ニヨリ他ノ場所ヘ取組ムモ妨ケナシ

第二十一条　仕入店ハ約定品積出ノ都度其搭載船名品個数等ヲ電報又ハ郵便ヲ以テ首部ヲ経テ販売店ニ報告スヘシ

第二十九条　仕入店ハ約定品積出ノ際ハ可成積出一週間前ニ船積報告書ヲ首部ニ発送シ積出後一週間内ニ必ス搭載船名品名個数等ヲ電報又ハ郵便ヲ以テ首部ニ確報シ首部ハ其都度之ヲ販売店ヘ報告スヘシ……若干の部分を追加

第二十二条　（第三十条）仕入店ハ約定品ノ品質構造受渡期限其他買付先ノ契約履行及荷物積出等ニ付十分ノ注意ヲ尽シ万一買付

(第三十一条　仕入店ハ約定成立高積出高及ヒ積出時日予定表等ヲ毎月末首部ニ報告スヘシ……追加）

先ニ於テ契約ヲ履行セサルカ如キ場合ニハ当社ノ利益ヲ保護スル為メ適当ノ処置ヲ執リ又天災地変其他不可抗力ノ為メ荷物積出遅延等ノ場合ニハ（該品契約納期前ニ販売店ニ到着スル様）有効ノ証明書ヲ徴シ首部ヲ経テ販売店ニ発送スヘシ……括弧内追加

第四章　販売店

第二十三条　(第三十二条)　販売店ハ常ニ各工場並ニ鉄道会社ノ重役及技師等ト交際シ器械並ニ鉄道用品ニ関スル需要ノ(有無及)傾向等ヲ聴キ(探求スルコトヲカメ漏ナク之ヲ首部ニ通知シ)又我取扱品ノ効力等ヲ説明シ以テ商売ノ成立ヲ勉ムヘシ……括弧内追加

第二十四条　(第三十三条)　販売店ハ首部ト打合ハセ常ニ諸般ノ「カタログ」類其他説明ニ必要ナル書類等ヲ備へ何時ニテモ需要者ノ問合ニ応シ設計又ハ直積ヲ為シ得ル様準備シ置クヘシ　(若シ直ニ値積リ難キモノハ首部ニ打合ハセ需要者ノ望ニ応スルコトヲ努ムヘシ……追加)

第二十五条　(第三十四条)　販売店ハ常ニ当該地方ニ於ケル製造家ノ状況並競争者ノ動静等ニ注意シ参考トナルヘキ件ハ随時之ヲ首部及関係店へ通報スヘシ

第二十六条　(第三十五条)　販売店ハ直接仕入店ト引合ヲ為スコトヲ許サス但特ニ直接引合ヲ便利トスル場合ニ於テハ首部ノ承諾ヲ経タルトキハ此限ニアラス(此場合ニ於テモ其詳細ヲ直ニ首部ニ通知スヘシ……追加)

第二十七条　(第三十六条)　販売店ハ需要者ノ意向ヲ察シ競争者ノ動静ヲ鑒ミ首部ヨリノ報告直段ニ内地諸掛該商品ニ対スル自店直接経費及相当ノ手数料ヲ加算シテ販売直段ヲ定メ入札又ハ売約定ヲ為スヘシ　(但シ手数料ハ必ス首部ニ相談ノ上之ヲ加算スルモノトス……追加)

第三十七条　販売店ハ約定ヲ締結セシトキハ其明細ヲ首部ニ報告スヘシ……追加)

第三十八条　販売店ハ競争入札ニ於テ当社へ落札セサル場合ト雖モ其結果ヲ他ノ入札者ノ直段ト共ニ首部ニ通知スヘシ……追加)

第二十八条　(第三十九条)　販売店ハ品質構造ノ不良又ハ損傷数量ノ不足荷物ノ延着等ヨリ起ル故障ニ対シ適宜ノ措置ヲ採ルヘキノミナラス　(製造家へ弁償其他ノ掛合ヲ為スニ足ルヘキ有力ナル書類ヲ添ヘ首部へ報告シ且)常ニ首部又ハ仕入店ノ注意ヲ喚起シ可成之ヲ未発ニ防クコトヲ努メ殊ニ売先ノ信用ニ関シテハ十分ノ調査ヲ尽スヘシ……括弧内追加

第二十九条 （第四十条）販売店ハ約定品受渡ノ都度其成績報告書ヲ作リ首部ニ提出スヘシ……括弧内追加
ヲ毎月末首部ニ報告（シ且約定成立高約定結了高及約定未済高等

第五章　仲次店

第三十条（第四十一条）仲次店ハ自店経費ヲ支弁スル為予メ首部及販売店ト協定シタル一定ノ手数料ヲ領収シ又諸掛ハ実費額
ヲ領収スルノ外一切利益ヲ収受スヘカラス

第三十一条（第四十二条）仲次店ハ常ニ諸掛ヲ出来得ル限リ節約スルト同時ニ他競争者ノ費目ニ注意シ詳細取調ノ上首部ヘ報告
スヘシ

第三十二条（第四十三条）仲次店ハ荷物受渡ニ関シ周到ノ注意ヲ加ヘ荷物ノ不足損傷等ノ場合ニハ船会社又ハ保険会社ニ対シ交
渉ノ任ニ当リ敏活ニ之ヲ処理スヘシ

第三十三条（第四十四条）仲次店ハ荷物陸揚後荷渡ヲ終ル迄ノ火災保険ニ付テハ首部又ハ販売店ト協定シ適当ノ処置ヲ取ルヘシ

第三十四条（第四十五条）仲次店ハ荷物受渡後ニ関スル報告ヲ毎月末首部ニ報告スヘシ……追加

第三十五条（第四十六条）仲次店ハ為替ノ取組及承諾ニ付テハ首部又ハ販売店ノ為メニ最モ利益ナル方法ヲ取リ為替ノ取組及承諾ニ付テハ手
数料其他一切ノ利益ヲ収得セサルモノトス……追加

第六章　計算

第三十六条（第四十七条）仕入店並ニ販売店ハ機械並ニ鉄道用品商売ニ関スル一切ノ勘定ヲ随時（二又其経常費ハ毎月末ニ明細
書ヲ添ヘ）首部ニ附替ユヘシ但シ首部ノ承認ヲ経テ仕入販売両店間直接引合ヲ為シタル場合モ亦同シ……括弧内追加

第三十七条（第四十八条）首部ハ一約定口完結毎ニ勘定書ヲ調製シ仕入店及販売店ニ報告スヘシ……追加

第三十八条（第四十九条）首部ハ季末総テノ勘定ヲ総括決算シ損益勘定書ヲ調製シテ社長ヘ提出シ其写ヲ仕入店並販売店ヘ送付
スヘシ

第三十九条（第五十条）仕入店及販売店ハ毎決算期前次季ノ経常費予算表ヲ調製シ成ル可ク速ニ首部ニ通知スヘシ……追加

第七章　附則

第四十条（第五十一条）本則ニ規定ナキ事項ニ付テハ首部ノ指揮スル所ニ依ル但シ事ノ重大ナルモノハ首部ヨリ社長ヘ経伺ス

付録二　機械部規則（明治四四年一一月九日達第二一六号制定）

第一章　総則

第一条　特種商品取扱規則ニ基キ機械部ヲ設ク

第二条　機械部ハ左ノ商務ヲ取扱フ
一、機械、機械工具一切
一、鉄道用品、建築橋梁及艦船用材料、鉄管類
一、自働車、飛行器及浚渫船
一、諸兵器
一、機械油、塗料、電線及機械用品一切

第三条　機械部本部ハ之ヲ東京ニ置ク

第四条　本部並支店常置部員所在地以外ノ地方ニ於ケル部ノ事務ハ当該店長之ヲ代務ス

第五条　営業規則中支店長ニ関スル規定及支店長職務権限規程ハ之ヲ部長ニ準用ス

第六条　本商売ノ取扱細則ハ別ニ之ヲ定ム

第二章　引合

〔備考〕本規則は、明治三六年五月頃の制定と推測されるが、同年八月に大幅に改廃され、内容的にも大きな変化を生じている。そこで変化が分かるように、当初の三六条を骨子とし掲げ、条文数も三六条から五二条へと増加し、内容、内容変化は追加その他で変化ぶりを示した。条文では「値」でなく「直」となっているが、原文のままとした。

（第五十二条　本規則ニヨル共通計算ハ来八月一五日ヨリ実施スルニ付仕入店及販売店ハ八月一四日現在ノ諸勘定ヲ首部ニ引継クヘシ但シ明治三十六年下半季初メヨリ八月一四日迄ノ諸勘定ハ各店ニ於テ之ヲ整理シ其勘定ヲ悉ク首部ニ移スヘキモノトス……追加）

第七条　引合ハ総テ本部ヲ経由スヘシ
但時宜ニ依リ本部ハ取締役ノ許可ヲ経テ関係店間ニ直接引合ヲ為サシムル事アルヘシ
此場合ニ於テハ直接引合ニ関スル一切ノ顛末ハ之ヲ本部ニ通報スヘシ
第八条　特種商品若シクハ取引ニ対シテハ本部ハ取締役ノ許可ヲ経テ主店ヲ特設シ一商区域又ハ該引合ノ中心ト為ス事ヲ得
第九条　本部ニ通報スヘキ仕入値段ハ原価ニ必要ノ諸掛ヲ加算シタル荷受地沖著最低値段タルヘク手数料其他ノ収益ハ一切加算スルヲ許サス
但本部ヨリ特ニ指図スル場合ハ此限ニ非ス
第十条　支店常置部員及代務店ハ本部ガ指定スル最低値段ニ必要ノ諸掛ヲ見込ミ利益ヲ加算シテ販売ニ努ムヘシ

第三章　計算及報告

第十一条　本商売ノ諸勘定ハ一切本部ニ取纏ムヘシ
第十二条　支店常置部員及代務店ハ毎半季末貸借対照表、損益計算書、同明細書、次季予算書、同説明書及考課状ヲ作成シテ本部ニ提出シ其損益尻ヲ本部ニ附替フヘシ
但次季ノ経常費予算ハ其明細書ヲ添付スヘシ
第十三条　支店常置部員及代務店ノ経常費ノ負担割合ハ予メ当該店ト協定スヘシ
第十四条　本部ハ毎月一回所管業務ノ状況及売買ノ明細ヲ一定ノ統計表ニ依リ取締役及関係各店ニ報告スヘシ
第十五条　支店常置部員及代務店ハ販売約定毎ニ報告書ヲ作成シ本部ニ送附スヘシ
第十六条　本部、支店常置部員及代務店ハ不絶、所管業務ノ一般商況並関係事項ニ注意シ相互定期若クハ臨時ノ調査報告ヲ交換シ事ノ重要ナルモノハ直ニ取締役ニ報告スヘシ

付録三　機械部細則（明治四五年四月一九日達第一一号制定）

第一章　総則

第一条　名古屋、大阪、神戸、門司、三池、小樽、横須賀、舞鶴、呉、佐世保、京城、台北、台南、大連、上海、漢口、倫敦、

漢堡及紐育ノ各支店、出張所及所轄出張所又ハ出張員ヲ代務店ト定ム、但倫敦、漢堡及紐育ヲ仕入店トシ其他ノ代務店ヲ販売店トス

第二条　機械部ハ本部タルト同時ニ東京方面及代務店所轄以外ノ地方ニ於ケル商売ニ関シテハ販売店タルヘキモノトス

第三条　機械部及第一条規定ノ代務店間以外ノ商売竝海軍艦政本部直接購買品ニ関シテハ機械部規則ヲ適用セス

第四条　販売店ノ管轄区域ハ別ニ之ヲ協定ス但シ商品受渡地ノ如何ニ拘ハラス引合竝契約締結地所在ノ代務店ヲ当該販売店ト見倣ス

第二章　引合

第五条　仕入店、販売店間ノ引合ハ総テ本部ヲ経由スヘキモノトス但シ便宜上或ハ販売店ヲ限リ仕入店ト直接引合ヲ許スコトアルヘシ此場合ニ於テハ当該販売店ハ仕入店間ニ於ケル往復ヲ本部ニ通報スヘキモノトス

第六条　販売店ハ荷物陸揚地所在又ハ最寄ノ店ト陸揚通関及其他必要ノ事項ニ関シ予メ一定ノ手数料ヲ協定シ置キ見積値段中ニ加算スヘシ

第七条　仕入店カ本部ニ通知スル値段ノ建方ハ原則トシテ仕向港沖著（cif）正味トシ為替期日ハ九十日目払トス

第八条　仕入店カ直接得意先ヨリ注文ヲ引受ケタル場合ニハ直チニ之ヲ本部ニ報告シ本部ハ之ヲ関係販売店ヘ通知スヘシ

第九条　本邦所在ノ外国製造家ノ支店、出張所又ハ代表者トノ引合ハ総テ本部ヲ経由スルモノトス但シ第五条但書ノ販売店ハ此限ニアラス

第十条　前条ノ場合ニ於テ積出地所在ノ代務店カ積出金支払等ニ従事スル時ハ機械部ヲ以テ仕入店ト見倣ス

第十一条　内地製品ノ引合ハ製造地最寄ノ代務店ヲ仕入店ト見倣シ特別ノ打合アル場合ヲ除キ引合ハ総テ該仕入店ヲ経由スヘキモノトス

第三章　計算

第十二条　仕入店及販売店（機械部ヲ除キタル）ハ本部ヲ経由シタル扱品ニ対シ毎期末自店ノ間接経費ヲ差引カサル損益ノ五分ノ一ヲ本部ヘ附替ヘ其残額ヲ折半シテ当該関係店ヘ附替ユルコト但シ仕入店及販売店ノ間接経費ハ各自負担ノコトトス

第十三条　内地ニ於テ本部ノ手ヲ経テ仕入レタルモノニ就テハ販売店ハ毎半期自店ノ間接経費ヲ差引カサル損益ノ半額ヲ本部ニ附替ユルコト

第十四条　本部、仕入店及販売店間ノ分賦損益ハ毎期末当該関係店ヘ電報スヘシ

第十五条　仕入店及販売店ハ毎期末自店ニ属スル総損益ヲ其店一般ノ損益勘定ニ組入ルヘシ但シ本文総損益尻ハ直チニ本部ニ電報スルノ外別ニ報告書（損益明細表、経費明細表、共通計算ニヨリ各関係店ニ折半シタル損益並取扱高ヲ勘定科目別ト各店別ニ仕訳シタル明細表）ヲ作製シ本部ニ送附スヘシ

第十六条　本部ハ毎期末ニ於テ仕入店及販売店ヨリ提出シタル報告書ニ基キ当該仕入販売両店損益ヲ通算シタル明細書ヲ作製シ機械部全体ノ損益ヲ明カニスヘシ

表3-31	その他海外所在の売約先	238
表3-32	所在不明の売約先	239
表3-33	海軍売約高の品目別	240
表3-34	海軍売約高の納入業者別	241
表3-35	海軍の売約先名	242
表3-36	陸軍売約高の品目別	243
表3-37	陸軍の売約先名	244
表3-38	満鉄売約高の品目別	245
表3-39	満鉄売約高の納入業者別	246
表3-40	日本製鉄売約高の納入業者別	248
表3-41	大日本紡売約高の品目別	249
表3-42	大日本紡売約高の納入業者別	249
表3-43	日本窒素肥料売約高の品目別	250
表3-44	日本窒素肥料売約高の納入業者	251
表3-45	納入業者の売約金額ランキング	253
表3-46	財閥等の傘下企業の売約高	257
付表1	三井物産機械部売約高推移（その1）（大6／上～15／上）	275,276
付表2	三井物産機械部取扱高推移（その1）（大7／上～15／上）	277,278
付表3	三井物産機械部決算未済高推移（その1）（大6／上～15／上）	279,280
付表4	三井物産機械部売約高推移（その2）（大15／下～昭18／下）	281-283
付表5	三井物産機械部取扱高推移（その2）（大15／下～昭15／上）	284-286
付表6	三井物産機械部決算未済高推移（その2）（大15／下～昭13／下）	287,288

表 2-21	大口先の事例――海軍	140,141
表 2-22	大口先の事例――鉄道省・通信省	144
表 2-23	大口先の事例――満鉄	145
表 2-24	大口先の事例――鐘紡	146
表 2-25	大口先の事例――日本電力	147
表 2-26	大口先の事例――財閥・新興コンツェルン	150-153
表 3-1	機械部の人員配置(1)(昭和2年13月)	174
表 3-2	機械部の人員配置(2)(昭和18年9月)	176
表 3-3	物産全社の商内別取扱高の推移(昭和戦前期)	180
表 3-4	機械部商内別取扱高推移(昭和戦前期)	182,183
表 3-5	全社・機械の取引高比較(昭和戦前期)	184
表 3-6	重要5大商品取扱高順位(昭和戦前期)	185
表 3-7	機械部売約高増減推移(昭和戦前期)	186-188
表 3-8	機械売約高店別推移(その1)(昭和2～11年)	196,197
表 3-9	機械売約高店別推移(その2)(昭和12～18年)	200,201
表 3-10	店別売約高増減内容(昭9/下～13/下)	204,205
表 3-11	機械部の損益推移(大7/上～13/下)	207
表 3-12	売約先合計の商品別推移(昭2/上～14/上)	214
表 3-13	超大口先一覧(第1～16位)	216
表 3-14	第17～50位の大口先	217
表 3-15	繊維業の売約先	220
表 3-16	電力・瓦斯業の売約先	222
表 3-17	鉄道業の売約先	224
表 3-18	鉄鋼業の売約先	225
表 3-19	化学工業の売約先	226
表 3-20	鉱業の売約先	227
表 3-21	その他製造業の売約先	229
表 3-22	商業の売約先	231
表 3-23	その他の売約先	232
表 3-24	官庁の売約先	233
表 3-25	地方団体の売約先	233
表 3-26	その他団体の売約先	234
表 3-27	朝鮮所在の売約先	234
表 3-28	台湾所在の売約先	235
表 3-29	旧満州所在の売約先	236
表 3-30	中国所在の売約先	238

表 目 次

表1-1	支店等の機械掛職務内容	25
表1-2	機械関係の人員（明治期）	28,29
表1-3	機械関係の人員（大正前半期）	31
表1-4	機械・鉄道用品取扱高推移（その1）（明治30～35年）	37
表1-5	機械・鉄道用品の支店別等（明治30～32年）	41
表1-6	機械・鉄道用品取扱高（明治36～40年）	42
表1-7	機械・鉄道用品取扱高推移（その2）（明治36～大正3年）	48,49
表1-8	機械・鉄道用品取扱高推移（その3）（大正3～6年）	60
表1-9	機械取扱高品目別（大正2～6年）	62
表1-10	機械取扱高品目別・種類別（大5／下・6／下）	63
表1-11	機械取扱高種類別・店別・社外（大5／下・6／下）	64,65
表1-12	機械販売高種類別・店別・社内（大5／下・6／下）	67
表1-13	50万円以上売約先	73
表2-1	機械部の人員配置（大正後半期）	102
表2-2	機械部の支部・支店諸掛の所管事項（大正3年10月）	103
表2-3	物産会社の商内別取扱高の推移（大正6～15年）	108
表2-4	機械部商内別取扱高(1)(大正7～15年)，同(2)（年間・構成比）	109
表2-5	重要5大商品取扱高（大正9～15年）	110
表2-6	三井物産機械部売約高増減推移（大6／下～15／上）	112,113
表2-7	紡織機製造元	117
表2-8	店部別売約高推移（大正12～15年）	121
表2-9	機械部の損益推移（大6／下～15／上）	122
表2-10	商品別損益における機械の位置	123
表2-11	大口の売約件数・金額（大7／上～15／下）	125
表2-12	大口売約先（300万円以上）33社	127
表2-13	繊維業の大口先	128
表2-14	電力・瓦斯業の大口先	129
表2-15	鉄道業の大口先	130
表2-16	製造業・鉱業の大口先	132,133
表2-17	商業その他の大口先	134
表2-18	官庁・地方団体の大口先	135
表2-19	その他の大口先	136
表2-20	大口先の事例——陸軍	139

【著者略歴】

麻島昭一（あさじま・しょういち）

1931年　東京に生まれる
1953年　東京大学経済学部卒業
1972年　経済学博士（東京大学）
2001年3月末　専修大学経営学部教授退職，現在専修大学名誉教授
主　著　『日本信託業発展史』有斐閣，1969年
　　　　『日本信託業立法史の研究』金融財政事情研究会，1980年
　　　　『戦間期住友財閥経営史』東京大学出版会，1983年
　　　　『三菱財閥の金融構造』御茶の水書房，1986年
　　　　『財閥金融構造の比較研究』（共著）御茶の水書房，1987年
　　　　『本邦生保資金運用史』日本経済評論社，1991年
　　　　『戦前期信託会社の諸業務』日本経済評論社，1995年
　　　　『昭和電工成立史の研究』（大塩武と共著）日本経済評論社，1997年
　　　　『本邦信託会社の史的研究』日本経済評論社，2001年

戦前期三井物産の機械取引

2001年4月6日　第1刷発行　　　　定価（本体5600円＋税）

著　者　麻　島　昭　一
発行者　栗　原　哲　也
発行所　株式会社　日本経済評論社
〒101-0051　東京都千代田区神田神保町 3-2
電話 03-3230-1661　FAX 03-3265-2993
E-mail: nikkeihyo@ma4.justnet.ne.jp
URL: http://www.nikkeihyo.co.jp
文昇堂印刷・山本製本所
装幀＊渡辺美知子

乱丁落丁はお取替えいたします。　　　　　　　Printed in Japan
Ⓒ ASAJIMA Shoichi 2001
ISBN4-8188-1346-X
Ⓡ〈日本複写権センター委託出版物〉
本書の全部または一部を無断で複写複製（コピー）することは，著作権法上での例外を除き，禁じられています。本書からの複写を希望される場合は，日本複写権センター（03-3401-2382）にご連絡ください。

本邦信託会社の史的研究
—大都市における信託会社の事例分析—

麻島昭一 著　A5判　六五〇〇円

戦前期の東京・大阪にあった信託会社の役割や意義はいかなるものだったのか、その共通性・特殊性を明らかにし、実証的に分析する。

戦前期信託会社の諸業務
—金銭信託以外の諸信託の実証的研究—

麻島昭一 著　A5判　七〇〇〇円

金融的研究において信託会社の意義や発展の過程は著者などの研究によってかなり明らかになってきたが、業務内容については未解明の部分も多かった。本書で全展開する。

本邦生保資金運用史

麻島昭一 著　A5判　一八〇〇〇円

日本の代表的な生命保険会社一二社の分析によって、生保会社が保有する巨額の蓄積資金をいかに運用し、その運用が日本資本主義の発展にいかなる役割を果したかを解明する。

日窒コンツェルンの研究

大塩　武 著　A5判　四五〇〇円

日本窒素肥料は一九〇八年に設立され、肥料はもとより鉄道から火薬製造まで手がける巨大コンツェルンを形成した。その事業活動の全容と金融構造を克明に分析する。

昭和電工成立史の研究

麻島昭一・大塩　武著　A5判　八五〇〇円

大正六年設立の東信電気を母体とする日本電気工業）と昭和肥料が合併して昭和一四年に昭和電工が成立。株主・役員構成・企業集団構造・事業・金融面から分析。

（価格は税抜）　日本経済評論社